Math Reasoning
수학적 추론

이종희 · 김선희 · 김부미 · 김기연 지음

KYOWOO

머리말

복잡해지고 전문화되는 미래 사회를 살아가야 하는 학습자들은 수많은 정보 중에서 자신에게 가치 있고 필요한 것을 선택하여 여러 문제를 성공적으로 해결하고, 어떤 진술이 참인지 거짓인지를 확인하고, 주어진 사실 이상의 결론을 이끌어낼 뿐 아니라 새로운 지식을 창조해 나가는 능력이 필요하다. 이러한 학습자로서의 성공과 그들의 미래의 삶과 진로에 매우 중요한 역할을 할 수 있는 수학적 추론은 오랫동안 수학 교육에서 핵심적인 목표이자 능력이었다. OECD의 DeSeCo 프로젝트에서도 학교 교육에서 수학적 추론이 미래사회의 구성원들에게 필요한 핵심 역량으로서 창의적 사고, 문제해결, 정보처리, 의사소통 능력과 함께 강조되고 있으며, NCTM(1989, 2000)과 우리나라 수학과 교육과정에서도 수학적 추론의 중요성이 나타나고 있다.

수학교육에서 수학적 추론의 중요성에도 불구하고 이에 대한 이론적 논의와 탐색, 수학 학습에서 활용 방안, 여러 추론의 관계 등에 대한 설명을 연구자들과 일반인들이 이해할 수 있도록 다룬 이론서는 부족한 형편이다. 이에 본서는 수학적 추론을 정의하고 수학적 추론 전반에 대한 소개와 함께 추론에 대한 여러 학문적 관점을 탐색하면서 추론 유형과 추론의 과정, 수학 교수·학습에 어떻게 적용될 수 있는지에 대하여 사례를 기반으로 보다 체계적인 설명을 제공하고자 한다. 다양한 추론 유형에 대한 최근의 연구 동향을 반영한 이론은 물론 수학적 추론의 교육 방향과 수학 교수·학습에 적용된 활용 방안을 다룬다는 점에서 기존의 수학적 추론 관련 저술과 차별성을 두었다.

본서의 구성은 다음과 같다. 1장에서는 '수학적 추론의 개념'에 대한 탐색을 하고 수학적 추론을 정의하며 수학적 추론의 유형을 연역, 귀납, 가추, 시각적 추론으로 보았다. 그리고 2장부터 7장까지는 수학적 추론의 각 유형에 대하여 자세히 다루었다. 8장에서는 2장부터 7장까지 유형별로 수학적 추론을 살펴본 결과를 '수학적 추론의 교육'이라는 제목으로 통합하여 추론 유형별로 생각할 수 있는 것에서 벗어나 여러 추론 유형을 거시적인 시각에서 바라보면서, 학교수학에서 수학적 추론 교육이 어떠해야 하는지에 대한 추론 교육의 방향, 교수·학습과 평가에 대한 종합적인 논의를 하였다.

본서는 수학적 추론의 개념에 대한 탐색과 이해의 기회를 제공하여 교사나 수학교육 연구자들이 수학적 추론이 무엇인지, 사고와 다른 점은 무엇인지, 이를 지도하기 위한 방안이 어떠한지 등을 탐색하고 이해하는 데 도움을 주고자 한다. 수학을 통해 논리적으로 생각하는 능력을 키운다는 것에 그치지 않고 막연한 교수·학습 방법만을 논하는 것이 아니라, 구체적인 사례를 함께 제시함으로써 수학적 추론의 교수·학습에 대한 구체적이고 체계적인 담론을 제공할 수 있을 것이다.

부족하지만 수학교육을 학문적으로 탐구하고 있는 여러 연구자들과 대학원생들, 수학을 지도하고 있는 현장교사들과 예비교사들이 본서를 통하여 '수학적 추론'에 대한 지평을 넓히는 데 도움이 되기를 바라며, 이 책을 통하여 수학교육학연구가 한 걸음 성장하기를 기대한다. 본서의 출판을 위해서 애써주신 교우 출판사에 감사의 마음을 전한다.

마지막으로 본서는 2001년 교과교육공동연구 사업에 선정된 '수학적 추론의 학습 지도 방안 탐색 및 현장 적용: 개연적 추론을 중심으로' 연구에서 얻은 수학 교과에서 중요한 능력인 수학적 추론에 대한 이론적이고 실천적인 연구 성과를 바탕으로, 2014년 한국연구재단의 저술출판지원사업의 '저술 성과 확산' 사업으로 연구된 것임을 밝힌다.

2017년 11월
저자일동

차례

V. 유추

VI. 은유

VII. 시각적 추론

VIII. 수학적 추론의 교육

CHAPTER I

수학적 추론의 의미와 유형

수학을 학습할 때 학습자의 추론은 매우 중요하다. 학습자는 추론을 통해 개념이나 원리, 법칙을 이해하고 알고리즘을 적용하는 것이 왜 적합한지 알 수 있고, 나름의 수학 개념, 원리, 법칙을 찾아낼 수 있다.

이 장에서는 수학 학습의 목표이자 활동 자체로 의미 있는 수학적 추론의 의미와 그 유형을 살펴볼 것이다.

수학을 학습할 때 추론이 중요하다는 것은 반론의 여지가 없는 사실이다. 수학 수업에서 수학 개념, 원리, 법칙, 문제 해결, 계산 기능을 다루는 기본 바탕에는 추론이 사용되고 있다. 수학을 공부하면서 추론을 하지 않는다면 개념도, 원리도, 계산 방법도 의미 없이 암기해야 하는 단편적인 지식이 될 뿐이다. 학생들은 수학 학습에서 왜 그럴까, 어떻게 된 것인가, 과연 그러한가 등 끊임없이 추론을 해야 하며, 따라서 추론 교육은 학생들의 사고력을 신장시키기에 적합하다.

이 장에서는 수학적 추론의 의미와 그 유형을 살펴보고, 수학 학습에 적용된 수학적 추론의 예시를 제안함으로써 본서에서 다루는 추론에 대한 개괄을 시도하고자 한다.

1 수학적 추론의 의미

추론이 중요하다는 인식에도 불구하고 수학교육자들 사이에 추론의 정의에 대한 합의를 도출하기는 어려운 일이다(Yackel & Hanna, 2003, p.228). NCTM(2009, p.4)은 추론을 '증거 또는 가정에 기초하여 결론을 이끌어내는 과정'이라 했고, Thompson(1996, p.267)은 '양과 구조의 영역에서 의도적인 추리, 연역, 귀납, 연합(association)'이라 하였다. Stylianides & Stylianides(2008)는 종종 경계가 모호하기 때문에 연역, 귀납, 유추를 구별하는 데조차 어려움이 있다고 했다. 추론을 정의하기 어려운 이유 중 하나는 추론이 함의하는 범위가 넓기 때문이다(Connor et al., 2014. p.182). 이에 우리는 추론의 일반적인 의미를 먼저 살펴보려 한다.

수학 수업에서 선생님의 설명을 듣던 학생이 '지루하다'고 생각을 했다. 이 학생은 추론을 한 것일까? 또 다른 학생이 '삼각형의 무게중심처럼 사각형도 무게중심이 있을까?', '친구의 설명에서 뭔가 문제점을 발견했어'와 같은 생각을 한다면, 이 학생의 생각은 추론이라 할 수 있을까? 이에 대한 답을 얻기 위해서는 추론과 그 주변 개념들의 차이를 고려해 보아야 하는데, 이성범(2001)은 다음과 같이 우리의 궁금증에 대한 답을 제안하였다.

- 생각(thinking) : 머리에 어떤 상념을 떠올리는 정신 작용 일반을 통칭하는 것
- 사고(thought) : 문제 풀이 과정에서 대상에 집중하여 조직적으로 생각하는 것
- 아이디어(idea) : 개별적이고 한시적인 특별한 생각 또는 명제 내용
- 추론(reasoning) : 근거를 찾는 것, 생각에 체계적인 틀이 부여된 것
- 논증(argument) : 무엇을 증명하기 위해 관련된 가정들을 수집하고 결론과의 연관성을 명시적으로 밝히는 것
- 판단(judgement) : 어떠한 선택을 위해 의사결정 과정의 일부로 생각하는 것 또는 추론을 이루는 개개의 명제로 표현되는 생각의 내용

이성범(2001)에 따르면 인간의 정신 활동은 그 활동의 목적, 체계적인 과정, 내용 등에 따라 분류된다. 이성범의 정의는 생각의 하위 유형을 그 특징에 따라 분류한 것으로 보이며 각 유형은 서로 배타적이지 않다. 즉 생각 안에 사고가, 사고 안에 추론이, 추론 안에 논증, 판단이 들어갈 수 있다. 특히 추론을 근거를 찾는 것이며 체계적인 틀이 부여된 생각으로 본다면, 추론은 생각이나 사고라 불리는 것 중에서 체계적인 틀을 갖는 것으로 볼 수 있고, 아이디어와 달리 형식이 중요하고, 논증보다는 덜 형식적인 방법으로 근거를 찾는 것이다. 즉

추론은 생각, 사고의 부분집합이면서 논증, 판단을 포함한다.

이성범의 추론 정의로부터 추론이 갖추어야 할 요소로 '근거를 찾는 것'과 '체계적인 틀'을 고려할 수 있다. 수학을 학습하면서 학생들이 습득해야 하는 수학의 개념, 원리, 법칙, 기능은 왜 그러한지를 고려할 때 추론으로서 의미가 있는 것이기 때문에 '왜'에 대하여 학생들은 늘 탐구해야 하고 탐구하려는 마음이 있어야 한다. 하지만 지금까지 수학교육에서 추론을 연역과 귀납으로 대별해왔던 경향을 볼 때, 추론은 항상 '왜'를 추구해 온 것만은 아니다. 추론은 어떤 관찰된 사실로부터 새로운 결과를 도출해내는 발견의 기능을 담당해 왔고(Polya, 1954), 왜 그런지, 항상 그러한지를 찾는 과정에서도 새로운 개념이나 새로운 추측이 떠오를 수 있기 때문에(Lakatos, 1976/1991) 추론의 요소에는 '근거를 찾는 것'뿐 아니라 '결론을 도출하는 것'이 포함되어야 한다. 따라서 본서에서는 추론을 "체계적인 틀을 가지고 근거를 찾거나 결론을 도출하는 사고"로 정의하여 논의를 진행해보려 한다. 추론은 어떤 근거를 찾거나 결론을 도출하는 것이며, 이때 그 과정에 체계적인 틀이 있어야 한다.

이제 수학적 추론에 대해 논의해보자. 추론의 정의에 부합하면서 '수학적'이라는 수식어가 붙는 추론은 어떠한 것일까?

1.1 수학적 추론 활동

추론이 근거를 찾거나 결론을 도출하기 위한 것이라면, '수학적 추론'은 이러한 활동이 수학과 관련된, 수학교육의 목적에 합당한 것이어야 할 것이다. 그렇다면 수학적 추론의 구체적인 활동이 어떠한 것인지 생각해 보아야 한다. 어떤 수학 학습 상황에서 학생들이 근거를 찾고 결론을 도출할 수 있을지 고려하는 것은 추론을 위한 교육 활동이 어떠해야 하는지 알려주기 때문이다. 이를 알아보기 위해 우리는 Lannin, Ellis & Elliott(2011/2014)와 카타기리 시게오(2004/2013)

을 참고하고자 한다.

Lannin, Ellis & Elliott(2011/2014)는 「수학적 추론의 본질적 이해」에서 수학적 추론을 '추측하고 일반화하고 왜 그런지에 대해 탐구하고 논증을 발전시키고 평가하는 점진적인 개선 과정'이라 하면서, 사고 활동의 과정으로서 추론을 보고 있다. Lannin et al.은 수학적 추론을 추측하기와 일반화하기, 왜 그런지 탐구하기, 정당화하기와 반박하기의 세 과정으로 설명하고 있다. 수학 학습 과정에서 학생들이 해야 할 추론 활동이 이 세 과정 속에 녹아 있는데, 각 과정에서 핵심적으로 다루어야 할 내용은 <표 I−1>과 같다.

Lannin et al.은 수학적 추론에서 학생들이 본질적이고 핵심적으로 이해해야 하는 내용이 무엇인지 제시함으로써, 추론 교육의 방향과 시사점에 대한 안내를 하고 있다. 본서의 관점에서 보면, 추측하기와 일반화하기는 결론을 도출하는 것이고 왜 그런지 탐구하기, 정당화하기와 반박하기는 근거를 찾는 목적에 해당되는 것으로 볼 수 있다.

〈표 I-1〉 수학적 추론의 본질적 이해 (Lannin et al., 2011/2014)

추론의 과정	본질적 이해
추측하기와 일반화하기	추측하기는 잠정적으로 참이라고 생각되지만 참인 것으로 알려져 있지 않은 진술을 개발하기 위한 수학적 관계에 대한 추론을 포함한다. 이런 진술을 추측이라고 부른다.
	일반화하기는 여러 사례들 사이의 공통점을 규명하거나 처음에 고려했던 범위 이상으로 추론을 확장하는 것을 포함한다.
	일반화하기는 적절한 영역을 인식하여 일반화의 적용가능성을 규명하는 것을 포함한다.
	추측하기와 일반화하기는 여러 가지 용어, 기호, 표상의 사용과 그 의미를 명확히 하는 것을 포함한다.
왜 그런지 탐구하기	수학적 추론은 어떤 일반화가 왜 참인지 또는 거짓인지 그 이유를 설명해줄 수 있는 여러 가능성 있는 요인을 조사하는 것을 포함한다.

추론의 과정	본질적 이해
정당화하기와 반박하기	수학적 정당화는 이미 알려진 아이디어에 바탕을 둔 논리적인 주장이다.
	수학적 반박은 특정 진술이 거짓임을 입증하는 것을 포함한다.
	정당화하기와 반박하기는 논증의 타당성에 대한 평가를 포함한다.
	권위, 직관, 대중적인 합의, 여러 예들에 바탕을 둔 주장은 일반적인 진술에 대한 타당한 수학적 정당화가 될 수 없다.

수학적 추론이 학생들의 활동으로 나타난다면, 학생들의 수학적 활동에 어떤 것이 있는지 살펴보는 것도 필요하다. 이를 위해 카타기리 시게오(2004/2013)의 수학적인 생각을 살펴보자. 카타기리 시게오는 수학교육의 목표가 학생 '스스로 생각하고 판단할 수 있게' 하는 것이며 '수학적인 생각의 신장'이 학력의 중심이라 하면서, 수학적인 생각의 지도가 중요하다고 하였다. 그는 수학적인 생각을 예를 통해 파악하려 했고, 수학적인 생각을 수학의 방법과 수학의 내용의 두 가지 부류로 제시하였다. 그리고 이를 위한 원동력으로 수학적인 태도를 말하였다. 수학의 내용과 관련된 수학적인 생각은 집합, 단위, 표현, 조작, 알고리즘, 개괄적 파악, 기본 성질, 함수, 식에 관한 생각이고, 수학적인 태도는 자진해서 자기의 문제나 목적·내용을 명확하게 파악하려고 하고 조리 있는 행동을 하려고 하고 내용을 간결하고 명확하게 표현하려고 하고 더 나은 것을 구하려는 태도이다. 본서에서 추론은 특정 수학 내용에 한정된 것이 아니므로, 수학의 방법과 관련된 수학적인 생각이 추론과 더 관련된다. 카타기리 시게오가 정리한 수학적인 생각의 의미를 정리하면 <표 I-2>와 같다.

〈표 I-2〉 수학의 방법에 대한 수학적인 생각의 의미(카타기리 시게오, 2004/2013)

수학적인 생각	의미
연역적인 생각	• 항상 성립한다는 것을 보이기 위해서 이미 알고 있는 사실을 바탕으로 옳은 것을 설명하려는 생각

<table>
<tr><td>귀납적인 생각</td><td>• 몇 개의 데이터를 모으려고 노력한다.
• 그 데이터들 사이에 공통으로 볼 수 있는 규칙이나 성질을 찾아내려고 노력한다.
• 찾아낸 규칙이나 성질이 그 데이터를 포함하는 집합에서 성립할 것이라고 추측한다.
• 추측했던 일반성이 참이라는 것을 더 확실히 하기 위해 새로운 데이터로 확인한다.</td></tr>
<tr><td>유추적인 생각</td><td>• 어떤 사상 A에 관해서 그 성질이나 법칙 또는 해결 방법을 알고 싶다. 하지만 이것을 모를 때 A와 유사한 그리고 이미 알고 있는 사상 A'를 떠올려, (A'에 관해서는 성질이나 법칙 또는 해결 방법 등 P'를 알고 있는 경우) A에 대해서도 A'에서의 P'와 같은 것이 성립하지 않을까라는 생각</td></tr>
<tr><td>통합적인 생각</td><td>• 많은 사상을 각각 별개의 것으로 보지 않고 더 넓은 관점에서 그것들의 본질적인 공통성을 추상하고 그 공통성에 따라 같은 것으로 묶어나가려는 생각</td></tr>
<tr><td>발전적인 생각</td><td>• 한 가지의 방법을 알더라도 다시 더 나은 방법을 추구하거나, 이를 바탕으로 하여 더 일반적인 것이나 더 새로운 것을 발견하려는 생각</td></tr>
<tr><td>추상화</td><td>• 몇 개의 사물에서 공통인 성질을 이끌어내려는 생각
• 구체화의 생각, 이상화의 생각, 조건을 명확히 하려는 생각도 포함</td></tr>
<tr><td>단순화</td><td>• 몇 가지 조건이 주어져 있고 그 조건 각각이 무엇을 뜻하는지 알지만 그 조건 모두를 반영시켜야 할 때 처음부터 그 조건 전부를 반영시키기 어려운 경우가 있다. 이런 경우 그 가운데 몇 가지 조건은 일단 무시하고, 간단한 기본적인 경우로 고쳐서 알아보려고 한다.
• 조건의 몇 가지를 간단한 것으로 대체하여 알아보려는 생각</td></tr>
<tr><td>일반화</td><td>• 어떤 개념의 외연을 넓혀 나가려는 생각. 그리고 문제 해결에서 일반적인 성질을 찾아내어 그 문제를 포함하는 집합 전체에 관한 일반성을 추구하려는 생각</td></tr>
<tr><td>특수화</td><td>• 어떤 사상의 집합을 고찰하기 위해 여기에 포함되는 좀더 작은 집합 또는 그 가운데 한 가지 사상에 관해서 고찰하려는 생각</td></tr>
<tr><td>기호화</td><td>• 기호로 나타내려는 생각과 기호로 나타낸 것을 읽으려는 생각. 이밖에 수학 용어를 이용하여 간결하고 명확하게 나타내려고 하거나 이를 읽으려는 생각도 포함. 즉 형식적으로 표현하고 이것을 바탕으로 사고를 전개해 나가려는 생각</td></tr>
<tr><td>도형화</td><td>• 수적인 사상이나 관계를 도형이나 도형의 관계로 대체하고, 장면이나 사상 또는 관계 등을 그림으로 나타내어 파악하려는 생각</td></tr>
</table>

수량화	• 질적인 사상 등을 양적인 성질로 이해하고 그리하여 장면이나 목적에 따라 적절한 양을 선택하려는 생각(양화) • 양의 크기를 수를 이용하여 나타내려는 생각(수화)

12가지로 제시된 카타기리 시게오의 수학적인 생각은 추론을 포괄하기도 하고 추론에 포함되기도 한다. 귀납적인 생각, 유추적인 생각, 연역적인 생각은 본서의 II, III, V장에서 자세히 살펴볼 추론의 유형으로 볼 수 있으며, 도형화는 VII장의 시각적 추론의 일부라 볼 수 있다. 통합적인 생각, 발전적인 생각, 수량화 등은 다른 추론 유형에 의해 설명될 수 있다. 예를 들어, 더 나은 방법을 추구하려는 발전적인 생각을 하기 위해 유추와 같은 추론을 활용할 수 있을 것이고, 몇몇 사상으로부터 본질적인 공통성을 추상하는 통합적인 생각을 위해 어떤 기준에 의해 분류를 하는 연역을 활용할 수 있다. 그리고 도형화를 할 때 수치를 어떤 도형으로 나타내야 할지 생각하는 과정에는 유추적인 생각이 사용될 수도 있으므로, 위의 12가지 생각이 서로 독립적이지도 배타적이지도 않다. 즉 연역을 통해 발전적인 생각을 할 수도 있고, 도형화를 통해 단순화가 이루어질 수도 있기 때문에 12가지가 동등한 수준에 놓여있다고 할 수는 없다. 하지만 이렇게 수학적인 생각을 정리해봄으로써 의미 있는 수학적 추론 활동이 어떻게 구현될 수 있는지 생각해볼 수 있다.

지금까지 우리는 근거를 찾거나 결론을 도출하는 목적의 추론이 수학 학습에서 어떤 모습으로 나타날 수 있을지 살펴보았다. 추측하기, 일반화하기, 왜 그런지 탐구하기, 정당화하기, 반례 들기, 통합적인 생각하기, 발전적인 생각하기, 추상화하기, 단순화하기, 기호화하기, 수량화하기, 도형화하기 등 다양한 수학적 활동이 추론을 하기 위한 구체적인 활동의 모습으로 나타날 수 있었고, 각각의 세세한 내용은 <표 I-1>과 <표 I-2>로 볼 수 있었다.

Lannin et al.이나 카타기리의 연구는 수학 학습에서 추론을 통해 하려는 활동이 무엇인지를 나타내었다. 이제는 이러한 활동이 수학교육 측면에서 어떤 의미가 있는지 살펴보려 한다. Connor et al.(2014. p.183)은 수학적 추론을 '수학적 실재 또는 관계에 대한 의도적인 추리'라고 하였다. 수학적 추론은 수학적 대상이나 수학적 관계에 대한 추론이며, 즉 수학적 대상이나 관계에 대해 근거를 찾거나 결론을 도출하는 것으로 볼 수 있을 것이다. 이때 추측을 하고 도형화하는 등의 활동은 어떤 의미를 갖는 것일까? 이것은 수학교육 본연의 목적이나 목표에 적합한지 살펴봄으로써 그 답을 찾을 수 있을 것이다. 예를 들어, 추측을 함으로써 학생들은 수학적 관계에 대해 생각해볼 수 있고 추후 정당화할 기회를 얻을 수 있다. 수학적 대상이나 관계에 대해 도형을 활용하여 그림을 그려 봄으로써 전체적인 시각으로 수학적 지식을 인식할 수 있고 그 결과로 이후의 추론 활동이 진전될 수 있다. 즉 우리는 수학교육을 통해 학생들이 수학적 대상이나 관계를 발견하고 이해하며 그 과정 속에 근거를 찾고 결론을 도출하기 바라기 때문에, 위의 활동들이 수학적으로 의미 있는 활동이자 목적이 되는 것이다. 즉 추측하고 일반화하고 도형화하는 등등의 활동은 그 자체로 의미있는 목적이자 목표이며 또다른 추론을 가능하게 하는 수단이자 과정으로서 의미가 있다.

학생들이 이러한 목적이 있는 활동에 참여함으로써 수학 학습은 의미가 있게 되고 추론 교육 본연의 목적이 실현되는 것이다. 추론은 목적 없이 발생하지 않는다. 그 목적이 활동의 처음부터 명확해질 수 없더라도 말이다. 예를 들어, 도형화는 수치적인 관계를 도형으로 나타내는 것인데, 도형으로 나타내는 것이 문제 해결에 도움이 되거나 개념을 이해하려는 목적이 있기 때문에 도형화의 생각이 필요한 것이다.

지금까지의 논의를 종합하여 보면, 추론은 체계적인 틀을 가지고 근거를 찾거나 결론을 도출하는 사고이며, 추론이 수학적이라고 불리기 위해서는 추론을 하는 사람이 수학적 활동에 참여할 때이다. 수학교육의 목적 있는 활동에 참여할 때 사용된 추론이 수학적 추론이라 할 수 있다. 즉 수학적 추론은 수학적 활동에 참여하면서 체계적인 틀을 가지고 근거를 찾거나 결론을 도출하는 사고이다.

1.2 교육과정에 제시된 수학적 추론

추론은 NCTM(1989, 2000)의 규준과 여러 나라의 교육과정에서, 그리고 우리나라 수학과 교육과정에서 강조해야 할 능력이자 과정으로 강조되고 있다. 추론으로서 의미 있는 수학적 활동은 교육과정 목표에 정한 방향에 비추어 볼 때 합목적성을 따질 수 있다. 여기서는 여러 국가에서 규정한 수학적 추론의 의미는 어떠한지 살펴보기로 한다.

추론을 핵심역량으로 선정한 국가는 여러 나라가 있는데, 미국의 공통 핵심 주 기준인 CCSSM(Common core state standards for mathematics)은 학생들의 인지적 활동을 수학적 실천(mathematical practice)으로 명명하고 수학적 실천의 8가지 기준 중 추론과 관련된 내용을 '추상적으로 양적으로 추론하기', '논증을 구성하고 다른 사람의 추론을 비판하기', '구조를 찾으며 사용하고', '반복되는 추론에서 규칙성을 찾고 표현하기'의 4가지로 언급하고 있다(CCSSI, 2014). 캐나다의 온타리오주(MEC, 2005)는 '추론'과 '증명'을 하나의 핵심역량으로 연결하고 있는데, 추론과 증명 지도에서 발견한 사실이나 참이라고 알고 있는 것으로부터 추론하게 하고, 수학에서 받아들일 수 있는 논증의 특징을 인식하게 하고, 항상 참이라고 할 수 있는지 되돌아보게 하라고 권고하고 있다. 싱가포르(MES, 2007)는 추론이 수학적 과정의 하나로서 수학적 상황을 분석하고 논증을 구성하는 능력이라고 보고 있다.

한편 우리나라 2009 개정 수학과 교육과정은 추론에 대하여 교수·학습 방법에서 다음과 같이 진술하면서, 추측, 정당화, 분석, 조직, 반성의 활동에서 추론이 쓰이고 일상생활에서도 수학에서 습득한 추론 능력을 적용할 수 있어야 함을 말하고 있다.

- 귀납, 유추 등을 통해 학생 스스로 수학적 사실을 추측하고, 이를 정당화할 수 있게 한다.
- 수학적 사실이나 명제를 분석하고, 수학적 관계를 조직하고 종합하며, 학생 자신의 사고 과정을 반성하게 한다.
- 수학적 추론을 통해 합리적으로 사고하는 능력을 키우고, 일상생활에서 자신의 의견을 정당화할 때 적절한 근거에 기초하여 논지를 전개할 수 있게 한다.

(교육과학기술부, 2011, p.35)

역량 중심의 교육과정인 2015 개정 수학과 교육과정은 수학적 추론을 정의하고 그 하위 개념까지도 설명하고 있는데, 추론은 "수학적 사실을 추측하고 논리적으로 분석하고 정당화하며 그 과정을 반성하는 능력"으로 정의되었고(교육부, 2015, p.4), 추론 능력의 하위 요소로 '관찰과 추측, 논리적 절차 수행, 수학적 사실 분석, 정당화, 추론 과정의 반성' 5가지를 두고 있다. 하위요소와 그 의미는 <표 I-3>과 같다.

〈표 I-3〉 2015 개정 수학과 교육과정에서 수학적 추론 (박경미 외, 2015, p.40)

하위요소	의미
관찰과 추측	관찰과 탐구 상황에서 귀납, 유추 등의 개연적 추론을 사용하여 수학적 사실을 추측하는 능력
논리적 절차 수행	수학적 절차와 수학적 사실 도출 과정을 논리적으로 수행하는 능력

하위요소	의미
수학적 사실 분석	수학적 개념, 원리, 법칙을 분석하는 능력
정당화	수학적 사실이 참임을 보이기 위해 증거를 제시하고 이유를 설명하는 능력
추론 과정의 반성	자신의 추론 과정이 옳은지 비판적으로 평가하고 되돌아보는 능력

외국의 수학과 교육과정과 우리나라의 최근 수학과 교육과정을 살펴보면, 추론, 사고, 생각이 각각 구획되어 있지 않은 것을 볼 수 있다. 즉 추론을 체계적인 틀이 정해진 생각이기보다는 수학에서 학생들이 보여주고 행해야 하는 사고 활동 전반을 나타내는 데 사용한 것으로 보인다. 여러 국가의 교육과정에서 수학적 추론의 중요성에 대해서 동의가 이루어진 상태지만 명확히 정의된 개념으로 추론이 사용되고 있지는 않다. 추론에 대하여 서로 다르게 이해하는 이유는 추론, 사고, 생각을 구분하지 않다거나 큰 사고의 흐름 속에 여러 유형의 추론이 관여할 때 이를 각각 논하기보다는 그냥 '추론'이라고 일컫는 것이 용이하기 때문일 것이다.

이 절에서 우리는 여러 국가의 교육과정에서 수학적 추론의 정의가 한 마디로 단정 짓기 어렵고 합의에 도달되지 못했음을 보았다. 그럼에도 불구하고 본서를 이끌어가기 위해 추론을 체계적인 틀을 가지고 근거를 찾거나 결론을 도출하는 사고라 정의하였고, 수학적 추론은 그러한 사고의 목적과 내용이 수학적 활동과 목적에 부합해야 한다고 하였다. 이에 따라 2015 개정 수학과 교육과정을 살펴보면, 관찰과 추측, 논리적 절차 수행은 결론을 도출하기 위해, 수학적 사실 분석과 정당화, 추론 과정의 분석은 근거를 찾는 추론이라 할 수 있다.

이제는 추론을 구성하는 요소인 체계적인 틀에 근거하여 추론의 유형을 살펴본다.

2 수학적 추론의 유형

논리학, 철학, 기호학 등의 학문적 관점에서 수학적 추론은 무엇일까? 엄밀하지 않은 비형식적 추론도 수학적 추론이라 할 수 있을까? 수학적 추론을 어떻게 분류할 수 있는가? 이 절은 이 질문들에 대해 답해보려 한다. 수학에서 추구하는 엄밀한 추론은 확실성에 기초하며 확실하지 않은 것은 수학적이지 못하다는 시각이 존재해 왔으나, 최근에는 엄밀하고 확실하지 못하더라도 수학적 발견에 기여할 수 있는 것도 수학적 추론이라 부른다. 확실성에 기초한 추론과 그렇지 않은 추론의 이분법은 흔히 연역과 귀납으로 분류해 왔으나, Reid & Knipping(2010)은 학자들마다 이에 대한 표현을 다르게 한 것을 정리하였다(<표 I-4>).

〈표 I-4〉 확실성에 기초한 추론과 그렇지 않은 추론 (Reid & Knipping, 2010, p.90)

학자(연도)	확실함	확실하지 않음
Smith & Hendersin (1959)	연역	귀납
Peirce (1902)	A-추론	B-추론
Polya (1954)	논증적(demonstrative)	개연적(plausible)
Balacheff (1987)	개념적(conceptual)	실용적(pragmatic)
Duval (1991)	연역	논증(argumentation)

확실하지 않은 추론을 무엇이라 부르던지, 그러한 비형식적 추론을 수학적 추론의 범주에 포함하여 논의해온 것은 분명하다. 이 절에서는 이러한 비형식적 추론을 포함하여 여러 이론가들이 추론을 어떤 관점에서 바라보고 있는지를 살펴보려 한다.

2.1 추론의 유형

Peirce는 데데킨트, 칸토르와 독립적으로 무한, 연속, 실수 개념을 발전시킨 수학자이며, 철학, 기호학 등으로 유명한 학자이다. Peirce는 사례, 규칙, 결과에 대한 조합에 의해 연역, 귀납, 가추의 추론 유형을 구분하였다(Reid & Knipping, 2010, p.83).

추론을 이루는 사례, 규칙, 결과에 대한 Peirce의 설명을 보면, '사례'는 조건을 만족하며 관찰된 것이다. 여기서 조건은 어떤 것의 특징 또는 그들 사이의 관계를 말하는데, 예를 들어 '단비는 개이다'는 사례이고, 여기서 '개가 된다'는 것은 조건이 된다. '규칙'은 어떤 조건이 일어나면 또 다른 것이 발생한다는 일반적인 명제를 말한다. '개는 동물이다'와 같은 진술이 규칙이다. '개가 된다'는 조건과 '동물이 된다'는 조건이 서로 연결되어 규칙을 이루는 것이다. '결과'는 사례와 유사한 특정한 관찰을 말한다. 하지만 규칙에 의해서 연결된 것에 의존하기 때문에 사례와 구별된다. 예를 들어 '단비는 동물이다'가 규칙과 연결되어 나타난 관찰이며, 결과라고 볼 수 있다.

이러한 사례, 규칙, 결과가 어떻게 조합되는가에 따라 <표 I-5>와 같은 추론이 형성된다. 하얀 완두콩에 대한 사례, 규칙, 결과의 조합으로부터 연역, 귀납, 가추가 나올 수 있다.

〈표 I-5〉 Peirce의 추론 유형

연역 : 규칙 + 사례 ⇒ 결과
규칙 : 이 가방 속에 들어있는 모든 완두콩은 하얗다 사례 : 이 완두콩들은 이 가방에서 나왔다 결과 : 이 완두콩들은 하얗다
귀납 : 사례 + 결과 ⇒ 규칙
사례 : 이 완두콩들은 이 가방에서 나왔다 결과 : 이 완두콩들은 하얗다 규칙 : 이 가방 속에 들어 있는 모든 완두콩들은 하얗다

가추 : 결과+규칙 ⇒ 사례
결과 : 이 완두콩들은 하얗다
규칙 : 이 가방 속에 들어 있는 모든 완두콩들은 하얗다
사례 : 이 완두콩들은 이 가방에서 나왔다

논리학의 언어로 각각의 추론을 살펴보자. 다음의 사례, 규칙, 결과가 있다. (1)은 사례, (2)는 결과, (3)은 규칙을 나타낸다.

(1) Pm
(2) Qm
(3) $\forall x(Px \rightarrow Qx)$

연역은 규칙 (3)과 사례 (1)로부터 결과 (2)를 추론하는 것이다. 연역은 설명적이고 분석적이며, 전제로부터 결론을 이끌어낸다는 점에서 타당하다. 연역은 형식적인 체계 속에서 정의, 공리, 정리들을 이용하여 규칙을 따라 결론을 이끌어내는 엄밀한 증명으로 사실을 언급하는 데 사용된다. 아리스토텔레스의 삼단 논법이 가장 잘 알려진 연역이며, 수학의 정리는 거의 모두 연역에 의해 증명되고 있다.

귀납은 일반적으로 관찰된 개개의 사례를 총괄하여 그들 사례의 규정이 필연적으로 거기에서 도출될 수 있는 일반적 주장인 판단을 확립하는 추론, 즉 특수한 사실로부터 일반 진리를 이끌어내는 추론으로 여겨져 왔다. Polya(1954, p.4)는 '경험을 다루는 과학자의 처리절차'를 귀납이라 부르는가 하면, 발견적인 추론의 본성과 관계되며 더 나아가 중요하지만 논증적인 것이 못되는 일종의 추론을 '발견적인 추론' 또는 '귀납적인 추론'이라고 불러 귀납을 넓은 의미로 사용하였다(Polya, 1957/1986, p.278). 하지만 Peirce에 따르면, 귀납은 (1)과 (2)의 특정한 사례와 결과로부터 일반적인 규칙 (3)을 추론하는 것이다. 귀납은 보충적이고 종합적이며, 결론이 전제로부터 따라 나올 필요가 없다는 점에서 타당하지도 않다.

사례와 결과를 통해 규칙을 유도하는 Peirce의 귀납 논리에 비추어 보면, 일반화는 한 대상의 고찰로부터 얻은 결과가 그 대상을 포함하는 집합에도 성립된다는 규칙을 얻어내고, 특수화도 대상의 고찰로부터 얻은 결과가 그 하위 집합이나 대상에도 성립한다는 규칙을 찾아낸다는 점에서 귀납에 속한다 할 수 있다[1]. <표 I-6>에서는 피타고라스 정리의 일반화와 그 일반화로부터 피타고라스 정리를 특수화하는 과정을 예를 들어 살펴본다.

〈표 I-6〉 귀납의 관점에서 본 일반화와 특수화의 해석 (김선희·이종희, 2002)

귀납 : 사례 +결과 ⇒ 규칙	
일반화	사례 : 직각삼각형의 세 변 a, b, c 위에 닮음인 도형이 있다 결과 : $a^2+b^2=c^2$ 규칙 : $\lambda a^2+\lambda b^2=\lambda c^2$
특수화	사례 : 직각삼각형의 세 변 a, b, c 위에 닮음인 도형이 있다 결과 : $\lambda a^2+\lambda b^2=\lambda c^2$ 규칙 : $a^2+b^2=c^2$

가추는 특정한 결과 (2)와 규칙 (3)으로부터 사례 (1)에 대한 설명을 하는 추론이다. Peirce에 의하면, 과학적 주장에 있어서 서로 다른 여러 가지 논증 형태들을 구분해내지 못하는 것이 바로 과학의 논리에 혼란스럽거나 잘못된 개념들을 낳게 한 주된 요인이며, 이런 혼란 중에서 가장 흔하고도 나쁜 것 중 하나는 가추법과 귀납법을 (때로는

1) 하지만 일반화의 전 과정에 귀납이 쓰이는 것은 아니며 가추가 귀납에 앞서 사용되기도 한다. 이에 대해서는 IV장 참고.

연역법과 혼동하기도 해서) 하나로 뭉뚱그려 취급하는 일이다(Sebeok & Umiker- Sebeok, 1980/1994). 가추는 귀납과 마찬가지로 보충적(종합적)이고 타당하지 않지만 귀납과는 구별된다. 가추의 결론은 전제에서 말한 것을 해설한다기보다 확장하는 것이다.

Ho(1994)는 Peirce의 세 가지 추론인 연역, 귀납, 가추가 각기 다른 장점과 단점을 갖고 있다고 했다. 추론가는 탐구를 수행하기 위해서 이 세 가지 추론을 모두 적용해야 하는데, 가추와 연역은 현상에 대한 개념적 이해에, 귀납은 양적인 검증에 사용된다고 하였다[2]). 특히 가추는 자료를 탐색하고 패턴을 찾고 적당한 카테고리를 사용해서 그럴듯한 가설을 제안하는 데 쓰이고, 연역은 다른 그럴듯한 전제에 기초하여 논리적이고 검증 가능한 가설을 세우는 것이며, 귀납은 더 많은 탐구를 위하여 신념을 확고히 하기 위해 진리에 접근하는 것이다. 즉 가추는 창조하고 연역은 설명하고 귀납은 검증하는 기능을 주로 담당한다.

Schurz(2008)는 위와 다른 관점으로 추론의 기능을 설명하였다. 그는 모든 추론이 정도의 차이는 있지만 정당화와 발견 기능을 모두 갖는다고 말한다. 정당화 기능은 결론의 정당성에 대한 것이고, 발견 기능은 가장 가망 있는 추측을 찾는 것이다. 즉 정당화 기능은 근거를 찾는 것에, 발견 기능은 결론을 도출하는 데 있다. Schurz에 따르면 연역은 전제가 결론의 참을 보증하기 때문에 정당화 기능이 가장 크고, 주어진 전제로부터 많은 결론이 도출될 수 있기 때문에 발견 기능도 갖고 있다. Lakatos의 수학적 발견의 논리에서도 연역적 추측이 발견의 역할을 담당하는 것으로 소개되어 있다. 귀납은 전제로부터의 결론이 여러 예를 일반화하는 조작에 의해 협소하게 정의되기 때문에

2) Ho(1994), Schurz(2008)는 Peirce의 1903년 가추에 대한 정의에 따라 추론 유형을 설명하고 있다(Ⅳ장 1절 참고).

발견 기능이 그리 많이 관여되지 않는다. 그래서 귀납 추론의 주요 기능은 정당화이지만, 그 정당성의 가치는 불확실하다. 가추는 주로 발견 기능을 담당한다. 귀납과 달리 가추는 수천가지 가능한 설명적 추측(결론)에 직면하게 할 수 있다. 가추의 필수 기능은 우선적으로 탐구해야 하는 설명적 추측이 어떤 것인지를 말해주는 탐색 전략이다.

Peirce는 가추에 대한 명칭을 여러 번 바꾸어 표현했는데(Meyer, 2010, p.186), 관찰된 사실로부터 설명적 사례로의 추론을 '가설(hypothesis)'이라 하였다가 나중에 '잠정 추론[3](retroduction)', '가추(abduction)'라 하였다. 가추의 명칭 변화와 더불어 귀납의 정의도 바뀌었는데, Peirce는 초기 연구에서 귀납을 사실들의 샘플로부터 일반 규칙을 생성하는 추론이라 하였다가, 나중에 20세기 초반 이전의 모든 글에서 가설(hypothesis)과 귀납을 혼동했음을 고백하면서, 가추를 더 협소한 의미로 '설명적 가설을 형성하는 과정, 새로운 아이디어를 도입하는 유일한 논리적 조작'이라고 하였다. 이렇게 해서 귀납의 개념은 새로운 규칙에 대한 추론에서 더 협소한 경험적 '확증(confirmation)'의 의미로 변화하였다.

Peirce는 가추와 귀납을 다음과 같이 묘사한다.

> 놀라운 사실을 설명하는 데 이론이 필요하다는 느낌을 가졌더라도, 가추는 어떤 특수한 이론을 갖지 않고 사실로부터 시작한다. 이론을 지지하고 싶은 필요를 느꼈더라도, 귀납은 특수한 사실 없이 가설로부터 시작한다. 가추는 이론을 추구하고, 귀납은 사실을 추구한다.
>
> (CP 7. 218; Meyer, 2010, 재인용)

---

3) 가설을 잠정적으로 채택하는 추론. 가설의 내용들이 경험적 설명으로 그럴 듯한 가능성이 있기 때문에, 사실에 반대하기 위해 애써 입증하기보다는 사실로 받아들이는 것.

한편, 추론의 유형으로 많이 언급되는 것 중 유추, 은유, 시각적 추론이 있다. 유추는 비례적 추론으로서 A : B :: C : ?라는 일반적인 형태로 나타낼 수 있다. 비례식에서 두 번째 항이 첫 번째 항과 관련된 것과 같이, 네 번째 항은 세 번째 항과 관련되는 것이라고 짐작할 수 있다. C라는 결과를 얻었을 때, A : B라는 규칙에 빗대어 ?라는 사례를 추출하는 것이 유추이다. Reid & Knipping(2010)은 유추를 귀납과 연역 또는 가추와 연역의 두 단계를 거치는 추론으로 보았지만 김선희·이종희(2002)는 유추를 가추의 일부라 보았다. <표 I-7>과 같이 복소수체에서의 동치관계를 Q($\sqrt{2}$)에서의 동치 관계에서 유추하여 추론하는 것으로 보면 가추가 된다고 볼 수 있다. $\sqrt{2}$가 포함되면서 유리수가 실수로 확장되고 무리수($a+b\sqrt{2}$)를 하나의 대상으로 다루면서 두 수의 동치관계를 설명한 것처럼, 복소수에서 두 수가 같다는 결과를 보고 두 무리수가 같기 위한 조건이 무엇이었는지의 규칙을 복소수의 사례에도 결부시킨 것이다.

〈표 I-7〉 가추의 관점에서 본 유추의 해석 (김선희·이종희, 2002)

	가추 : 결과 + 규칙 ⇒ 사례
유추	결과 : a, b, c, d가 실수일 때, $a+bi=c+di$ 규칙 : a, b, c, d가 유리수이면, $a+b\sqrt{2}=c+d\sqrt{2} \Leftrightarrow a=c,\ b=d$ 사례 : $a+bi=c+di \Leftrightarrow a=c,\ b=d$

Polya가 유추를 귀납에 포함시킨 것은 귀납을 논증적 추론에 상대되는 넓은 의미로 사용하였고, A : B :: C : ?에서 A와 C의 구조적 관계를 파악하는 것은 경험에 의한 통찰이라고 생각했기 때문이다. Harrowitz(1980/1994)는 관찰된 사실을 설명하기 위하여 이미 알려진 법칙이나 자연법칙 또는 다른 일반적인 진리를 제안해서 그 사실을 가추적으로 설명할 뿐 아니라 그 연관성 또한 희망적으로 밝혀내

야 한다고 하면서, 유추가 가추의 일부가 될 수 있음을 시사하였다. 이러한 관점에서 볼 때, 수학 개념 학습이나 문제 해결에서의 유추는 귀납보다는 가추에 속하는 것이다.

카타기리 시게오(2004/2013, p.128)는 유추와 유추적인 생각을 구별하였는데, 유추는 추론 논리에 해당하나 유추적 생각은 A : B :: C : ?라는 비례식에서 C에 대해 그 성질 또는 법칙을 알고 싶으나 그것을 모를 때, C와 닮은 기지의 것 A를 생각해 내어, A에 대한 성질 또는 법칙인 B와 동일한 성질 또는 규칙 ?가 C에 대해서도 존재하지 않을까 하는 생각을 해 나가려는 것이다. 유추는 <표 I-7>과 같은 가추의 논리를 따를 뿐 아니라 A와 C의 구조를 먼저 파악하고 그것을 추론에 적극적으로 사용하려는 유추적인 생각이 의식적으로 존재해야 한다. 복소수체 C에서 $a+bi=c+di$와 동치인 사례를 찾고자 할 때도, 허수 i는 실수 범위 안에 존재하지 않는 $x^2=-1$의 근이고 $\sqrt{2}$는 $x^2=2$의 근으로 유리수 범위 안에 존재하지 않는 무리수라는 것을 생각해내어야, $Q(\sqrt{2})$에서 $a+b\sqrt{2}=c+d\sqrt{2} \Leftrightarrow a=c, b=d$이라는 규칙에서 $a+bi=c+di \Leftrightarrow a=c, b=d$를 유추해낼 수 있는 것이다.

은유는 문학뿐 아니라 모든 사고체계의 기본이 되는데, Lakoff & Johnson(1980/1995)은 인간의 사고체계가 기본적으로 은유적이며 수학이 은유를 통해 이해되고 표현된다고 하였고, Pimm(1987)은 은유가 일상 언어에서 의미의 표현만큼이나 수학적 의미의 표현에 중심적인 것이라고 했다. 새로운 수학적 아이디어를 표현하고 전달하는 것은 일상 언어나 기존의 수학 언어에 의존할 수밖에 없으며, 이러한 과정은 은유적이다. 예를 들어, 정수를 수직선 위의 점이라 생각하고, 방정식을 대칭 저울로 생각하는 것은 은유이다. 김선희·이종희(2002)는 은유 또한 유추의 일부라 보고, 따라서 은유도 가추에 속하는 것으로 보았다.

은유는 두 영역을 연결하는 [그림 I-1]으로 제안할 수 있다. 바탕은 몇몇 방법으로 목표에 대한 신념에 기여하며, 여기서 근거(ground)는 사상에 해당한다. 유추는 이미 알려진 두 개념 사이의 유사성을 우리가 지각하여 관계를 사상하지만, 은유는 목표의 구조에 대해 알지 못하는 상태에서 두 구조를 연결한다. 두 개의 개념 구조가 서로 대응된다는 것을 알기 위해서는 [그림 I-1]처럼 두 가지 구조를 모두 이해하고 있어야 하며, 그러한 구조적 파악을 통해 유추적 사고가 발생한다.

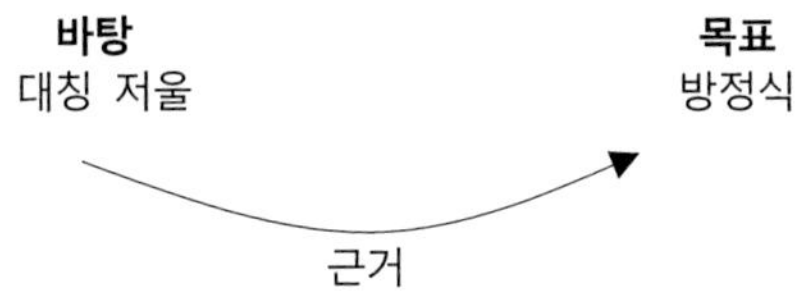

[그림 I–1] 은유의 구조를 설명하는 예

Peirce에 따라 수학적 추론을 크게 연역, 귀납, 가추로 구분 지어 보았는데, 이런 추론을 종종 가능하게 하면서 언어적인 추론을 벗어나 상상을 통해 진행되는 수학적 추론이 또한 존재한다. 이것은 수학의 개념 형성 과정에서 원형(prototype)의 이미지를 구성하거나 수학적 대상의 역동성을 중심으로 이루어지는 시각적 추론이다. Duval(1998)에 의하면 시각적 추론과 일상 언어·상징(symbol)을 사용한 논리적 추론은 서로 다른 인지과정을 거치며, 어느 것이 더 높은 위계를 갖는다고 말할 수 없다. 기하에서 사용되는 추론을 Duval은 시각적인 것을 사용한 조작적 이해, 서술, 설명, 논증의 발화로부터 일상 언어를 사용한 자연스런 논리적 이해, 상징을 사용하여 연역적 추론이 이루어지는 이론적인 논리적 이해로 구분하면서, 추론이 시각적 표현과 일상 언어, 상징을 사용하여 이루어짐을 시사하였다. 물론 시각적 추론 과정에 언어나 기호가 동반되어 연역, 귀납, 가추가 이루어지기도 하므로, 서로 중복되는 점이 있다.

이미지를 사용하는 추론은 일상적이지 않은 수학 문제 해결을 할 때에 더 성공적일 수 있다(Wheatley, 1997). 그림이나 다른 형태의 시각적 표현은 추론에 본질적인 것으로 시각화가 학습에 도움이 되는 정도를 벗어나 수학적 추론과 증명을 위한 도구로 인정될 수도 있다(Dreyfus, 1994; 정은실, 1997, 재인용). 또한 Wheatley(1997)는 이미지의 사용과 새로운 수학 문제 해결의 성공 사이에 강한 상관관계가 있다고 하면서 이미지에 의한 추론이 얼마나 수학 학습에서 중요한지를 보여주었다. 따라서 본서의 구성에서는 시각적 추론을 그 중요성에 따라 별도의 추론 유형으로 다루기로 한다.

2.2 Toulmin의 추론 모델

Toulmin은 형식 논리를 비판하기 위해 추론을 분석하는 논증 모델을 개발하였는데, Toulmin의 모델은 교실에서 학습이 어떻게 진전되는지(Krummheuer, 1995; Yackel, 2001; Yackel & Rasmussen, 2002)와 교실에서 논증을 위한 맥락을 창조하는 방법(Wood, 1999)을 분석하는 데 사용되어 왔다. 이 절에서는 Toulmin의 모델에 따라 추론 유형을 설명하고자 한다. 추론이 생각, 사고와 대비되는 특징은 체계적인 틀을 가지고 있다는 점이므로, 추론을 분석할 수 있는 체계적인 틀이 필요하며, 본서에서 추론을 구성하는 요소인 '체계적인 틀'을 Toulmin의 모델에서 찾고자 하는 것이다. Toulmin의 모델에서 명제는 다음 몇 가지 형태로 나뉜다(Pease & Aberdein, 2011, p.14).

- 주장(Claim) : 논증의 결론
- 자료(Data) : 주장의 기초 또는 소전제에 대해 호소하는 사실
- 보증(Warrant) : 자료로부터 주장 또는 대전제로 이동하는 것에 권위를 주는 명제. 주장에 대한 이유

- 후원(Backing) : 보증을 신뢰하는 그 이상의 이유
- 한정사(Qualifier) : '아마도', '확실히', '필요한'과 같이 주장의 힘을 표현하는 것
- 항변(Rebuttal) : 주장에 반대하는 명제의 유형

후원(B)은 보증(W)을 믿는 이유이고, 보증(W)과 자료(D)는 주장(C)을 믿는 이유이고, 항변(R)은 주장(C)에 대한 믿음이 지지되지 않을 때를 말해주고, 한정사(Q)는 주장(C)을 얼마나 믿는가이다.

Toulmin의 기본 모델은 [그림 I-2]와 같다.

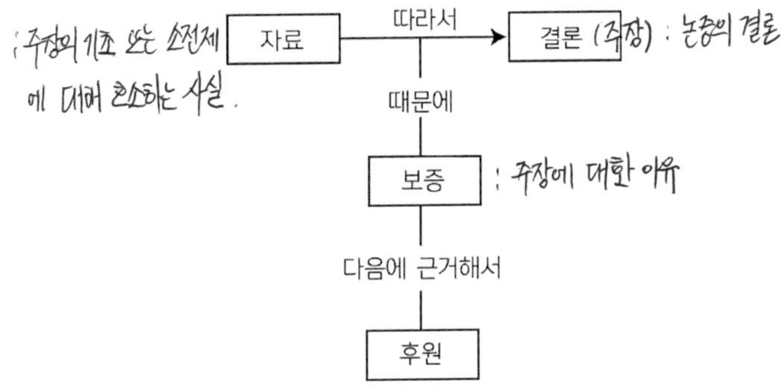

[그림 I-2] Toulmin의 모델 (Krummheuer, 2007, p.65)

Toulmin의 모델을 이용하여 "혜린이는 피닉스에서 태어났다. 우린 아마도 그가 미국인이라고 주장할 수 있다. 그의 부모가 미국인이 아니라 할지라도 피닉스에서 태어난 사람이면 누구나 미국시민이 되기 때문이다."의 추론 과정을 [그림 I-3]과 같이 나타낼 수 있다.

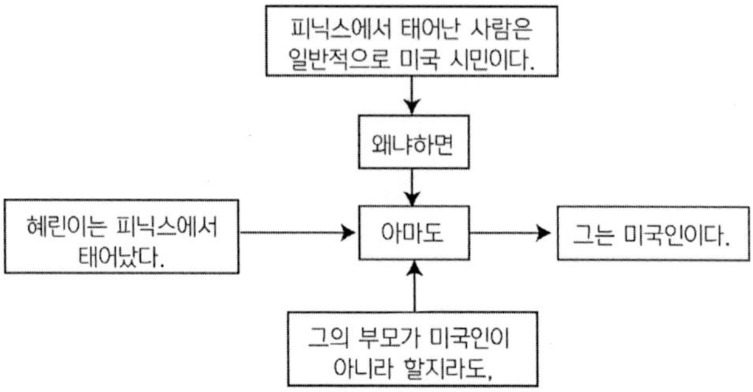

[그림 I-3] Toulmin의 모델 예시

Toulmin의 모델은 Peirce의 추론 유형을 시각적으로 나타내는 데 적합하다(Pease & Aberdein, 2011). Pease & Aberden(2011, p.26)은 오일러 정리에 대한 Cauchy 증명의 첫 단계를 Toulmin의 모델로 표현하기도 했다([그림 I-4]).

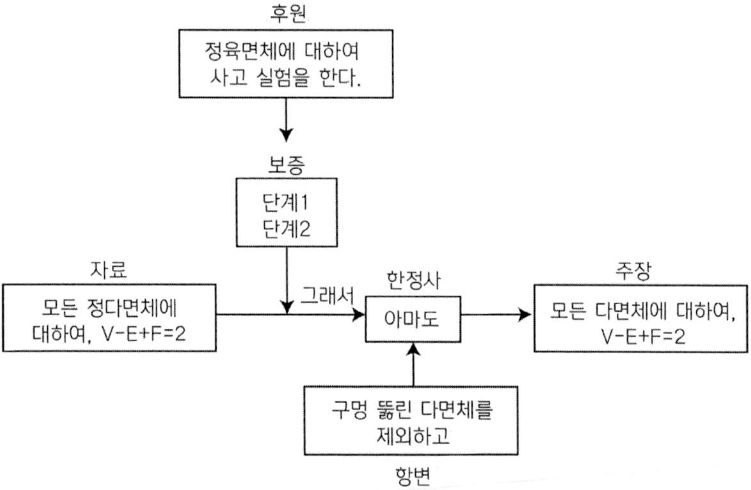

[그림 I-4] 오일러 정리에 대한 코시의 증명 (Pease & Aberden, 2011, p.26)

그렇다면 Peirce의 추론 유형을 Toulmin의 모델로 나타낼 수 있을까? Peirce는 연역, 귀납, 가추를 각각 사례, 규칙, 결과의 조합으로 나타내었다. 자료를 토대로 보증에 의해 주장을 하는 Toulmin의 논증 모델은 추론 유형에 따라 사례, 규칙, 결과를 활용한다. 이를 Toulmin 모델에 적용하여 [그림 I-5]~[그림 I-7]로 제시할 수 있다.

[그림 I-5]는 연역에 대한 모델이다. Pease & Aberdine(2011)은 연역이 (a)과 (b)와 같이 두 가지 해석이 가능하다고 하였다. 그리고 논리학의 언어를 배제하고, 사례, 규칙, 결과에 의해 연역을 표현하면 (c)의 모델도 가능하다. (c)에서는 사례가 참인 지식인 경우에 우리에게 의미 있는 추론의 결과를 보여줄 수 있다. 여기서 사례는 자료(data), 결과는 주장(claim), 규칙은 보증(warrant)이 된다(Connor et al., 2014, p.186). 연역에서 사례는 규칙에 의해 결과와 연결된다. 그래서 연역은 자료와 보증에서 시작하여 주장을 구성하는 것이다.

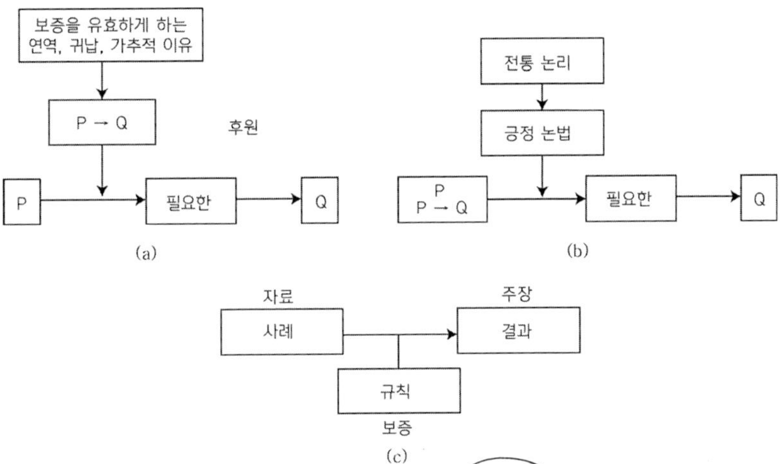

[그림 I-5] Toulmin의 연역 모델
(Pease & Aberdein, 2011, p.25; Connor et al., 2014, p.186)

이제 귀납에 대해 살펴보자. Peirce의 정의에 따라 귀납은 사례와 결과로부터 규칙을 찾는 추론이다. [그림 I-6]의 경우, (a)는 일반화에 대한 귀납, (b)는 특수화에 대한 귀납을 설명한다(Pease & Aberdine, 2011). 귀납이 옳은 결과를 갖고 오기 위해서 (a)의 사례는 참인 지식이어야 하고, (b)의 사례는 특수한 것, 규칙은 일반적인 것으로 해석되어야 한다. (c)는 결과와 사례로부터 규칙을 찾는 귀납에 대한 Connor et al.(2014)의 논증 모델이다.

귀납 추론을 할 때는 각각의 관찰로부터 추상화 또는 일반화가 나온다. 여러 사례와 여러 결과가 주장과 연결되어 있기 때문에 귀납의 모델은 연역보다 약간 더 복잡할 수 있다. 귀납은 특정한 사례로부터 일반화하는 주장을 구성하는 추론이며, 일반화가 귀납에서 중요한 역할을 한다. Pedemonte & Reid(2011)는 귀납 논증의 간단한 경우가 실제로 가추 논증이라고 했지만 학생들이 규칙을 주장하면 그것을 귀납이라 보는 게 합당할 수 있다(Connor et al., 2014, p.187).

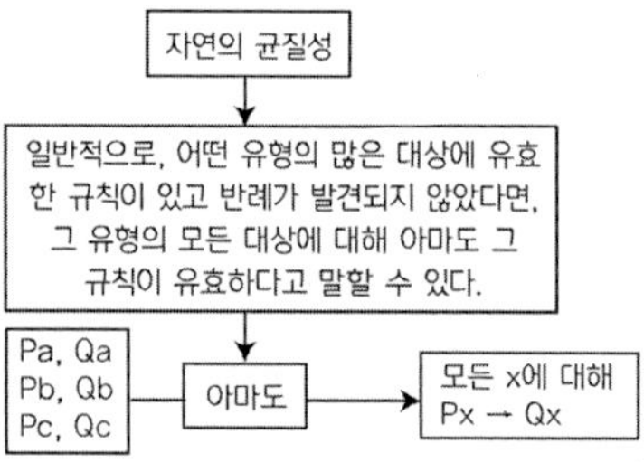

(a) 일반화에 대한 귀납

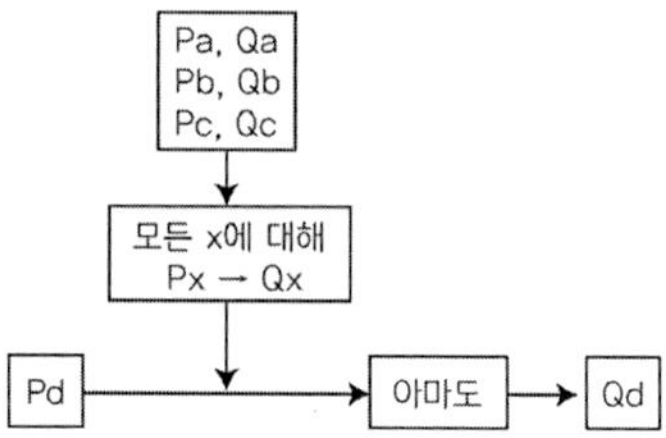

(b) 특수화에 대한 귀납

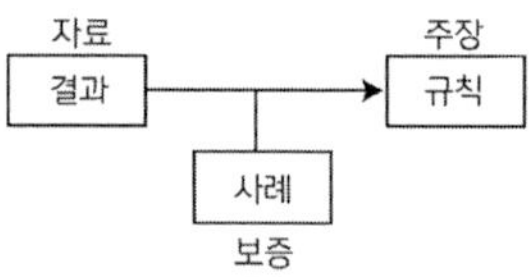

(c)

[그림 I-6] Toulmin의 일반화와 특수화 귀납 모델
(Pease & Aberdein, 2011, p.25; Connor et al., 2014, p.186)

가추는 [그림 I-7]의 모델로 나타낼 수 있다. 논리학의 언어로 풀이

하면, P→Q일 때 Q가 발생되었다면 P도 일어나지 않았을까 하는 형태의 추론을 적용한 것이다. 이것은 Pease & Aberdine처럼 (a)와 (b)의 모델로 해석될 수 있다. 그리고 Peirce의 사례, 결과, 규칙을 적용하면 (c)와 같이 사례에 대한 추론으로 말할 수 있을 것이다(Connor et al., 2014).

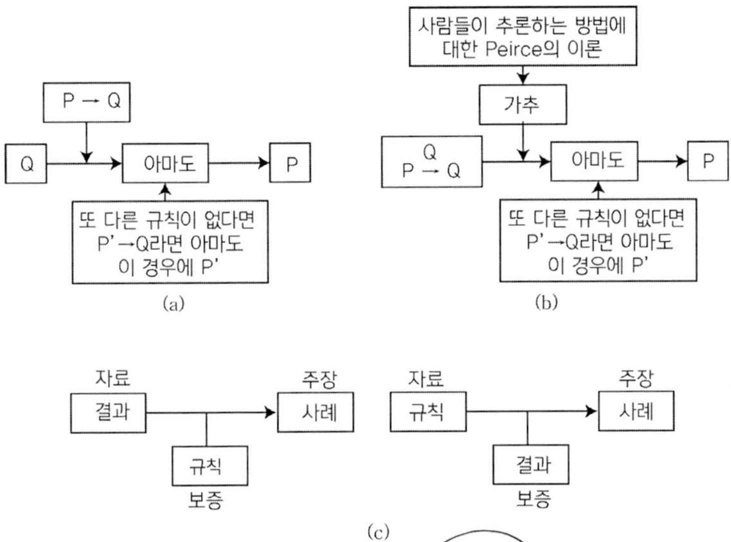

[그림 I-7] Toulmin의 가추 모델
(Pease & Aberdein, 2011, p.26; Connor et al., 2014, p.186)

Pedemonte(2007)는 가추를 관찰된 사실로부터 시작해서 주장의 구성을 가능하게 하는 추론이라고 했다. Peirce는 1903년 가추의 구조를 연역의 역으로 보아 P→Q일 때 Q이면 P가 되지 않을까로 해석하였다(Reid & Knipping, 2010). Peirce는 가추를 처음에 가설적 추론이라 불렀는데, "어떤 일반적인 규칙의 사례를 추정하여 설명하는 호기심 있는 환경"으로 그 구조를 묘사했다. 학생들이 처음 결과를 거슬러 특별한 규칙과 사례가 그런 결과를 가질 수 있음을 가정해야 할 때 이를 가추라고 볼 수 있다. 가추에서 사례는 주장, 결과는 자료,

규칙은 보증으로 하거나 또는 규칙은 자료, 결과는 보증으로 볼 수도 있다. 가추는 관찰된 사실에서 시작하여 주장을 구성하는 추론이다. 가추에서는 주장을 정당화하는 추론 규칙을 적용하기 위해 자료를 찾아야 한다. 그러나 학생들이 특정한 정보를 자료나 보증으로 어떻게 사용하고 있는지 알기는 어렵다(Connor et al., 2014, p.187).

2.3 Peirce의 추론 유형과 Toulmin의 논증 모델의 적용 사례

학생들의 추론을 Peirce의 유형에 따라 Toulmin 모델에 의해 분석한 수학 수업 예시를 살펴보자.

김 교사는 과학 수업과 연계하여 학생들에게 일차함수를 지도하고자 하였다. 과학에서 기체의 온도가 상승하면 부피가 팽창한다는 내용의 소재를 이용하여, 기체의 온도와 부피에 대한 자료를 보고 그로부터 일차함수를 이끌어내도록 하는 수업 계획을 하였다. 일차함수의 식에서 일차항의 계수는 과학에서 유명한 '샤를의 법칙'을 활용하여 구할 수 있는데, 학생들이 그 내용을 추론한 일부를 여기에 소개해 본다.

김 교사가 학생에게 제시한 학습 활동은 다음과 같다. 교사는 학생들을 4명씩 모둠을 편성하여 수업에 참여하게 하였으며, 그 중 한 모둠에서 일어난 대화와 학생 인터뷰를 통하여 학생들의 추론을 분석하였다.

■ 실험자료 1

<table>
<tr><td>온도(℃)</td><td colspan="2">0</td><td colspan="2">20</td><td colspan="2">40</td><td colspan="2">60</td><td colspan="2">80</td></tr>
<tr><td>부피(mL)</td><td colspan="2">273</td><td colspan="2">293</td><td colspan="2">313</td><td colspan="2">333</td><td colspan="2">353</td></tr>
<tr><td>부피증가량</td><td>╳</td><td colspan="2"></td><td colspan="2"></td><td colspan="2"></td><td colspan="2"></td><td>╳</td></tr>
</table>

■ 실험자료 2

<table>
<tr><td>온도(℃)</td><td colspan="2">0</td><td colspan="2">20</td><td colspan="2">40</td><td colspan="2">60</td><td colspan="2">80</td></tr>
<tr><td>부피(mL)</td><td colspan="2">546</td><td colspan="2">586</td><td colspan="2">626</td><td colspan="2">666</td><td colspan="2">706</td></tr>
<tr><td>부피증가량</td><td>╳</td><td colspan="2"></td><td colspan="2"></td><td colspan="2"></td><td colspan="2"></td><td>╳</td></tr>
</table>

■ 실험자료 3

온도(℃)	0	20	40	60	80
부피(mL)	819	879	939	999	1059
부피증가량	╳				╳

1. 온도가 20℃씩 올라갈 때마다 기체의 부피는 얼마씩 증가하는가? 또 온도가 1℃ 올라갈 때마다 기체의 부피는 얼마씩 증가하는가?

실험	실험 자료 1	실험 자료 2	실험 자료 3
온도가 20℃ 올라갈 때마다 증가한 기체 부피			
온도가 1℃ 올라갈 때마다 증가한 기체 부피			

2. 온도가 1℃ 올라갈 때마다 증가한 기체의 부피와 기체가 0℃일 때 부피 사이에 어떤 관계를 찾을 수 있는가?

2번 과제에서 보듯이 학생들이 추론해내야 하는 결과는 '기체의 온도가 1℃ 상승할 때 기체의 부피는 0℃ 기체의 부피의 1/273' 이다. 이 결과를 얻기까지 학생들은 다양한 추론을 하였는데, 학생들이 처음 추측해낸 것은 '기체의 온도가 상승하면 기체의 부피는 증가한다'는 규칙이다. 여기에는 귀납 추론이 사용되었다. 세 가지 실험 자료에서 온도가 상승할수록 부피가 증가한 것을 관찰하고 그로부터 기체의 온도가 상승하면 기체의 부피는 증가한다는 규칙을 발견한 것이다.

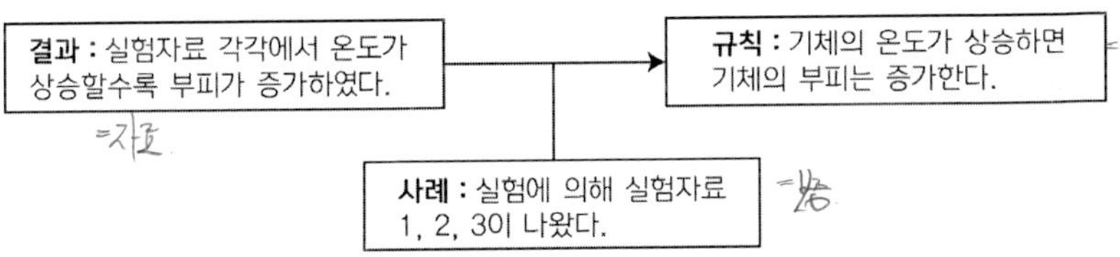

[그림 I-8] 귀납에 의한 추측 예

그리고 1번 과제에서 실험 자료 1의 첫줄을 채우기 위해서도 학생들은 귀납 추론을 사용하였다. 실험 자료에 주어진 수치를 보면 353은 333+20이고, 그 전에 333=313+20, 313=293+20, 293=273+20이므로, 기체의 온도가 20℃ 상승할 때 기체의 부피는 20ml 증가한다는 규칙을 알아냈다.

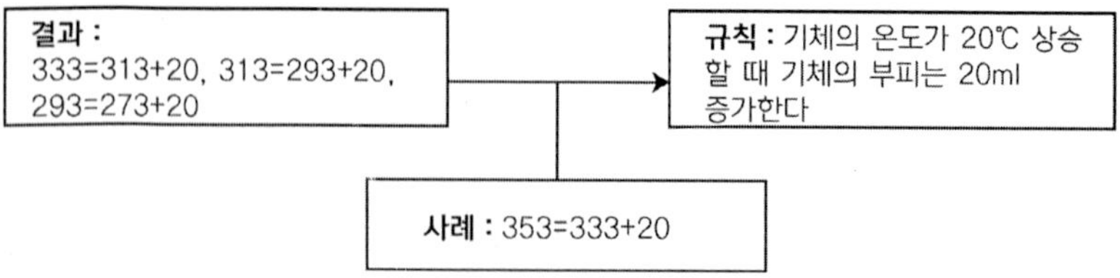

[그림 I-9] 귀납에 의한 규칙 찾기 예

1번 과제의 실험자료 1의 아랫줄을 채우는 추론에서는 연역이 활용되었는데, 이는 이미 발견한 규칙을 사례로 하여 20℃ : 20ml=1℃ : 1ml가 성립한다는 규칙을 적용하였기 때문에, 기체의 온도가 1℃ 상승할 때 기체의 부피는 1ml 증가한다는 결과를 얻을 수 있었다. 이러한 연역에서는 어떤 규칙을 사용할지 정하는가가 중요하며, 이 규칙을 생각해낸 사람만이 연역을 하고 결과를 도출할 수 있었다.

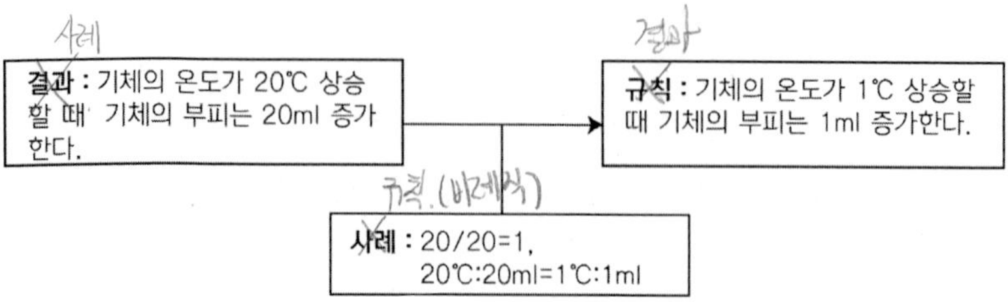

[그림 I-10] 연역에 의한 수학적 사실 분석 예

2번 과제에서 교사가 의도한 답을 말한 학생들은 가추를 활용하였다. 이때 가추가 도출되기 위한 규칙을 얻기 위해 2번 과제가 중요한 역할을 하였다. 가추에서도 연역과 마찬가지로 어떤 규칙을 사용할 것인가가 중요한데, 이 예시의 경우 학생들은 활동지에 주어진 과제가 바로 규칙의 역할을 하여 사례를 추론해낼 수 있었다. 즉 교사의 안내에 의해 학생들의 가추가 가능했으며, 즉 적절한 시기에 방향을 잡게 해주는 발문이 학생들의 추론을 진행하게 하는 데 중요한 역할을 했다.

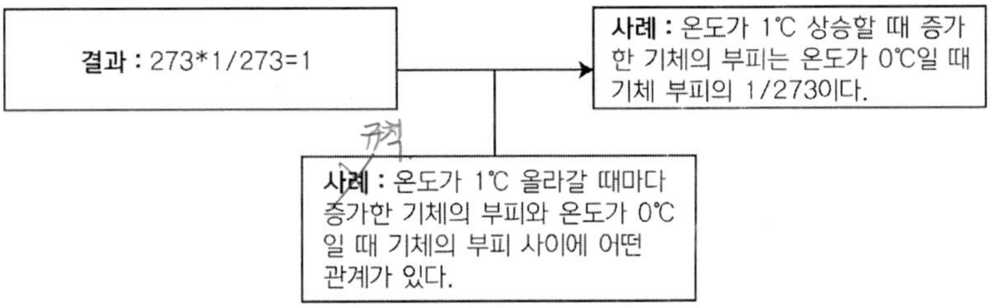

[그림 I-11] 가추에 의한 추측 예

가추를 했어도 이것이 엄밀하지 못하다고 생각한 학생들은 그에 대한 엄밀성을 확보하고자 추론을 이어갔는데, 그때 학생들이 한 추론은 귀납이다. 귀납적 정당화가 사용된 것이다. 발견해낸 사실이 참인지를 확인하려 할 때 연역보다는 귀납이 쉽게 쓰일 수 있었다.

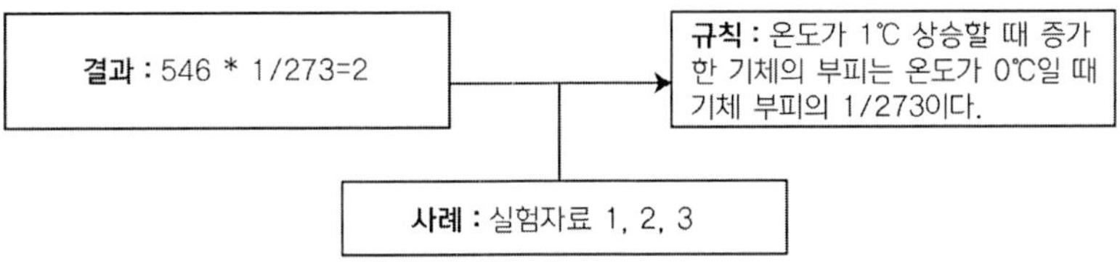

[그림 I-12] 귀납에 의한 정당화 예

3 요약

이 장에서 우리는 '추론'을 체계적인 틀을 가지고 근거를 찾거나 결론을 도출하는 사고로 정의하였다. 추론은 어떤 근거를 찾거나 결론을 도출하는 것이며, 어떤 근거를 찾는 것은 분석이나 정당화, 결론을 도출한다는 것은 추측과 같은 활동에 해당한다. 이러한 추론이 '수학적 추론'이 되기 위해서는 수학적 활동에 참여하면서 추론을 발휘하는 경우이다. 예를 들어, 추측하기, 정당화하기, 반박하기 등은 수학교육의 목적에 비추어볼 때 의미 있는 수학적 활동이고, 이러한 활동에 참여하면서 근거를 찾고 결론을 도출하는 체계적인 사고가 수학적 추론인 것이다.

수학적 추론의 유형은 Peirce에 따라 연역, 귀납, 가추로 구분할 수 있었다. 그리고 Peirce의 추론 유형 구분의 논리에 따라 유추와 은유는 가추의 하위 유형에 속하는 것으로 볼 수 있었고, 시각적 추론은 연역, 귀납, 가추와 함께 사용될 수 있는 비언어적 추론으로 다룰 수 있었다. 이러한 추론 유형을 설명하는 틀로 본서는 Toulmin의 모델을 활용하였고, 학생들이 수학을 학습하는 과정의 예를 이 모델을 사용하여 분석하였다. 이 장에서는 연역, 귀납, 가추, 유추, 은유, 시각적 추론이 모두 수학적 추론의 유형임을 설명하였으며, 앞으로는 각 유형에 대해 자세히 살펴볼 것이다.

참고문헌

교육과학기술부(2011). 수학과 교육과정. 교육과학기술부 고시 제 2011-361호[별책8].

교육부(2015). 수학과 교육과정. 교육과학기술부 고시 제 2015-74호[별책8].

김선희·이종희(2002). 수학적 추론으로서의 가추법. 수학교육학연구 12(2), 275-290.

박경미 외(2015). 2015 개정 수학과 교육과정 시안 개발 연구Ⅱ. 교육부·한국과학창의재단.

이성범(2001). 추론의 화용론- 언어와 추론-. 한국문화사.

정은실(1997). 초등학교 수학에서의 개연적 추리에 대한 연구. 대한수학교육학회 논문집, 7(1), 69-86.

카타키리 시게오(2013). 수학적인 생각의 구체화와 지도. 이용률·정동권 역. 경문사.(원서출판, 2004)

Common Core State Standards Initiative (2014). *Common Core State Standards for Mathematics.* Retrieved from http://www.corestandards.org/math.

Conner, A. M., Singletary, L. M., Smith, R. C., Wagner, P. A. & Francisco, R. T. (2014). Identifying kinds of reasoning in collective argumentation. Mathematical Thinking and Learning, 16(3), 181-200.

Duval, R. (1998). Geometry from a cognitive point of view. In C. Mammana & V. Villani(Eds.), Perspectives on the Teaching of geometry for the 21st century(pp.37-51). Kluwer Academic Publishers.

Harrowitz, N. (1994) 탐정 모델의 실체-찰스 퍼어스와 에드가 알렌 포우. 김주환·한은경 역. 논리와 추리의 기호학 (pp.383-412). 서울 : 인간사랑.(원서 출판, 1980)

Ho, Y. C. (1994). Abduction? Deduction? Induction? Is there a logic of exploratory data analysis? Paper presented at the Annual Meeting of the American Educational Research Association(New Orleans, LA, April 4-8, 1994). ED 376 173.

Krummheuer, G. (1995). The ethnography of argumentation. In P. Cobb & H. Bauersfeld(Eds), The emergence of mathematical meaning : Interaction in classroom cultures(pp. 229-270). Mahwah, New Jersey : Lawrence Erlbaum Associates.

Krummheuer, G. (2007). Argumentation and participation in the primary mathematics classroom : Two episodes and related theoretical abductions. The Journal of Mathematical Behavior, 26(1), 60-82.

Lakatos, I. (1991). 수학적 발견의 논리. 우정호 역. 서울 : 민음사.(원서 출판, 1976)

Lakoff, G. , & Johnson, M. (1995). 삶으로서의 은유. 노양진·나익주 공역. 서울 : 서광사.(원서 출판, 1980)

Lannin, J., Ellis, A. B., & Elliott, R. (2014). 유치원 이전 단계부터 8학년까지 수학 지도를 위한 수학적 추론의 본질적 이해. 유현주·이종영 공역. 동명사.(원서 출판, 2011)

Meyer, M. (2010). Abduction-A logical view for investigating and initiating processes of discovering mathematical coherences. Educational Studies in Mathematics, 74(2), 185-205.

Ministry of Education, Canada(2005). The Ontario Curriculum Grades 1-8 Mathematics. Retrieved from https://www.edu.gov.on.ca/eng/curriculum/elementary/math.html.

Ministry of Education, Singapore(2007). Mathematics Syllabus Primary. Singapore.

NCTM(1989). Curriculum and evaluation standard for school mathematics. VA : NCTM.

NCTM(2000). Principles and standards for school mathematics. VA : NCTM.

NCTM(2009). Focus in Highschool Mathematics : Reasoning and Sense Making; Reston, VA:Author.

Pease, A., & Aberdein, A. (2011). Five theories of reasoning : Interconnections and applications to mathematics. Logic and Logical Philosophy, 20(1-2), 7-57.

Pedemonte, B. (2007). How can the relationship between argumentation and proof be analysed? Educational studies in mathematics, 66(1), 23-41.

Pedemonte, B., & Reid, D. (2011). The role of abduction in proving processes. Educational Studies in Mathematics, 76(3), 281-303.

Pimm, D. (1987). Speaking mathematically. Communication in mathematics Classroom. London : Routledge and kegan Paul.

Polya, G. (1954). Mathematics and plausible reasoning : Induction and analogy in mathematics. Princeton University Press.

Polya, G. (1986). 어떻게 문제를 풀 것인가? 우정호 역. 서울 : 천재교육.(원서출판, 1957)

Reid, D. A. & Knipping, C. (2010). Proof in mathematics education : Rescarch, learning ad teaching. Netherland : Sense Publishers.

Schurz, G. (2008). Patterns of abduction. Synthese, 164(2), 201-234.

Sebeok, T. A. & Umiker-Sebeok, J. (1994) 자네는 내 방법을 알고 있네-찰스 퍼어스와 셜록 홈즈를 나란히 비교하기. 김주환·한은경 공역. 논리와 추리의 기호학 (pp.61-124). 서울 : 인간사랑. (원서출판, 1980)

Stylianides, G. J., & Stylianides, A. J. (2008). Proof in school mathematics : Insights from psychological research into students' ability for deductive reasoning. Mathematical Thinking and Learning, 10(2), 103-133.

Thompson, P. W. (1996). Imagery and the development of mathematical reasoning. In L. P. Steffe, P. Nesher, P. Cobb, G. A. Goldin, & B. Greer (Eds.), Theories of Mathematical Learning (pp. 267-283). Hillsdale, NJ : Erlbaum.

Wheatley, G. H. (1997). Reasoning With Images in Mathematical Activity, In L. D. English(ed), Mathematical Reasoning-Analogies, Metaphors, and Images (pp.281-297), Mahwah, NJ, USA : Lawrence Erlbaum Associates.

Wood, T. (1999). Creating a context for argument in mathematics class young children's concepts of shape. Journal for Research in Mathematics Education, 30(2), 171-191.

Yackel, E., & Hanna, G. (2003). Reasoning and proof. In J. Kilpatrick, W. G. Martin, & D. Schifter (Eds.), A Research Companion to Principles and Standards for School Mathematics (pp. 227-236). Reston, VA : National Council of Teachers of Mathematics.

Yackel, E. (2001). Explanation, justification and argumentation in mathematics classrooms. In M. Van den Heuvel-Panhuizen(Ed), Proceedings of the 25th conference of the international group for the psychology of mathematics education PME-25, l(1). (pp.9-24). Utrecht.

Yackel, E. & Rasmussen, C. (2002). Beliefs and norms in mathematics classroom. In G. Toerner, E. Pehkonen, & G. Leder(Eds.), Beliefs : A hidden variable in mathematics education? (pp.313-320). Dordrecht, The Netherlands : Kluwer.

CHAPTER II

연역

수학의 고유한 성질이라고 할 수 있는 엄밀하고 논리적인 증명은 연역 추론을 사용하여 구성된다. 이 때, 연역은 '정의, 공리, 공준, 이미 참이라고 알려진 성질을 이용하여 참인 명제를 이끌어 내는 것'을 의미한다. 그러나 준경험주의, 구성주의 등 새로운 철학의 등장은 완성된 논리-연역 체계로서의 수학뿐만 아니라 인간 활동의 산물로서 만들어지가는 과정 중의 수학도 중요하다는 것을 강조한다.

이 장에서는 연역의 의미, 연역과 증명, 증명의 심리적 구성, 학교수학에서 연역의 적용을 살펴볼 것이다.

수학을 하는 것은 추론하는 것이며, 수학에 의미를 부여하고 수학하는 힘의 근원이 되는 것은 발견의 논리인 귀납과 유추에 의한 추론 능력과 함께 강력한 정당화의 논리인 연역 추론 능력을 개발하는 것이다(우정호, 1998, p.315). NCTM(2000)에서는 고등학교를 마칠 때까지 학생들이 추론 및 증명을 배워야 하는 목적을 수학적 증명을 이해하고 만들어 내기 위해서 연역적 결론을 내릴 수 있고 그러한 논증의 의미와 중요성을 아는 것이라고 제안하고 있다. 연역 추론은 학교수학의 핵심임에는 틀림없는 사실이다.

이 장에서는 연역의 의미를 논증 모델, 논리학과 수리철학 관점 등에서 살펴본다. 다른 장과 달리 삼단논법 등의 연역의 유형과 그 특징을 논하기보다는 학교수학에서의 추론으로서 연역을 살펴보기 위해 연역적 정당화인 증명, 학생들의 증명에 대한 심리적 구성 과정과 증명의 발달 상태를 고찰하고자 한다. 마지막 절에서는 학교수학에서의 증명 교수·학습에 대한 연구를 살펴본 후, 수학적 사실에 대한 Toulmin의 연역 모델을 활용하여 실제 사례를 분석한다.

1 연역의 의미

수학에서 연역은 핵심적인 역할을 한다. 수학의 고유한 기본적인 성질이라고 할 수 있는 엄밀하고 논리적인 증명이 연역 추론을 사용하여 구성되기 때문이다(Ayalon & Even, 2008). 이 때 연역은 이미 알려진 정보(전제)로부터 전건긍정법(Modus ponens)과 후건부정법(Modus tollens)의 형식적이고 논리적인 규칙에 따라 결론을 추리해 가는 과정이다. Toulmin의 논증 모델에 따라 연역을 나타내보면 [그림 II-1]과 같다.

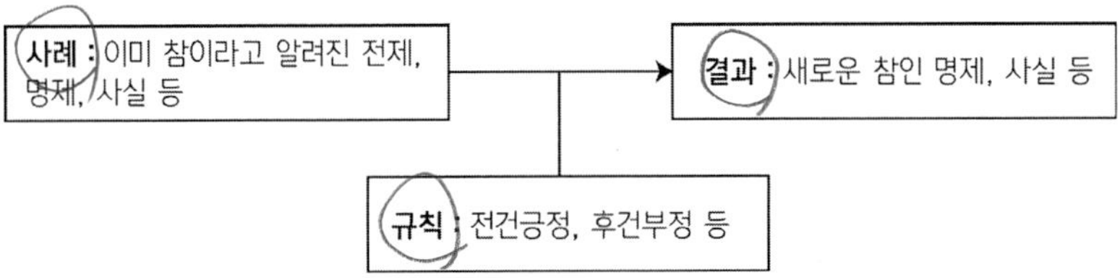

[그림 II-1] 연역에 대한 Toulmin의 논증 모델

이 절에서는 수학사에서 연역의 기원, 논리학과 수리철학 관점, 연역 논증의 표현 측면에서 연역의 의미를 살펴본다.

1.1 연역의 기원

수학에서 연역 추론의 기원은 기원전 6세기 그리스에서 기하학적 사실이 경험적이 아닌 연역적으로 세워져야만 한다는 생각을 발전시켰던 때로 거슬러 올라간다. 그리스인은 기원전 8세기경부터 동쪽은 흑해, 소아시아로부터 서쪽은 남부 이탈리아에 이르는 넓은 영역을 상업 무역의 활동 무대로 삼아 여러 가지 자연 환경과 생활 풍습, 문화를 접하며 풍부한 지식을 흡수하였다. 그리고 서로 다른 자연 환경과 사회 및 관습에서 발생된 여러 가지 기술과 학문 사상 등을 접하면서 모순에 부딪치자 '왜 그럴까' 하는 의문과 호기심으로부터 일반적인 원리에 따라 조리 있게 따져 들어가는 논리적 사고를 싹틔웠다. Thalēs, Pythagoras, Euclid 등은 바빌로니아와 이집트의 경험 수학을 오늘날 우리가 아는 논증할 수 있는 과학으로 체계화시켰다.

기원전 3세기경 Euclid는 Thalēs와 Pythagoras를 거쳐 축적된 수학 지식을 체계적으로 집대성하여 총 13권으로 이루어진 「원론」을 저술하였다. 「원론」에서는 기본적인 수학적 대상을 정의로 기술하고, 직관적으로 자명한 진리를 공리와 공준으로 상정한다. 그리고 정의, 공리, 공준으로부터 수학의 모든 명제들을 연역적으로 이끌어내었다.

Euclid는 「원론」에서 23개의 정의, 5개의 공리, 5개의 공준을 제시하였고, 기하학, 수론, 약간의 기하학적 대수 등과 관련된 약 465개의 명제를 제시하였다.

「원론」은 방대한 내용과 함께 수학적 지식을 공리적 방법과 연역 추론을 통해 체계화했다는 데 수학사적 의의가 있다. 공리적 방법은, 인간이 직관적으로 자명하게 참으로 인정하는 사실을 공리와 공준으로 상정한 다음, 공리와 공준으로부터 다른 모든 수학 명제를 이끌어 내는 방법이다. 그리고 연역 추론은 정의, 공리, 공준, 이미 참이라고 알려진 성질을 이용하여 참인 명제를 이끌어 내는 것을 의미한다. 「원론」의 공리적 방법과 연역 추론은 이후 수학의 학문적 발전에 엄밀함의 기준과 근본 토대를 제공하였으며, 수학이라는 학문의 고유한 방법으로 정착되었다(김남희 외, 2011). 뿐만 아니라, Harel & Sowder(2007)의 '「원론」은 19세기 말까지 서구 세계에 지배적이었던 수학과 그 본질을 지금까지 여전히 이어주고 있다'는 말에서 알 수 있듯이, 지금까지도 수학에서 연역 추론을 가르치도록 하는 기본 원리를 제시하고 있다. 또한 「원론」에서 말하는 연역 추론은 인간이 배워야 하는 문화의 일부이며, 기하 명제를 검증하고 그 보편성을 보여주는 도구로서 그 가치를 지니고 있다.

1.2 논리학적 관점

논리학적 관점에서 연역 추론이 가장 중요하고 기본이 되는 이유는 두 가지로 정리될 수 있다. 첫째, 연역은 전제로부터 결론을 증명으로 도출할 수 있게 하는 유일한 추론이다. 즉, 연역 추론만 참인 전제들에 근거하여 결론의 참을 증명할 수 있게 한다. Aristoteles의 삼단 논법은 연역 추론 중 가장 잘 알려진 추론이다. 둘째, 비연역 추론은 연역 추론과의 관계 속에서 이해되고 정의된다. 연역 이외의 추론을 비연역 추론이라고 할 때, 비연역 추론에는 귀납이나 유추 등이 해당한다. 이러한 비연역 추론은 전제들이 아무리 참이라 할지라도 결론의 참을 보장하지 못한다. 그러나 비연역 추론이 없이 새로운 수학을 이끌어 낼 수 없다. 즉, 비연역 추론을 통해 새로운 수학적 사실이나 아이디어가 추측, 발견되면 연역을 통해 새로운 수학적 사실이나 아이디어가 성립함을 보여야 한다. 따라서 논리학적 관점에서 비연역 추론은 연역과의 관계 속에서 이해될 수 있다.

논리학에서 연역은 타당하거나 부당하거나 둘 중 하나이지, 그 중간은 아예 없다. 어떤 연역이 다른 연역보다 더 타당하거나 덜 타당하거나 하는 식의 비교는 가능하지 않다(김희정 외, 2014). 연역은 전제로부터 결론을 도출시키고자 하는 추론이므로, 진술들로 이루어진 논증[4]의 타당성을 통해 검증되는 특성을 지닌다. 논증은 논거를 전제, 가증명제[5]를 결론으로 하는 추론 형식을 따르는 것으로서, 증거나 전제에 기초하여 결론을 진리로 인정하게 하려는 일을 의미한다. 그러나 논증에서 그 전제가 반드시 참이 되는 것은 아니므로, 어떤 논증이 타당하다는 것은 다음과 같이 정의된다.

---

4) 1.2절에서 사용되는 논증은 논거(전제)와 가증명제(결론)로 이루어진 추론 형식을 따르는 논리학 용어이다. 논증은 결론이 이미 주어져 있으므로 논거(진리성의 이유가 되는 근거)를 밝히는 일이 중요하지만, 논증은 그 전제(논거)가 반드시 참일 필요는 없다. 따라서 참인 전제로부터 참인 결론을 도출해 내는 것이 연역이므로, 논증과 연역은 차이가 있다. 또한 수학에서 일반적으로 증명은 참인 명제(공리, 정리)로부터 추론에 의해 다른 명제의 참, 거짓을 밝히는 일을 의미하므로, 논증과 구분될 수 있다. Ⅱ장에서 논증(argument)은 논거에 기초하여 결론을 진리로 인정하게 하려는 일을 말하며, 연역, 증명과 의미를 구분하여 사용한다.

5) 1.2절에서 가증명제는 논리학에서 사용되는 용어로서, 증명해야 할 판단을 가증명제(可證命題)라 한다.

논증 A는 타당하다. df. A의 전제들이 참이면, A의 결론은 반드시 참이다. (이병덕, 2015, p.15)

타당한 논증은 전제가 모두 참일 경우 결론의 참이 증명되는 논증이다. 타당한 논증의 정의에 맞는지는 다음 두 질문에 대해 어느 것에라도 '그렇다'는 답을 할 수 있는 논증이다.

(1) 전제가 모두 참이라고 가정할 경우 결론도 참일 수밖에 없는가?
(2) 결론이 거짓이라고 가정할 경우 전제 중 적어도 하나가 거짓일 수밖에 없는가?

이러한 연역 추론은 형식논리에 의해 타당성을 보증하는 방법이기도 하다. 형식논리는 올바른 논증의 형식적 구조를 의미하는 것으로서, 내용을 다루는 것과는 아무 관계가 없는 논리를 말한다. 형식논리만으로는 비판적 사고[6]를 할 수 없지만, 형식논리를 사용하지 않고서는 비판적 사고를 할 수 없다. 예를 들어, 다음과 같은 논증 A가 있다고 하자.

논증 A : 만일 우주에 생명체가 있다면 사후의 세계가 존재한다. 우주에 생명체가 있다. ――――――――――――――― 사후의 세계가 존재한다. (김광수, 2012, p.48)

6) 어떤 사태에 처했을 때 감정, 편견에 사로잡히거나 권위에 맹종하지 않고 합리적이고 논리적으로 분석·평가·분류하는 사고 과정을 의미한다. 즉, 객관적 증거에 비추어 사태를 비교·검토하고 인과 관계를 명백히 하여 여기서 얻어진 판단에 따라 결론을 맺거나 행동하는 과정을 말한다(서울대학교 교육연구소, 1995).

이때, '만일 … 라면' 이라는 표현을 빼고는 논증 A를 구성하고 있는 주장들인 '우주에 생명체가 있다'를 p, '사후의 세계가 존재한다'를 q로 대치하고, 이를 논증 B라고 하면 다음과 같다.

논증 B : 만일 p이면, q이다.	(If p, then q.)
p이다.	(p.)
q이다.	(therefore q.)

논리학에서는 위의 논증 B를 논증 A의 논리적 형식(logical form)이라고 한다. 논증 A가 형식적으로 타당한 이유는 그 논리적 형식이 타당하기 때문이다. 즉, B의 논리적 형식이 그 논증과 동일한 구조를 갖는 모든 논증들에 대해서 동일하고, B의 p, q를 어떤 주장들로 대치하든 간에 만일 전제가 모두 참이면 결론도 반드시 참이 되기 때문이다. 다만, 논증 A가 형식적으로 타당하지 않지만, A를 구성하는 주장들의 내용이 타당한 논증의 정의를 만족시키고, 필요하다면 적절한 숨은 전제를 보완하여 형식적으로도 타당하게 재구성될 수 있다. 이러한 경우, '논증 A는 타당하다'고 할 수 있다.

논증에서 형식의 타당성은 연역가능성(deducibility)으로 판단할 수 있다. 추출된 논리적 형식의 연역적 타당성 여부를 약식증명법[7]과

7) 약식증명법은 논증의 전제들이 모두 참이라고 가정할 경우 결론도 참일 수밖에 없거나, 결론이 거짓이라고 가정할 경우 전제들 모두가 참일 수 없는지를 조사하는 방식을 의미한다. 예를 들어, C에서 결론이 거짓이라고 가정할 때, 두 전제 모두 참으로 만들 수 없다. 전제 1을 참으로 만들면 전제 2가 거짓이고, 전제 2를 참으로 만들면 전제1이 거짓이기 때문이다. 따라서 우리는 C가 타당하다는 판단한다.

C : $p \supset q$
p
----
q

이와 같이 약식증명법은 진리표를 작성하지 않고 진리표가 말하는 핵심을 약식으로 드러내는 방법이다.

진리표로 조사하고 증명할 수 있다. 또한 연역 규칙 11개[8]와 논리적 동치 12개[9]를 이용하여 연역 논증을 사용하고 평가한다. 이를 연쇄 논법 또는 자연적 연역 추론이라고 한다. 11개의 연역 규칙에 해당하는 논리적 형식의 경우, 타당성 여부를 조사할 필요 없이 즉각적으로 타당함을 알 수 있다. 논리적 동치는 동치 여부를 조사할 필요 없이 즉각적으로 알 수 있다. 또한 연역적으로·타당한 논증 형식의 경우, 11개의 연역 규칙과 12개의 논리적 동치를 이용한 연쇄 논법에 의하여 전제로부터 결론을 도출해 낼 수 있다.

일반적으로 수학에서는 전건긍정법(Modus ponens)[10]과 후건부정법(Modus tollens)[11]만을 연역 추론으로 받아들인다(Ayalon & Even, 2008). 또한 수학에서는 논리적 동치 12개 중 7개인 이중부정, 결합법칙, 멱등법칙(idemponency)[12], 분배법칙, 드모르간 법칙, 대우, 교환

---

8) 전건긍정법(Modus ponens), 후건부정법(Modus tollens), 선언지제거법(Modus tollendo ponens), 가언삼단논법(Hypothetical Syllogism), 단순양도논법(Simple Dilemma), 복합양도논법(Complex Dilemma), 간접추리법(Indirect Argument), 귀류법(Reductio), 선언지첨가법(Addition), 연언화(Asjunction), 단순화(Simplification)을 말한다.

9) 이중부정, 결합규칙, 멱등법칙(idemponency), 분배법칙, 드모르간 법칙, 대우, 교환, 전건규칙, 선언화/조건화, 조건문의 정의, 쌍조건문의 정의, 쌍조건문의 부정이 있다.

10) 전건긍정법(Modus ponens) : 고전논리학의 단순하고 유효한 논증식 중 하나로, 아주 흔히 쓰는 추론 규칙의 일종이며 전건긍정의 형식은 다음과 같다.

$p \supset q$ / 만일 p이면, q이다.
p / p이다.
——— 따라서,
q q이다.

11) 후건부정법(Modus tollens) : 고전논리학의 단순하고 유효한 논증식 중 하나로, 전건긍정과 밀접한 관련이 있으며, 후건부정의 형식은 다음과 같다.

$p \supset q$ / 만일 p이면, Q이다.
$\sim q$ / q가 아니다.
——— 그러므로,
$\sim p$ p가 아니다

12) $(p \cdot p) \equiv p$, $(p \vee p) \equiv p$로서, 집합론에서는 $A \cap A = A$, $A \cup A = A$를 의미한다.

법칙을 논리학과 동일하게 사용한다.

타당한 논증은 논증을 구성하는 주장들의 참/거짓과는 관계없이 전제와 결론이 연역적 도출 관계인지만을 보여주므로, 결론이 거짓이지만 타당한 논증이 있을 수 있다. 즉, 어떤 논증이 연역적으로 타당하다는 것을 안다는 것은, 그 논증의 형식이 '만일 전제가 모두 참이라면 결론도 참일 수밖에 없다'는 구조로 되어 있음을 안다는 것에 불과하다. 어떤 논증의 결론이 참인지 여부를 말할 수 있기 위해서는, 전제들의 진위도 평가할 줄 알아야 한다. 이는 논증의 건전성(soundness)과 관련된다. '논증 A가 건전하다'는 것은 다음과 같이 정의된다.

> 논증 A는 건전하다.
> df. A는 타당하고 또한 A의 전제들이 모두 참이다.
> (이병덕, 2015, p.23)

김광수(2012)에 의하면, 논리학에서 논증의 건전성 평가 방법은 자연언어로 된 텍스트의 논증을 재구성하는 것으로 시작한다. 즉, 전제와 결론을 보완하고, 전제로부터 결론이 자연스럽게 따라 나오도록 그 내용을 음미해 본다. 이때, 가능하면 시각적으로도 논증의 구조가 확연히 드러나도록 전제와 결론을 배열해야 한다. 그런 다음, 재구성된 논증의 타당성 여부를 판단한다. 그리고 주장들의 정당성의 정도를 판단한다. 주장의 정당성 정도는 '어떤 특정한 시각에 한 개인의 인식 상황에서 정당화되는 정도'를 말한다. 이때, 인식 상황이란 환경 조건, 정서적 조건, 생물학적 조건, 성격, 세계관과 가치관의 수준, 비판적 사고 능력 등 우리의 인식과 판단에 영향을 미치는 조건들을 말한다. 주장은 개인의 주장이므로 본질적으로 주관적이다. 어떤 주장이 참이라는 것을 보이기 위해서는 주관적 판단과는 관계없이 그 주장의 정당성 정도를 살펴보아야 하고, 이는 그 주장의 근거가 얼마나 신뢰할 수 있는가에 달려있다.

예를 들어, 조건문이 정당화되는 정도를 평가하기 위해서는 '전건이 참이라 가정한다면, 후건도 참이라 할 수 있는가?'라는 질문을 던져 보아야 한다. 이 질문에 대한 답은 다음 네 가지 중의 하나가 되나, 첫 번째만이 높은 정당성을 부여받는다.

- 전건이 참일 경우, 후건도 참이라 할 수 있는 강한 이유가 있다.
- 전건이 참일 경우, 후건이 거짓이라 할 수 있는 강한 이유가 있다.
- 전건이 참일 경우, 후건이 참일 가능성도 있고 거짓일 가능성도 있다.
- 전건과 후건의 관계를 알 수 없다.

논증의 건전성은 다음과 같은 방법으로 평가한다. 첫째, 논증이 연역적일 경우에는 논증을 재구성하여 타당성 여부를 판단한다. 논증이 비연역적일 경우 이를 지적하고 적절한 평가 방법에 따라 평가한다. 둘째, 논증이 부당하고 상응조건문[13)]이 거짓일 경우 '논증은 부당하다.'라고 판단하고 그 이유를 제시한다. 셋째, 논증이 부당하지만 상응조건문이 거짓이 아닐 경우, 상응조건문의 숨은 전제를 보완하여 논증을 타당하게 전환시킨다. 넷째, 논증이 타당하고 전제들이 모두 적어도 높이 정당화될 경우 '논증이 타당하고 전제들이 모두 적어도 높이 정당화되기 때문에, 논증은 건전하고 결론을 받아들일 수 있다'고 평가한다. 전제들이 모두 완전히 정당화되지 않는 한 결론이 완전히 정당화된다는 판단을 해서는 안 된다. 다섯째, 논증이 타당하고 논

---

13) 전제 전체를 전건으로 하고 결론을 후건으로 한 조건문을 상응조건문(corresponding conditional)이라 한다. 타당한 논증의 정의인 '만일 전제들이 모두 참이라면, 결론도 참이다'라는 표현은 상응조건문이 필연적으로 참인 논증이라는 것을 말한다(예, 만일 그가 총각이라면 그는 결혼하지 않았다.).

증의 타당성을 위해 꼭 필요한 전제들 중 적어도 높이 정당화된 정도에 미치지 못하는 전제 X가 있을 경우에는 '논증은 타당하나 X의 문제점 때문에 논증은 건전하지 않고 제시된 이유만으로는 결론을 받아들일 수 없다'고 평가한다. 여섯째, 논증이 타당하고 결론을 받아들일 수 없는 것일 경우 전제들 중 어느 것이 문제되는지 판단한다. Y가 문제되는 것으로 판단될 경우 '논증은 타당하지만 결론을 받아들일 수 없다. 이는 Y가 문제되기 때문이다'라고 평가한다. 이러한 방법으로 건전성을 평가할 때 유의할 점은, 평가 자체가 건전한 논증으로 이루어져야 한다는 것이다. 특히 받아들일 수 없는 주장에 대해서는 그 이유를 건전한 논증으로 제시해야 한다.

논리학은 진술이 아닌 것에 관해서는 아무 것도 말할 것이 없다. 논리학적 관점은 필연적으로 수학을 명제(statement)의 모임으로 바꾸어 놓는다. 수학의 이론은 그것의 언어와 융합되고 모든 대상들은 그것들에 대한 어떤 기술(description)로 대치된다. 일반적으로 수학적 지식은 명제들의 체계로 이루어지며, 사람들은 명제를 더욱 긴 추론의 연쇄 속으로 연결시키면서 증명을 통해 참인 지식에 대한 확신을 넓혀왔다. 이 때 추론의 연쇄는 이미 알려진 아이디어에 바탕을 둔 논리적인 주장인 연역을 의미하고, 증명은 명제들의 바른 배열이 될 수 있다. 그러나 연역은 규칙에 의해 이미 알려진 정보 이외의 어떤 새로운 사실을 생성할 수 없으므로, 새로운 사실의 발견이나 추측을 하는 과정에 적용될 수 없다는 한계가 있다.

1.3 수리철학적 관점

수학에서 연역 추론은 중요한 역할을 해왔고, 수학교육에서도 학생들이 논리적인 증명을 하도록 연역 추론을 강조해왔다(Ayalon & Even, 2008). 연역은 형식적인 체계 속에서 정의, 공리, 정리들을 이용하여 규칙을 따라 결론을 이끌어내는 엄밀한 증명으로 사실을 언급하는 데 사용된다. 이 절에서는 공리로부터 연역을 사용하여 논리적으로 도출되는 수학 명제들의 참을 보이는 증명관을 수리철학의 관점에서 살펴봄으로써 연역의 의미를 고찰한다.

19세기 말까지 수학은 선험적으로 자명한 명제로부터 연역적으로 도출된 명제만이 참이라는 절대적인 신조가 만연하여 있었다. 절대주의 수리철학에서는 수학적 진리의 확실성을 보증하는 수단으로서 증명의 역할을 강조한다. 수학적 공리를 참이라고 가정하고 수학적 정의와 논리를 참인 것으로 인정한 후, 논리적 추론 규칙을 이용하여 진리를 보존해 가는 연역적 증명으로 명제가 참임을 밝히고 이를 정리로 규정한다. 연역적 증명에 의해 입증된 모든 수학적 정리는 참이며 확실한 지식으로 인정된다(Ernest, 1991). 즉, 절대주의 수리철학에서의 증명은 엄밀하고 연역적인 증명일 수밖에 없다.

그러나 비유클리드 기하학이 대두되고 물리 공간과 비유클리드 공간의 양립가능성이 인정되면서 수학기초론의 위기가 초래된다. 그 예로, Lakatos(1976)의 준경험주의 수리철학에서는 수학적 지식의 절대성을 부정하고 수학적 지식은 논증과 반박을 통해 발전하는 인간이 만든 산물이라고 규정한다. 또한 증명을 정리가 참임을 정당화하는 수단이 아니라 발견과 개선을 위한 수단이자, 원래의 추측을 부분 추측, 곧 보조정리로 분해하여 비판과 개선을 용이하게 하기 위한 사고실험으로 본다. 한편 사회적 구성주의에서는 수학적 지식을 사회적 합의를 통한 구성의 결과로 보며, 이러한 관점에서 증명의 타당성을 수용하는 기준은 당대의 수학 사회의 합의에 의해 정해진다(조완영 외, 2001).

이러한 변화 과정에서 절대주의 수리철학에서 입증의 수단이었던 증명은 명제가 왜 참인지 이유를 말해주는 설명으로서의 역할이나 수학 지식을 보다 깊이 이해하고 의사소통하는 역할을 하는 것으로 받아들여진다(Hanna & Janke, 1996, p.878). 즉, 수학 사회의 합의에 의해 증명의 타당성과 엄밀성의 기준이 결정될 수 있고, 증명은 수학적 지식에 대한 자기 확신과 이해 및 타인에 대한 설득의 수단이라는 포괄적인 의미의 증명관이 나타난 것이다. Thom(1976) 역시 수학적 증명의 엄밀성에 대한 엄밀한 정의는 없다고 하면서 적절히 교육을 받아 제시된 증명을 이해할 만한 준비가 되어 있는 모든 독자들에게 받아들여지면 엄밀한 증명으로 볼 수 있다고 주장한다(우정호, 1998, 재인용).

어떤 논증이 참이라고 주장하려는 사람은 스스로 어떤 명제가 참인지를 조사하는 데 필요한 가정을 하고 타인에게 그 명제에 대한 연역 추론을 보여주어야 한다. 이는 참이라고 생각하는 가정으로부터 명제를 연역할 수 있어야 한다는 조건을 만족시켜야 함을 뜻한다(Miyazaki, 2000). 이는 Toulmin의 연역 모델과도 관련된다([그림 II-1] 참조). 연역은 이미 참이라고 알려진 아이디어나 사례에 바탕을 두고 논리적 규칙에 따라 참인 명제(결과)를 이끌어 내는 것이기 때문이다.

1.4 연역 논증의 표현

수학에서 하나의 주장이 수학적 논증으로 인정받기 위해서는 공리와 정의에 기초해야 한다. 또한 그 증명은 명료성을 극대화하는 방식으로 기술되어야 하고 이는 적절한 곳에서 논리적이고 형식적인 표기법이 사용되어야 함을 의미한다. 고등 수학일수록 추론은 연역적으로 진행되고, 증명의 유효함은 내용뿐만 아니라 형식도 중요하게 다룬다(Harel & Sowder, 2007).

연역은 형식논리의 규칙에 근거하여 이미 알려진 정보(전제)로부터 결론을 도출하고 주어진 명제를 실험에 의해 타당화할 필요가 없다는 점에서 고유한 추론이다(Ayalon & Even, 2008). 참인 결론이 오직 참인 가정으로부터 연역된다는 것을 보여주기 위해, 일련의 명제에 적용되는 연역 논증은 언어로 표현되어야 하고, 형식에 대한 구문론적인 해석이라는 측면에서 논리적 체계가 필요하다(Kates, 1970). 따라서 연역 논증의 언어는 다음 세 가지 조건을 충족시켜야 한다. 세 가지 조건을 만족하는 논증의 언어를 '논증의 기능적 언어'라고도 한다(Miyazaki, 2000).

- 대상과 그들의 특성, 그들 간의 관계를 나타내기 위한 상징과 배열(configurations) 규칙이 있다.
- 명제를 나타내기 위한 용어와 배열 규칙이 있다.
- 일련의 명제를 나타내기 위한 문장과 배열 규칙 및 약어가 있다.

논증의 기능적 언어와 관련하여 보다 구체적이며 유사한 이론인 Goldin(1998)의 표현 체계(representation system) 이론에 의하면, 표현 체계는 초기 부호(primitive characters), 배열(configurations), 구조(structures)로 구성되고, 상호 독립적이다. 이때, 초기 부호는 표현 체계의 구성 단위로서 특별한 의미나 해석이 부여되지 않은 개별적인 독립체이다. 예를 들어, 알파벳, 단어, 숫자 등과 같이 명확하게 정의된 집합의 요소를 포함하기도 하고, 곡선이나 물체 등 조금은 명확하지 않게 정의된 것을 포함하기도 한다.

표현 체계는 이런 초기 부호들을 허용된 배열로 조합하는 규칙을 갖고 있다. 허용된 배열에는 잘 정립된 공식, 문법적으로 옳은 문장, 단어와 논리 기호를 조합하는 문장, 수학 방정식 등이 있다. 숫자, 변수, 연산 기호 등이 모여서 잘 정립된 수학 방정식은 허용되는 배열이지만, 그래프, 구체물, 도표와 같이 문장이 아닌 배열은 허용되지 않는다. 명제 계산에서는 전건긍정법을 통해 하나의 잘 정립된 공식으로부터 다른 잘 정립된 공식으로 이동할 수 있다.

표현 체계의 구조는 배열들 사이의 관계, 배열을 평가하는 규칙 등을 의미한다. 논리 명제의 참과 거짓을 진리집합을 사용하여 판단하는 것과 같이 하나의 제시된 증명이 타당한지 판단하는 고유의 방법은 표현 체계의 구조의 예로 볼 수 있다. 표현 체계 안에서 논의를 진행시키는 것이 증명의 신빙성을 높여줄 뿐만 아니라, 한 번 증명된 명제가 계속해서 증명된 상태로 남아 있는 것을 가능하게 해 준다(Jaffe & Quinn, 1993).

수학에서 연역 논증을 할 때는 논리적인 체계 안에서 구문론적 이해가 필요하다. Goldin(1998)에 의하면, 부호와 배열을 이해하는 방법[14] 중 하나가 구문론적 이해이다. 구문론적 이해는 표현 체계의 구조 안에서 부호와 배열 및 여러 배열들의 관계를 이해하는 것이다. 예를 들어, '$\sim(P \to Q) \equiv P \wedge \sim Q$', '$\sim(\sim P) \equiv P$' 등의 명제 계산에서 부호 ~는 배열에서 반대 부호로 ~를 허용하는 규칙과 관련하여 이해할 수 있다.

연역 논증을 한다는 것은, 가정을 쓰고 잘 정립된 정리와 연역 추론의 원칙을 사용하여 적절한 결론을 도출해 내어야 하고, 그때까지 그래프, 비형식적인 설명, 해당 수학적 개념과 관련된 전형적인 예제 등에 의존하지 않고 구문론적 형식에 적합하게 증명을 할 수 있다는 것이다(Weber & Alock, 2004). 학생들은 타인에게 명제가 참이 되는 이유를 보이기 위해서 자신이 참이라고 생각하는 가정으로부터 명제를 연역하며, 논증의 기능적 언어를 사용하여 일련의 연역적 추론을 표현할 수 있다(Miyazaki, 2000).

구체적으로, '증가함수는 최댓값을 갖지 않는다'는 명제를 증명할

14) 부호와 배열을 이해하는 방법은 구문론적 의해와 의미론적 이해가 있는데, 의미론적 이해는 표현 체계의 한 배열은 다른 표현 체계의 배열로 이해되는 것을 말한다. 예를 들어, 반대 부호 ~는 영어라는 언어 체계의 'not'으로 이해된다. '~P'라는 표현은 'P가 거짓일 때만 사실인 표현'으로 이해되는 것을 의미론적 이해라고 할 수 있다.

때 구문론적 방법으로 증명하기 위해서는, '함수 $f: R \to R$가 증가함수라는 것은, 모든 x, $y \in R$에 대하여, $x > y$이면 $f(x) > f(y)$이다'와 '함수 $f: R \to R$가 실수 c에서 최댓값을 갖는다는 것은, 모든 $x \in R$, $x \neq c$에 대하여, $f(x) < f(c)$이다'라는 형식적 표현의 정의를 알고 모순법을 사용한다. 증가함수의 그래프와 최댓값을 갖는 함수의 그래프를 생각해 본 후 왜 증가함수이며 최댓값을 갖는 그래프가 존재하지 않는지에 대한 비형식적인 설명을 생각하는 것은 구문론적 이해가 아니라 의미론적 이해에 해당한다(Weber & Alock, 2004).

Weber(2001)에 의하면, 많은 학생들은 종종 논리적 규칙과 정리들을 알고 있지만 어떤 규칙과 정리를 선택해야 하는지 몰라 증명하는 데에 실패한다. 이처럼 학생들이 연역 추론을 할 때, 타당한 논리적 문장을 만드는 규칙과 논리적 체계로 형식화하여 표현할 수 있는 구문론적 이해 능력을 숙달하는 데에 어려움이 있을 수 있다. 그러나 대학 수학 수준에서, 학생들이 적절한 증명 방법을 선택하고 가정을 사실로 인정하고 정의를 사용하기만 하면 증명이 쉽게 풀리는 경우도 있다. 구문론적 이해는 분명 타당한 추론 방법이며, 의미론적 이해를 도와줄 수 있다. 따라서 구문론적 이해와 의미론적 이해의 두 관점은 동전의 양면처럼 상호보완적이므로, 증명을 지도할 때 구문론적 이해와 의미론적 이해의 균형을 유지하는 것이 매우 중요하다.

2 연역과 증명

대부분의 수학자에게 있어서 수학적 토론과 정당화의 결과는 형식적인 증명이기 때문에 증명은 수학적 사고를 구성하는 중심 역할을 하는 것으로 간주되어 왔다(Yackel & Hanna, 2003). 그러나 학생 수준에서 수학적 정당화는 수학적 논리를 따르는 형식적 증명뿐만 아니라 학생들의 경험에 의한 발견, 관찰이나 실험을 통한 확인, 예를 통한 검증, 사례나 근거를 제시하며 설명하는 것, 유사성에 근거하여 추론하기 등을 모두 포함한다.

이 장에서는 수학적 정당화 중 연역적 정당화와 증명을 살펴본다.

2.1 연역적 정당화

수학적 정당화는 증명과 동일한 의미로 사용되기도 하지만, 일반적으로 학생이 수학적 지식에 대한 아이디어를 타당하고 명확한 근거를 제시하여 타인에게 설명하고 설득할 수 있는 모든 활동이다. 수학적 정당화에서 타당한지의 여부를 인식하는 것은 추론 과정에서 중요한 요소이다. 타당한 정당화는 두 가지 특징이 있다(Lannin et al., 2011/2014). 첫째, 논증에서 일반적인 관계를 언급하고 영역을 구체화하는 언어를 포함해야 한다. 둘째, 일반적인 관계를 뒷받침하여 그것이 다루는 영역의 모든 경우에서 성립함을 보여주어야 한다. 권위, 직관, 대중적인 합의, 여러 예들에 바탕을 둔 주장은 일반적인 진술에 대한 타당한 수학적 정당화가 될 수 없다.

조완영(2000)은 Balacheff(1987)의 정당화에 대한 학생들의 이해 수준, Sowder & Harel(1998)의 정당화 유형 등 선행 연구 분석을 바탕으로 정당화의 유형을 경험적 정당화[15], 연역적 정당화, 권위적 정당화[16]로 구분하였다. 이 중 연역적 정당화는 보다 적절한 수준의 엄

---

15) 경험적 정당화는 구체적인 활동, 몇 개의 예 또는 범례, 실험과 측정, 계산 결과, 그림 등을 이용하여 추측의 결과가 참이며 왜 참인지를 설명하는 것을 의미한다.

16) 권위적 정당화는 외부의 권위를 이용하여 정당화하는 것을 의미하는 것, 즉 수학 내부의 증거나 논리가 아니라 외부의 자원을 이용한 정당화이다. 학생들에게 참인 이

밀성을 바탕으로 하는 논리-연역적 방법으로 이루어지는 정당화 활동이다. 연역적 정당화에는 Sowder & Harel(1998)이 제시한 연역적 증명 스키마와 Balacheff(1987)가 제시한 사고실험이 포함된다(조완영, 2000). Sowder & Harel(1998)의 연역적 증명 스키마는 수학적 관계에 대한 논리적 추론을 통해 일반적인 주장을 하는 것으로서, 단독적 사례나 예외를 받아들이지 않는 모든 경우에 대해 논증을 정당화하거나 논리적 추론 법칙들에 기초하여 추측과 형식적 연역적인 증명을 연결하는 활동이다. Balacheff(1987)의 사고실험은 한 가지의 예 대신 추상적이고 일반적인 경우를 조사함으로써 대상의 구조를 보이려는 방법으로서 일반적인 진술에 적용될 수 있는 증명 유형이다(Balacheff, 1987; 권성룡, 2003, 재인용). 즉, Balacheff(1987)가 제시한 사고실험은 학생들이 귀납적인 방법으로 추측을 할 수도 있지만 연역적 정당화를 시도하므로, 이 사고실험도 연역적 정당화에 포함시킬 수 있다.

Coe & Rutheven(1994)은 Van Dormolen(1977)과 Balacheff(1987)가 제시한 정당화의 구조를 분석하여 증명을 경험적 정당화와 약한 연역적 증명, 강한 연역적 증명으로 분류하였다. 경험적 정당화는 연역적인 설명 없이 예나 패턴에 의해 발견된 것을 추측을 바탕으로 정당화하는 것이다. 약한 연역적 증명(weak deductive proof)은 하나의 중요한 근거를 제시하기 위해 몇 가지 시도를 하지만, 가정과 결론이 명백하게 연결되지 못하며 충분한 근거를 제시하지 못한다. 강한 연역적 증명(strong deductive proof)은 증명을 시작하는 시점인 가정과 끝나는 지점인 결론이 명백하게 관계가 맺어지도록 논리적으로 증명하는 것이다.

유를 설명하라고 했을 때, '교과서에 나와 있기 때문에', '수학 선생님께서 그렇게 설명하셨기 때문에'와 같이 답하는 경우는 권위적 정당화라고 볼 수 있다.

정리하면, 연역적 정당화는 어떤 진술이 왜 참인지를 자신은 물론 다른 사람들에게 납득시킬 수 있어야 하고, 참이라고 알려진 진술이나 아이디어에 바탕을 두고 결론에 도달하도록 논리적인 일련의 진술들을 제시해야 한다. 연역적 정당화는 전통적 의미에서의 증명과 유사하지만 타당성의 기준과 엄밀성의 기준이 수학자들의 증명 수준과 일치할 필요는 없으며, 2단 증명이나 문단 증명과 같은 형식적인 증명 전개 양식만을 고집할 필요도 없다(조완영, 2014).

2.2 증명

보통, 증명이란 자신의 주장이나 신념을 다른 사람이 받아들이도록 설득하거나 확신시키기 위해 증거를 제시하거나 주장을 제기하는 것을 말한다. Bell(1976)에 의하면, 수학적 증명이란 정당화, 조명(illumination), 체계화의 과정인데, 정당화는 어떤 명제의 진리성과 관련되는 것으로서, 그 명제가 참임을 보이는 것을 의미한다. 조명은 그 명제가 왜 참인가를 알 수 있는 통찰력을 주는 것이다. 체계화는 수학적인 특징이 가장 강한 성질로서, 증명에 의해서 공리나 개념, 정리 등으로 구성되는 어떤 연역적 체계 내에 여러 결과를 조직하는 것을 말한다. Reid(2001, 2005)는 증명(proof)과 증명하기(proving)를 다음과 같이 정의한다. 증명하기는 표현하는 방식과 목적이 무엇이든 연역 추론을 기반으로 한 모든 활동을 의미하며, 증명은 구두 혹은 문서로 작성되든, 형식적이든 비형식적이든 증명을 하는 활동을 표현하는 논증이다. Balacheff(1987)는 증명에 대해 다음과 같이 말했다.

> 화자가 자신이 얻은 결과나 정리가 사실이라는 것을 이해시키기 위한 일종의 담화를 설명이라고 부른다. 화자가 설명에 쓴 이유는 토론될 수도 있고 거부될 수도 있고 받아들여질 수도 있다. 특정한 상황에서 특정

> 사회가 인정하는 설명을 증명이라고 부른다. 여기서 인정한다는 결정은 논쟁의 목적이 될 수 있는데, 그 논쟁의 주요한 목적은 말하는 이의 정당성을 인정할 공통의 시스템을 결정하는 것이다. 수학 사회가 특별한 형태로 채택하는 설명들만이 증명으로 인정될 수 있으며, 설명은 결정된 법칙에 따라 구성된 일련의 명제들이다. 하나의 명제는 사실로 인정된 것이거나 잘 정의된 법칙의 집합들로부터 연역법을 이용해 그 명제를 앞서는 명제들로부터 추론된다. 이런 종류의 증명들을 수학적 증명이라고 부른다(Stylianou et. al., 2009/2015, 재인용, pp.147~148).

Balacheff(1987)가 말한 증명의 정의를 살펴보면, 참이라고 설명된 명제는 어떤 이가 그 사실을 확신했다고 전달하는 것 그 이상으로 특정 공동체(예, 수학 사회)에서 그 명제를 사실이라고 인정해야 하는 제도적 제약이 따른다. 증명은 종종 명제가 만들어진 이후에 그 명제가 사실임을 밝히기 위해 제시된다. 때로는 명제가 만들어지기도 전에 그 명제를 만들기 위한 방법으로써 증명이 주어지기도 한다. 하지만 참인 명제가 실제로 모두 증명된 것이 아닐 수도 있다. 어떤 명제들의 증명은 종종 따름정리와 증명이 빠진 결과를 도출해낸다. 어떤 수학자의 증명은 특정 증명의 아이디어와 스케치로 가득 차 있기도 하다. 그 증명이 존재한다는 것은 관습에 의해 완성된 증명을 제공하는 것은 아니더라도, 수학자 사회에서 그 증명을 받아들이고 그에 대한 아이디어를 성공적으로 활용할 수 있는지 전문가의 검토와 논쟁을 거치게 할 수 있다. 논쟁을 하는 동안 어떤 수학자의 최초 증명을 사용할 때보다 빠진 부분을 찾고 채우면서 실제 증명으로 완성되기도 한다(Livingston, 1999).

타당한 증명을 위해서는 허용된 증명 틀(framework)을 사용해야 한다(Selden & Selden, 1995). 증명 틀은 처음에 주어진 명제가 무엇인지에 기초하여, 증명 시작 부분에 무엇을 가정하며 증명 끝부분에서 결론이 되는 것은 무엇인지를 알려 준다. 수학 개념에 대한 추론은 그 개념의 정의 또는 그 정의로부터 도출되고 잘 정립된 정리에 기초하여야 한다. 해당 개념에 허용되지 않은 비형식적 표현에 의존하여 추론하면 안 된다. 증명에 의해 확증된 주장(assertion)은 증명 틀에서 허용된 가정이나 사회적으로 합의가 이루어진 잘 정립된 명제 혹은 이전 단계의 주장으로부터 추론된 것이어야 한다. 다시 말해, 사회적으로 합의되고 잘 정립된 수학적 원칙을 구체적으로 기술함으로써, 증명 과정에서 이전 주장들로부터 새로운 주장을 연역해내는 데 증명 틀을 사용할 수 있음을 의미한다(Weber & Alcock, 2005).

이상의 논의를 종합하면, 수학에서 '증명'은 연역 추론을 통해 어떤 명제가 참임을 밝히는 것으로 규정될 수 있다. 이때 연역은 수학에서 정의, 공리, 공준, 이미 참이라고 알려진 성질을 이용하여 참인 명제를 이끌어 내는 것이다. 증명은 명제의 가정으로부터 기본이 되는 성질이나 이미 옳다고 밝혀진 성질을 근거로 조리 있게 결론을 이끌어 내어 그 명제가 참임을 밝히는 것이다. 증명의 본질이 연역적이라는 것을 이해한다면 모든 결론을 증명하는 데 있어서 무정의 개념의 의미와 역할, 명확하게 정의된 용어의 필요성과 그것이 결론에 미치는 영향, 가정 또는 증명되지 않은 명제의 필요성, 가정이 함축하지 않는 것을 증명하는 경우는 없다는 것을 이해할 수 있다(Fawcett, 1995/2006).

2.3 학교수학에서의 증명[17)]

일반적으로 수학에서 증명은 엄밀하고 형식적이며 연역적이라는

17) 2.2절에서 증명은 연역적 추론에 의해 어떤 명제가 참임을 밝히는 것으로 정의하였으나, 학교수학에서 증명의 수준은 2.1절에서 논의한 수학적 정당화에 해당한다. 학교수학에서의 증명에 대한 선행 연구들은 수학적 정당화보다 증명이라는 용어를 사용하고 있으므로, 2.3절에서 증명은 '학교수학에서의 증명'을 의미한다.

의미가 강하다. 그러나 NCTM(2000)의 「학교수학의 원리와 규준」과 2015 개정 수학과 교육과정에서 논의된 바에 의하면, 학교수학에서의 증명은 '학생들이 수학적 명제를 추측하고 이를 확인하는 과정에서 수학적 증거와 논리를 기초로 추측한 명제의 타당성을 설명 또는 정당화하는 방법'으로 개념화될 수 있다. Hanna & Jahnke (1996)는 학교수학의 증명에서 연역적이고 형식적인 증명을 강조할 것이 아니라 입증, 설명, 체계화, 발견, 의사소통 등 증명이 갖고 있는 다양한 의미를 반영할 필요가 있음을 강조한다. 증명은 발견의 맥락과 정당화의 맥락에서 중요한 역할을 하며, 자신을 이해시키고 타인을 설득시키기 위한 수단이 된다. 증명의 타당성과 엄밀성에 대한 기준은 학생들로 구성된 수학 사회의 합의에 의해 인정되며, 학생들의 수학적 지식과 경험의 수준이 발달함에 따라 합의된 증명의 수준도 발달한다.

이렇듯 학교수학에서 증명은 연역적 추론에 의해 어떤 명제가 참임을 명확히 밝히는 것이라기보다는 수학적 정당화에 해당한다. Fawcett (1995/2006)는 「증명의 본질」이라는 책에서 연역적 증명의 수준을 구체적으로 구분하지 않았지만, 증명의 본질을 명확하게 이해하고 있다면 학생의 행동을 다음과 같은 7가지 특성이 나타날 것이라는 가정을 하고 연구를 수행하였다(pp.10∼11).

① 어떤 진술에서든 자신이 중요하게 생각하는 단어와 (문)구를 선택하고 그것들을 세심하게 정의한다.
② 받아들여야 하는 결론에 대해 그것을 지지하는 증거를 요구한다.
③ 그 증거를 분석하고, 가정과 사실을 구별한다.
④ 결론에 필수적인 명시적 가정과 암묵적 가정을 인식한다.
⑤ 이들 가정 중 어떤 것을 수용하고 어떤 것을 기각해야 할지를

평가한다.

⑥ 주장을 평가하여 결론을 받아들이거나 기각한다.

⑦ 신념의 배경이 되고 실행에 지표가 되는 가정을 끊임없이 재검토한다.

학교수학에서의 증명의 수준을 구분한 몇몇 연구를 살펴보면 다음과 같다. Waring (2000)은 중학생의 증명 구성 역량을 증명 구성 수준 0부터 증명 구성 수준 3까지 네 개 수준으로 구분하였다. 증명 구성 수준 0에 해당하는 학생들은 주어진 명제가 참임을 증명하기 위해 수학적 정당화를 제시해야 할 필요성을 인식하지 못한다. Harel & Sowder (1998)의 권위적 정당화가 이에 해당한다. 증명 구성 수준 1의 학생들은 수학적 정당화를 제시할 필요성을 인식하기는 하지만, 정당화가 일반화의 수준에는 도달하지 못한다. 대부분 학생들의 정당화는 경험에 의존한다. 경험에 의존한 정당화들은 여러 가지 예를 조사하거나 일반적인 사례를 활용하는 것 등을 의미한다. 증명 구성 수준 2에 해당하는 학생들은 일반적인 논증이 필요하다고 인식할 뿐만 아니라 때때로 일반적 논증을 시도한다. 그러나 이 수준에서 논증의 수준은 아직 증명이라고 하기 부족하다. 즉 논증이 미완성이거나, 논증이 수학적으로 정확하지 않거나 받아들일 수 있는 증명으로 발전할 수 있는 것이 아닌 논증을 한다. 증명 구성 수준 3에 해당하는 학생들은 일반적 논증의 필요성을 알 뿐만 아니라 성공적으로 이를 수행할 수 있다. 수준 3의 논증은 하나의 명제가 모든 경우에 참인 것을 입증하는 것으로 구성되는데, 특정한 가정 및 주어진 조건을 언급, 논증에 필요한 일련의 연역 고리(chain of deductions) 및 결론에 대한 진술문을 포함한다. 수준 3의 학생들은 증명의 엄밀함이나 형식적인 부분이 부족할지라도 일반적인 경우들을 충분히 입증할 수 있다.

Miyazaki(2000)는 구체적 조작기와 형식적 조작기의 중학생들을 대상으로 연역에 따른 증명의 수준을 논증의 용어와 기호의 표현 여부에 따라 연역적 증명(증명 A)과 연역적 정당화(증명 B)로 구분하였다. 증명 A는 논증의 기능적 언어로 표현되므로 학생의 사고는 명제를 다루어야 한다. 이것은 형식적 조작기에서만 달성될 수 있다. 증명할 명제의 가정으로부터 연역적으로 결론을 추론하고 논증의 기능적 언어를 사용할 수 있다. 네 가지 증명 수준 중 가장 높은 수준에 해당한다. 증명 B는 조작 가능한 대상과 그들의 변형 과정에서 가정으로부터 연역을 하는 것이지만, 논증의 기능적 언어가 아닌 문장이 증명의 표현에 포함되어 있다. 예를 들어, 공깃돌 4, 5, 6개로 세 줄을 만들고, 6개짜리 줄의 공깃돌 하나를 4개짜리 줄로 옮겨 세 줄의 공깃돌의 개수를 같게 만들면서 '연속되는 세 수의 합은 가운데 수의 3배와 같다'는 명제가 참임을 알게 되는 수준이다. 이때, 형식적 조작기의 증명 B 수준에 있는 학생들은 자신의 활동을 명제로 번역할 수 있으며, 명제들을 관련지어 조작할 수 있다. 그리고 일반성을 가진 표현 언어를 이용할 수 있다. 그러나 증명을 완전히 탈맥락화 할 수 없는 수준이다. 같은 활동에 대해 구체적 조작기의 증명 B 수준에 해당하는 학생들은 추이율을 사용한 사고를 할 수 있지만 진술문만 이용해 연역적 증명을 할 수 없다.

고등학교와 대학교 수준 이상에서 증명과 증명하기에 대한 학생들의 이해 수준을 비교한 연구로는 Seldon(2012), Durand-Guerruer et al.(2012)등이 있다. 고등학교 수학 이상에서 학생들이 경험하는 증명은 초등 및 중학교 수준의 학생들에게 요구되는 것보다 더 복잡하고 추상적인 구조와 관련이 되어 있다. Durand-Guerruer et al.(2012)에 의하면, 고등학교 졸업생들을 대상으로 증명 능력을 조사한 결과, 학생들은 수학에서 연역 추론 능력이 불충분한 상태로서 증명을 불완전하게 구성하고 있었다. Seldon(2012)은 중등학교의 기하 증명과 실해석학, 선형대수, 추상대수, 위상수학의 증명을 비교하면서, 기하의 대상은 점, 선, 면과 같이 실재적인 것들의 이상화(idealisations)인 반면, 함수, 벡터공간, 군, 위상공간에서의 대상들은 추상적인 실재화(reifications)라 주장한다. 이와 같이, 고등학교 수준 이상에서 증명은 창의성과 통찰을 고려할 뿐만 아니라 형식적인 정의들과 앞서 만들어진 정리에 대한 이해와 사용이 필수적이다. 따라서 형식적이고 더 엄밀한 증명을 읽고 구성할 때 학생 스스로 연역 추론을 해야 하지만, 때때로 명시적인 지도를 받을 필요가 있다.

3 증명의 심리적 구성

연역 추론을 활용한 증명 구성은 증명 개념에 대한 인지적 조직화 과정과 밀접한 관련이 있다(Harel & Sowder, 2007; Tall et al., 2012; Hanna & Jahnke, 1996; Durand-Guerruer et al., 2012). 이 절에서는 학생들의 증명에 대한 심리적 구성 과정과 증명의 발달 상태와 유형에 대해 살펴본다.

3.1 증명 구성

학생의 증명 활동에 대한 여러 연구들에서 증명은 학생이라는 행위자에 초점을 맞추어 해석되어 왔다. 이는 학생의 증명 구성 능력이 인지 발달과 관련이 있다는 것으로 해석될 수 있다. 실제로 Van Hiele (1986)는 유클리드 기하학의 발달에 초점을 맞추어 학생의 기하 학습을 관찰·분석하였다. 그 결과, 학생의 기하 학습 수준을 시각적 인식 수준, 기술적/분석적 인식 수준, 관계적/추상적 인식 수준, 형식적 연역 수준, 엄밀한 수학적 수준의 5개 수준으로 구분하고 1수준부터 5수준으로 발달한다고 보았다.

Harel & Sowder(2007) 역시 증명 학습을 행위자 지향적 관점에서 심리적으로 해석하여 증명 스키마 개념을 제안하였다. 증명 스키마는 추측과 사실, 증명하기, 확신하기와 설득하기로 구성되는데 이를 통해 증명 스키마의 발달 과정을 설명하였다. 추측은 참인 것을 확신 할 수 없는 개인의 주장이며 그가 참에 대해 확신을 하면 추측은 개인의 관점 내에서 사실이 된다. 이러한 추측과 사실의 정의는 증명하기 개념에 기초가 된다. 증명하기는 어떤 관찰이나 주장의 참에 대해 개인(혹은 공동체)의 의심을 제거하는 것으로 확신하기와 설득하기 두 가지 과정을 포함한다. 확신하기는 개인(혹은 공동체)의 주장이 참인지에 대해 자신의 의심을 제거하는 과정이며 설득하기는 개인이나 공동체가 주장의 참에 대해 다른 이들의 의심을 제거하는 과정이다. 그러므로 어떤 사람의 증명 스키마는 다른 사람을 설득하기를 구성함으로써 주로 결정되고, 설득하기는 '외재적 설득', '실증적인 설득', '분석적인 설득'으로 발달한다고 보았다.

한편, Tall & Mejia-Ramos(2010)는 수학의 정신세계(mental world)[18]를 3가지로 분류하고 인지 발달에 따른 증명의 발달 과정을 설명하였다([그림 II-2] 참조). 체화된 세계(embodied world)에서 학생은 물리적 경험을 통해 추후에 정의가 되는 어떤 성질을 말로 묘사하거나 시각적으로 증명한다. 과정-개념[19]의 상징 세계(proceptual symbolic

18) Tall의 3가지 수학의 정신 세계는 http://www.warwick.ac.uk/staff/David.Tall/themes/three-worlds.html 에 자세히 소개되어 있다.

19) Gray & Tall(1991)은 같은 기호 체계에서 과정을 전체적으로 인식하기 시작하면서 과정이 산물이 된 것으로서, 과정과 개념의 혼합물을 과정-개념(procept)이라고 정의하였다.

word)에서 학생은 산술, 대수, 미분적분학을 할 때 수학적 상징을 과정과 산물이 결합된 총체적 개념으로서 조작할 수 있다. 과정-개념적 상징 세계에서 학생이 $(a-b)(a+b)=a^2-b^2$과 같은 대수식을 발견하는 과정에서 사용하는 논증은 처음에는 특수한 수 계산으로부터 시작하여 기호적 조작을 거쳐 대수적 증명으로 발달한다. 형식적 세계에서 증명 형식으로는 형식적 연역이 요구된다. 예를 들면, 사이값 정리를 완비성 공리를 사용하여 증명하는 것 등이 있다.

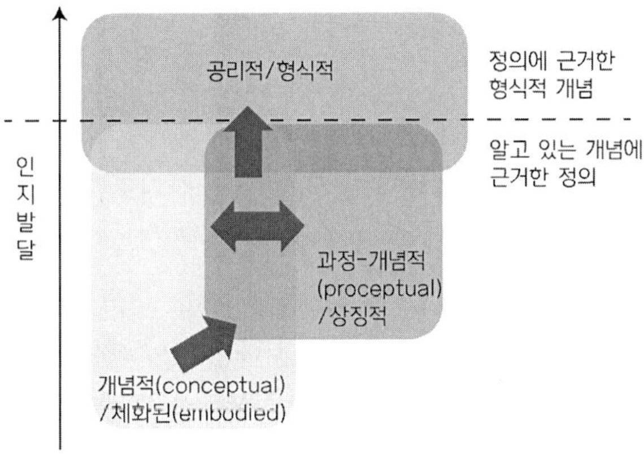

[그림 Ⅱ-2] 수학의 정신세계에서 인지적 성장
(Tall & Mejia-Ramos, 2010, p.140)

학생이 수학 개념을 학습하면서 증명 구조를 발달시켜 나가는 인지적 과정을 살펴보면 다음과 같다. Tall et al.(2012)은 '개념 투시(crystalline concept)[20]'라는 용어를 사용하여 증명 구조의 인지 발달을 설명하였다. 수학 개념의 여러 성질은 각기 다양한 문맥의 한 부분으로써 개념의 구조

20) crystalline은 '수정같이 맑은'이라는 뜻으로 Tall은 개념의 내적 구조를 꿰뚫어본다는 뜻의 은유적인 표현으로 'crystalline'을 사용하였으나, 우리말로 옮길 때 그 은유적 표현의 의미를 명확히 전달하기 위해 본서에서는 '개념 투시'라는 표현을 사용한다.

와 관련된다. 학생들은 수학 개념이 가진 여러 성질을 활용하여 그 개념에 대한 수학적 구조를 연역해 갈 때, 개념 투시를 하게 된다. Tall et al.(2012)은 '문맥의 부분으로써 개념 구조에 필수적인 특성들을 가지기 위해 발생하는 제한된 관계가 있을 때, 그 관계들의 내적 구조를 포함하는 개념'을 '개념 투시'라고 하였다. 학생들은 연역적 조직화를 하는 과정에서 여러 문맥에 따른 성질들 사이의 필요충분조건 관계를 꿰뚫어 볼 수 있어야 한다. 개념 투시는 개념의 내적 관계 구조를 맑고 투명한 보석인 수정에 비유한 것으로, 개념의 내적 구조를 이루는 각 성질에 대한 통찰 능력을 맑고 투명한 수정을 꿰뚫어보는 것과 같은 능력을 은유적으로 표현한 것이다.

Tall et al.(2012)의 개념 투시에 대한 구체적인 설명은 다음과 같다. 이등변삼각형에 대한 개념 형성 과정을 살펴보자. 처음에 학생은 이등변삼각형을 하나의 게슈탈트로써 인식한다. 즉, 학생은 이등변삼각형을 밑변이 넓고 위로 올라갈수록 좁아지는 같은 길이의 두 변, 크기가 같은 두 내각과 밑변의 중점을 지나는 선에 대한 대칭축의 형태를 가지고 있는 것으로 인식한다. 만약 삼각형 모양의 종이를 자르면 완벽한 대칭을 보여주기 위해 중심선을 따라 접을 수 있다. 또한 학생은 다양한 이등변삼각형을 인식하면 그들의 특성을 묘사하는 것을 배울 수 있다. 초기 단계에서 이러한 모든 특징들은 동시에 발생한다. 즉, 이들은 원인-결과 관계로써 연결되어 있는 것이 아니다.

논리적인 관계에 대해 설명하기 위해 학생들은 스키마를 구성할 필요가 있다. 학생들은 이등변삼각형의 몇 가지 특성들 중 하나, 예를 들어 '두 변의 길이가 같은 삼각형'을 이등변삼각형의 정의로써 사용한다. 이 시기의 학생은 정의를 새로운 대상이 이등변삼각형인지 아닌지를 판단하는 기준으로 사용할 수 있다. 학생이 특정한 삼각형이 이등변삼각형이라는 증명을 한다는 것은 이 삼각형이 길이가 같은 두 변을 가지고 있다는 것을 볼 수 있음을 의미한다.

점점 더 많은 이등변삼각형의 특성을 인식하게 되고, 관계에 대한 개념이 발달하게 될수록 학생들은 특성들 사이의 관계를 바라보게 되고, 다른 특성들로부터 또 다른 특성을 연역적으로 구성하거나 변화시키는 것을 바탕으로 하는 적절한 원리를 사용할 수 있게 된다. 이 시기의 학생들은 이등변삼각형의 정의에 알려진 모든 특성이 포함될 필요는 없다는 것을 알게 되고, 이등변삼각형을 각에 대한 언급 없이 오직 길이가 같은 변에 의해 정의할 수 있다.

이후 이등변삼각형의 다른 성질을 같은 방식으로 추론할 수 있다. 예를 들어, 이등변삼각형에서 밑변의 수직이등분선은 꼭짓점을 지난다는 것을 증명하거나, 꼭짓점의 각의 이등분선이 밑변의 중점에서 만난다는 것을 증명할 수 있다. 이러한 과정을 거치면서 학생들은 언급된 연역적 특성 중 어느 것이라도 대안적 정의로써 사용할 수 있음을 알게 된다.

정리하면, 이등변삼각형의 예에서 볼 수 있듯이 하나의 개념은 초기에는 동시에 발생하는 많은 특성들과 함께 그 자체로 하나의 게슈탈트였다. 그 후 특정한 정의는 추론을 기반으로 한 관계망을 통해 연결되면서 더 많은 특성들을 포함한 통합된 개념으로 발달한다. 즉, 이등변삼각형에 대하여 장기간에 걸친 개념 투시는 다음과 같이 점차 증가하는 세련된 지식 구조의 구성을 통해 성장하는 것으로 정리할 수 있다.

- 대상이 동시에 특성들을 가지고 있는 현상에 대한 개념적 인식
- 시각적, 상징적 표현과의 연결, 어떤 특성과의 관계에 대한 사고를 하기 위해 그 특성을 언어적으로 묘사
- 하나의 특성이 다른 특성을 나타낼 수 있도록 적절한 증명의 원리를 만족시키는 개념을 정의
- 동등한 일부 특성들에 대한 연역적 증명, 관련된 특성들의 구조

를 현재 가지고 있는 개념으로 구현

- 다른 표현 방법을 사용하여 특성들이 연역적 증명을 통해 함께 연결될 수 있다는 수정 개념을 강조하여 구현

한편, 개념 투시는 연역적인 망(network)을 형성할 수 있다. 예를 들어, 학생들은 이등변삼각형을 일반적인 삼각형이라는 대상의 더 좁은 범위를 표현함으로써 인식하기 시작할 수 있다. 또한 학생이 형식적 증명을 바탕으로 하는 조작을 할 때 시각적, 상징적 방식을 포함한 구체화도 가능하다. 개념 투시는 개념 투시의 하위 단계로부터 상위 단계로 발달하고 연결된다([그림 II-3] 참조).

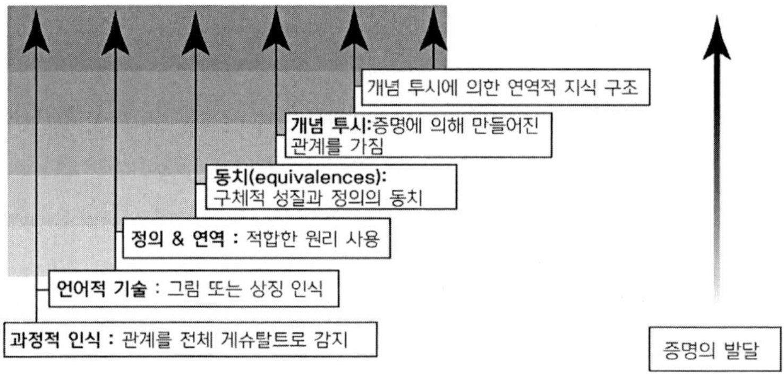

[그림 II-3] 증명 구조의 발달 (Tall et al. 2012, p.21)

[그림 II-3]에서 점차 정교화되는 지식 구조는 각각 새로운 발달과 성숙의 단계로 연결되며 음영의 진하기로 나타낼 수 있다. 그림 오른쪽의 수직 화살표는 위로 올라갈수록 정의가 확고해지는 것을 나타낸다. 각 단계의 화살표는 학생의 개념에 대한 초기 인식부터 연역적인 지식 구조까지 장기적이고 연속적인 발달을 나타낸다. 발달은 각각의 단계에 대한 융통성 없는 성장이 아니라, 개념에 대한 인식부터 연역적 추론까지 수학적 사고에 대한 전체적인 범위를 구성하기 위한 장

기적인 성장이다.

또한, [그림 II-3]에서 증명은 학생들의 이전 경험을 기술하고 묘사하는 것에서부터 형식적 정의로의 이동, 형식적인 증명 구성, 동치인 다양한 정의의 수립, 구성한 증명에 대한 융통성 있는 연결 형성으로부터 정신적인 조절을 가능하게 하는 개념 투시, 더 유연한 연역적 지식 구조를 성립시키는 방향으로 발달한다. 예를 들면, 극한값을 갖는 위로 유계인 증가하는 수열을 통해 Cauchy 수열의 수렴 또는 위로 유계이고 공집합이 아닌 부분집합의 상한의 존재성이라는 특성들을 추론할 수 있다. 이 모든 특성들은 용어에 대한 완벽한 정의로부터 출발할 수도 있으나, 주어진 상황에서 적절하고 유연하게 사용되는 용어에 대한 다양한 문맥과 그에 적합한 형식을 가진, 그리고 그 논리정연한 내적 구조를 포함함으로써 개념 투시가 된다. 이러한 개념 투시를 통해 학습자는 완전한 순서체 개념이라는 최종 개념 구조를 구성할 수 있다.

3.2 증명의 심리적 발달 상태와 유형

증명에 대한 발생적 관점은 증명을 구성하는 순서와 위계가 존재한다고 보고 이에 따라 학생의 증명 발달 상태를 판단하는 관점이다. 발생적 관점에서 학생의 증명 발달 상태는 세 가지 기준에 따라 살펴볼 수 있다(Cabassut et al., 2012). 첫째, 일반적인 명제에 대한 보증 유형(the type of warrant)에 따라 학생의 증명 구성 여부를 판단할 수 있다. 학생은 특수한 사례들로부터 일반적인 규칙이나 명제를 추론하는 과정에서 일반화와 증명을 뒤섞어 할 수 있다. 일반화와 달리 증명을 구성하는 것은 학생 스스로 일반적인 명제가 다른 일반적인 명제로부터 도출된다는 보증 유형을 이해할 수 있을 때 가능하다. 이는 증명의 인지 발달에서 매우 중요하다.

둘째, 학생의 증명 수준은 일반적인 명제를 만들기 위한 원리의 유형(the type of principle)에서 그 차이가 나타난다. 즉, 명제를 만들어 내는 과정에 관여하는 수학적 원리와 규범에 대한 근접성(proximity)이 얼마만큼 나타났는지에 따라 학생의 증명 수준을 구분할 수 있다. 예를 들어, 두 점 사이의 여러 경로의 길이를 비교할 때, 학생이 고무줄을 늘이는 것과 같은 보증을 통하여 논증을 할 수 있다. 이 논증이 타당한 논증으로 수용될지의 여부는 원리 수용에 대한 교실 규범과 관련된다. 이러한 논증은 보통 수학적 증명으로 분류되지 않는다.

셋째, 논증 표현 방식(the mode of representing)으로 증명 습득의 수준을 구분할 수 있다. 수학의 기호 언어를 다루는 능력의 성장은 학생이 수학적 증명을 이해하고 발달하는 성장 과정에서 필수적인 조건이다. 증명 형식이 구두(verbal) 형식인지 기호적 형식인지는 증명 구성에서 외적으로 중요한 부분이다. 대부분의 수학적 관계는 기호 표현의 자원이 없이는 거의 표현할 수 없기 때문이다.

한편, Tall(1998)은 Bruner의 EIS 이론을 토대로 표상에 관한 인지 발달 단계를 구분하고 증명 유형을 분류하였다. Tall은 모든 표현의 출발점이 되는 활동적 표현에서부터 최종점인 형식적 표현에 이르기까지 표현의 인지 발달 과정을 분류하여 제시한 후, 증명에 사용된 표현에 따라 활동적 증명(enactive proof), 시각적 증명(visual proof), 수치적 증명(numeral proof), 형식적 증명(formal proof)으로 증명을 분류하였다. 즉, Tall은 Bruner가 구분한 사고 발달 수준인 활동적 수준, 영상적 수준, 기호적 수준을 토대로, 증명과 표상에 관한 인지 발달 단계를 활동과 몸짓을 통한 환경과의 상호작용과 의사소통에 근거를 둔 활동적 증명, 시각적 표현과 기호적 표현이 서로 상호작용하는 수준에서의 증명, 형식적 정의와 공리 체계를 토대로 이루어지는 전통적 의미에서의 형식적 증명으로 구분하였다([그림 II-4] 참조).

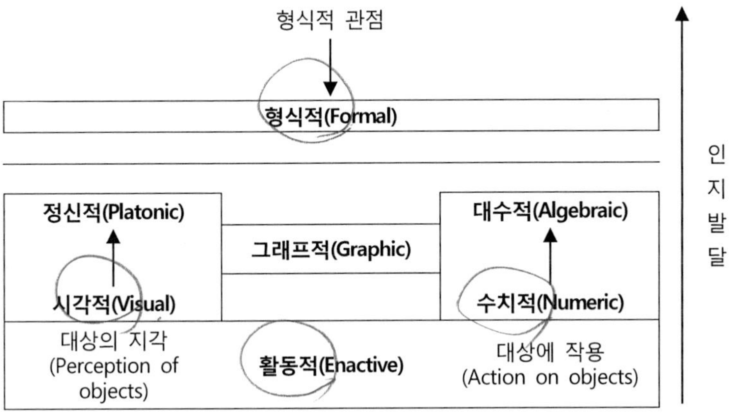

[그림 II-4] 증명과 표현에 관한 인지 발달 (Tall, 1998, p.120)

활동적 증명은 어떤 사실을 확인하거나 주장할 때 그 사실을 실제적으로 행하면서 정당화하는 가장 초보적인 단계이다. 예를 들면 '2+5=5+2'임을 확인하기 위하여 사과나 바둑알 등의 구체물로 직접 확인하는 것을 의미한다. 시각적 증명은 활동적 증명보다 진보된 방법으로 기호나 그림을 연결하여 시각적으로 확인시키는 방법이다. 예를 들어 인수분해 공식을 직사각형의 넓이를 이용하여 증명할 수 있다. 수치적 증명은 실제 수치들을 적용하여 확인해봄으로써 대수적으로 의미있는 과정의 출발점이 되지만, 연역적이고 형식적이지 못한 단계이다. 형식적 증명은 수학적으로 엄밀한 연역적 증명을 말한다. 논리적 논증으로 가정과 결론 사이의 명백한 관계를 만드는 연역적 형태의 증명이다.

증명의 인지적 발달에서 학생이 형식적 증명에 도달하기까지 많은 어려움을 겪는다. Tall(1998)은 그 원인으로 정의와 개념이 역전 현상이 일어나거나, 활동적 증명 또는 시각적인 증명이 형식적 증명의 구조와 연결되지 않기 때문인 것으로 보고 있다. 또한 형식적 수학에서의 정의와 연역에서 나타나는 한정사 기호의 복잡성으로 인해 증명을 어려워한다고 보고 있다.

4 학교수학에서 연역의 적용

연역은 초등학교에서 덜 형식적인 추론과 논증의 형태로 강조되고, 중학교에서 수학적인 언어와 표기법을 배우며 기하 영역에서 명백한 명제를 정당화하는 형태로 학습하고, 고등학교에서는 명백한 명제를 형식과 논리에 따라 연습하는 형식적인 증명으로 다룬다. 그러나 수학에서 말하는 엄밀한 의미의 연역적 증명은 대학 수준의 수학 이후에 다루게 된다.

이 절에서는 학교수학에서의 증명[21]에 대한 선행 연구를 바탕으로 연역의 의미를 학교수학에서 어떻게 교수·학습하는지를 살펴본다. 그런 다음, van Hiele의 형식적 연역 수준에 해당하는 대학생들이 증명을 기술할 때 나타나는 증명 구조를 분석하고, 그 연역 추론 과정을 Toulmin의 연역 모델을 적용해 분석한다.

4.1 학교수학에서의 증명 교수·학습

NCTM(1989, 2000)에서는 가설을 세우고 검증하는 것, 반례를 찾아보는 것, 논리적인 토론, 논쟁의 타당성을 판단하는 것, 타당한 논의를 구성하는 것과 같은 학교수학에서의 증명 능력은 기하뿐만 아니라 수학의 다른 영역에서 모든 학생들이 학습해야 할 것으로 강조하고 있다. 대수와 기하 영역을 중심으로 연역을 학교수학에서 어떻게 알도록 교수·학습 하는지를 살펴보면 다음과 같다.

---

21) 선행 연구들에서 학교수학에서의 증명은 수학적 정당화를 의미하나, 협의적으로 연역적 정당화를 의미하기도 한다. 이절에서는 '증명'과 '학교수학에서의 증명'을 구분하여 증명은 2.2절에서 정의한 대로, 학교수학에서의 증명은 연역적 정당화의 의미로 사용한다.

대수 영역에서 학생들은 패턴을 찾거나 계산하는 것으로부터 원리를 발견하고 이를 일반화시키고 연역적으로 증명하는 방향으로 자신의 추론을 발전시킨다. Kuchemann & Hoyles(2009/2015), Healy & Hoyles(2000), Knuth & Sutherland(2004)에 의하면, 대부분의 중학생들은 연역적 증명이 아닌 귀납과 같은 경험적 논증을 구성하였다. 그러나 학생들은 연역적 증명과 달리 경험적 논증이 일반적이지 않다는 것을 인식할 수 있었으며, 경험 논증을 구성한 학생은 다른 학생의 정확한 연역적 증명을 찾아낼 수 있었다. 이는 중학생들의 증명 이해 능력과 구성 능력에 차이가 나타날 수 있음을 의미한다.

Brodie(2010)는 대수와 함수 영역에서 7학년에서 12학년까지 학생의 연역 추론 능력을 향상시키고 연역적 증명을 이해하고 구성하는 수준의 간극을 메꾸기 위한 방법으로 '협력적 학급 토론(collaborative whole-class discussion)'을 제안한다. 협력적 학급 토론은 교실 내에서 학급 전체의 상호작용을 강조하는 교수·학습 방법으로서, 학생의 수학적 논리에 따른 명백하고 타당한 연역적 정당화를 강조한다. 협력적 학급 토론은 관찰, 자신의 주장에 대한 설명과 정당화, 개념적 이해의 재구성, 다른 학생의 주장에 대한 검증의 순으로 진행된다. 교사는 학생이 교실 내 토론에 참여하도록 독려하면서 수업에서 수학적 지식을 만드는 데 공헌하게 해야 한다. 이를 위해 교사는 학생이 수학적 아이디어에 대한 설명이나 연역적 증명을 할 수 있게 하고, 그에 대한 다른 학생의 비판까지도 학급 학생들이 모두 듣도록 도와주어야 한다. 또한 교사는 학생의 논증을 강조하기도 하고 학생이 명백하게 말하도록 요청할 수 있어야 한다.

기하 영역에서 연역 추론은 주어진 대상 자체가 아니라 그 집합의 특수한 성질을 대표하는 것으로써 대상을 변환하나 조작을 할 수 있다는 의미이다(Balacheff, 1988). 즉, 학생이 연역을 할 수 있다는 것은 주장을 사실로 명확하게 만든다는 포괄적인(generic) 특성을 알 수 있다는 것이다. 또한 '결론이 타당하다'는 의미는 주어진 모든 것을 만족하는 도형으로 일반화할 수 있다는 것을 의미한다.

Weber(2001), Koedinger & Anderson(1990)에 의하면, 기하 증명에 능숙한 학생들은 논리적 추론을 하는 데 단순히 정의, 공리, 정리 등의 지식을 암기하고 결합해서 활용하는 것이 아니라, 수학적 사실과 개념의 의미를 이해하고 여러 가지 기본 원리들을 어떻게 결합하는지에 대한 충분한 지식을 가지고 있다. 즉, 이 학생들은 성질과 연관성을 파악할 수 있는 시각적 모델과 논증 과정에 필요한 추론 스키마를 모두 활용할 수 있다.

구성주의의 등장과 함께 수학 인식론은 완성된 논리-연역 체계로서의 수학뿐만 아니라 인간 활동의 산물로서 만들어져 가는 과정 중의 수학을 강조하고 있다. 이러한 흐름에 따라 학교수학의 기하 영역에서 증명으로 대변되는 완성된 산물로서의 연역 체계만을 강조하는 것은 학생들이 연역적 추론의 필요성과 성격을 이해하지 못하게 하므로(Weber, 2001; Selden, 2012), 동적 기하 체계(Dynamic Geometry System)와 같은 테크놀로지를 활용하기도 한다. 제 7차 교육과정 이후 우리나라 수학과 교육과정, NCTM(2000) 등에서는 기하 영역의 학습에서 동적 기하 체계와 같은 테크놀로지를 활용하여 도형 영역의 학습을 돕는 것을 제안하고 있다. 학생들은 테크놀로지를 활용하여 문제 상황을 탐구하고 추측을 만들고 증명을 생성한다.

동적 기하 체계는 학생에게 추상적인 대상에 대하여 구체적이고 시각적인 상황을 제공함으로써 공리적 기하를 탐구하도록 중재하는 기능을 한다. 특히, GSP, Cabri, GeoGebra 등의 동적 기하 체계는 유클리드 기하의 정리에 대한 타당한 시각-논리적인 간접 증명을 제공함으로써 유클리드 증명의 이해를 돕는 역할을 한다(Antonini & Mariotti,

2008; Lopez-Real & Leung, 2006). Arzarello, Bussi, Leung, Mariotti, & Stevenson(2012)에 의하면, 동적 기하 체계는 학생들에게 드래깅(dragging) 기능을 통해 발견한 성질의 불변적 요소를 감지하게 하고[22] 이를 활용하여 연역적이고 형식적인 증명을 직접 행하기 전에 간접 증명을 제공한다([그림 II-5] 참조).

학생들은 증명하고자 하는 명제에 대해 학생은 동적 기하 체계를 통해 작도를 해보면서 MD-드래깅 스키마를 구성한다. 또한 명제가 참이 되는 이유를 설명하는 주장을 동적 기하 체계를 통해 확신하게 된다. 이러한 과정을 통해 MD-드레깅 스키마는 언어적, 논리적으로 연역하여 증명을 구성한다.

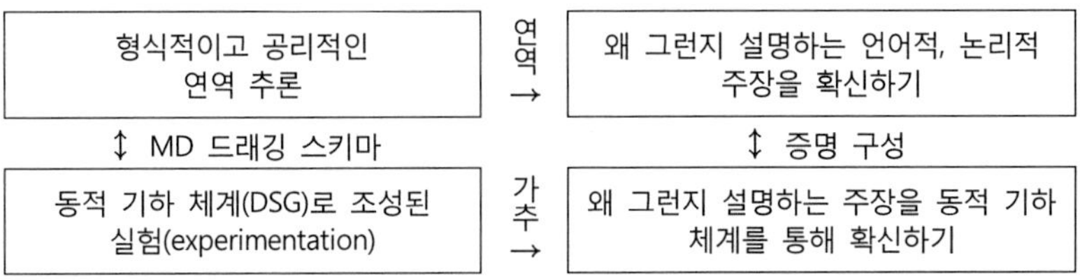

[그림 II–5] 유클리드(Euclid) 기하와 동적 기하 환경 체계
(Arzarello et al., 2012, p.127)

이와 같이, 형식적인 증명이나 개념 학습의 전 단계에서 테크놀로지를 활용하여 직관적인 탐구 활동을 활용하면 학생들은 연역을 하기 이전에 연역해야 할 사실에 대하여 직관적으로 이해하게 하거나, 관찰에 의한 발견의 과정을 경험할 수 있다(우정호, 2000). 컴퓨터는 증명해야 할 사실에 대한 직관적 확신을 제공하고, 증명의 아이디어를

22) Arzarello et al.(2012)는 학생들이 동적 기하 체계에서 드래깅을 통해 불변의 수학적 성질을 발견하는 인식론적 스키마를 MD(Maintaining dragging)-드래깅 스키마(dragging schema)라고 정의한다.

안내하는 역할을 할 수 있다(김남희, 2002). 증명해야 할 사실이 참임을 직관적으로 이해하는 것은 마음속에 확신을 가지고 연역적 증명의 결과를 받아들이게 한다. 증명을 비형식적 증명과 연역적 증명으로 구분한 Hanna (2000)는 비형식적 증명이 사례를 근거로 하여 어떤 정리가 성립함을 예증하는 것이지만 연역적 증명의 측면에도 도움이 된다고 주장했다. 컴퓨터에서 비형식적 증명을 통해 시각화와 탐구의 기회를 풍부하게 경험한 학습자는 비형식적 증명의 한계를 인식하고 연역적 증명의 필요성을 느끼게 된다. 이런 측면에서 볼 때, 테크놀로지를 활용한 기하 학습은 비형식적 증명과 연역적 증명을 연결시키는 가교 역할을 할 수 있다.

기하 영역에서 무엇보다 중요한 것은, 어떤 수학적 명제가 왜 참인지를 설명하는 데 있어서 학생이 과정으로써의 증명을 알고 도구로써의 증명의 본질을 이해하는 것이다(McCrone & Martin, 2009/2015, p.233). 학생들에게 증명을 하는 것이 정말로 무엇을 의미하는지를 가르칠 때 비로소 학생들은 이해와 통찰력을 지닌 연역 논증을 할 수 있다(van Dormolen, 1977). McCrone & Martin(2009/2015)은 기하 영역에서 증명 이해의 여섯 가지 원리를 소개하고 있다(<표 II-1> 참조).

〈표 II-1〉 증명 이해의 여섯 가지 원리(McCrone & Martin, 2009/2015, p.234)

원리	명제와 하위 요소에 대한 설명
원리 1	정리에는 예외가 없다. a)일반적인 명제가 참이면 이 명제는 (그것이 성립하는) 모든 구체적인 경우에 참이다. b)일반적인 명제가 어떤 하나의 경우에라도 참이 아니면 이 명제는 거짓이다(즉, 하나의 반례는 이 명제가 참이 아님을 입증한다.).
원리 2	증명의 두 가지 역할은 납득시키고 설명하는 것이다. a) 증명의 목적 중 하나는 명제의 타당성을 성립시키는 것이다. b) 증명의 또 다른 목적은 왜 이 명제가 참인지에 대한 통찰을 제공하는 것이다.

원리	명제와 하위 요소에 대한 설명
원리 3	증명은 일반적이어야 한다. a) 일반적인 명제를 증명하는 하나의 방법은 이 명제가 생각할 수 있는 모든 경우에 참이 됨을 보이는 것이다. b) 증명이 완벽하지 않다면 직접 증명, 간접 증명, 혹은 시각적인 증명이 반드시 구성되어야 하며, 모든 명제나 다이어그램들은 주어진 조건을 만족하는 모든 종류의 도형을 나타내도록 해야 한다. c) 한 가지 또는 그 이상의 경우에 대한 경험적 증거들만으로는 증명을 구성할 수 없다. d) 몇 가지 구체적인 중요한 경우를 확인하는 것만으로 증명을 구성할 수 없다.
원리 4	증명의 타당성은 그 내적 논리에 달려 있다. a) 가설은 결론과 구별된다. b) 증명에 있는 명제들은 추론의 법칙을 충족하면서 가설에서 결론까지 이르는 과정을 보여주도록 배열되어야 한다. c) 증명의 타당성은 증명을 표현한 형태의 일관성이 아니라 고유의 논리로 결정된다.
원리 5	명제는 논리적으로 역이나 이가 아닌 대우와 동치이다.
원리 6	명제를 표현한 다이어그램은 이점과 제한점을 동시에 갖고 있다. a) 명제를 표현한 다이어그램은 시각적 보조물이다. 다이어그램의 이런 측면이 해당 명제의 조건을 반영하여 얼마든지 다양할 수 있나는 것을 명심해야 한다. b) 다이어그램의 요소에 초점을 맞추는 것이 가설과 결론을 연결시키는 기본적인 관계를 파악하는 데 중요하다.

학교수학에서 증명을 가르치고자 한다면 <표 II-2>의 원리를 활용하여 형식적 논리를 학생들에게 친숙한 맥락에서 지도하는 것이 유용하다. 증명과 증명이 아닌 것을 구분하고, 수학 수업에서 사용하는 언어의 암묵적인 모호함을 교실 토론 등을 통해 이해하며, 논리 법칙을 다루면서 명제를 이해하고, 학습 주제의 논리적 측면을 이해하도록 하는 것이 효과적이다.

4.2 대학생의 증명

수학의 정리는 '만약~이면…하다(if-then-statements)'의 형식이며, 그 증명은 엄밀함을 요구한다. 정리를 증명할 때 가설, 공리, 정의는 정확한 의미에서 이해되고 적용되어야 한다. 이는 정의의 의식적인 사용과 관련되며 정의의 사용 능력은 증명 역량의 중요한 요소이다. 대부분의 고등학생은 수학적 정의의 중요성과 의미를 이해하지 못한다(Lay, 2009). van Hiele에 따르면 형식적 연역 수준의 학생들은 연역의 의미를 전반적으로 이해하고, 공리적 체계 내에서 정리를 확립할 수 있으며, 무정의 용어, 공리, 정의, 정리 사이의 논리적 차이점을 인식할 수 있다.

이 절에서는 van Hiele의 형식적 연역 수준에 해당하는 수학교육을 전공하는 대학생 6명이 '함수 f, g가 특정값 a에서 연속이면 $f+g$도 연속이다'라는 정리를 증명할 때 나타나는 증명의 구조를 Seldon & Seldon(2009/2015)의 권고에 따라 분석하고, 그 과정에서 나타난 연역 추론을 Toulmin의 연역 모델을 적용해 분석해 본다. Seldon & Seldon(2009/2015)은 학생의 증명 쓰기 유형이나 그 역량을 알아보고자 할 때 일반적인 증명의 성질, 증명이 어떻게 조직되는지, 어떻게 기술되는지와 같은 증명의 구조를 살펴볼 필요가 있다고 하였다.

함수의 연속에 대한 증명 쓰기에 나타난 연역 추론 분석 실험에 참여한 대학생 6명은 수학교육 전공 2학년 학생들로 1학기 때 해석학을 배웠고, 실험은 2학기 종강 후 실시되었다. 학생들은 증명 쓰기를 한 후 반구조화된 면담을 통해 자신의 증명 과정을 설명하였다. 학생 6명의 해석학 성적은 상 수준 2명, 중 수준 2명, 하 수준 2명이었다. 하 수준 학생 중 1명은 '함수의 연속' 정의를 고등학교 미적분 교과목에서 배운 직관적 정의로만 알고 있었다. 이 학생을 제외한 5명의 학생은 '함수 f, g가 특정값 a에서 연속이면 $f+g$도 연속이다'

라는 정리를 $\varepsilon-\delta$증명법[23]으로 증명하였다. 그러나 증명 쓰기의 논리적인 경로를 분석한 결과, 하 수준 학생 중 $\varepsilon-\delta$증명법을 사용한 학생은 δ를 찾는 하위 증명[24]을 먼저 시도하지 않음으로써 완벽한 형식적 증명에는 실패하였다([그림 II-6] 참조).

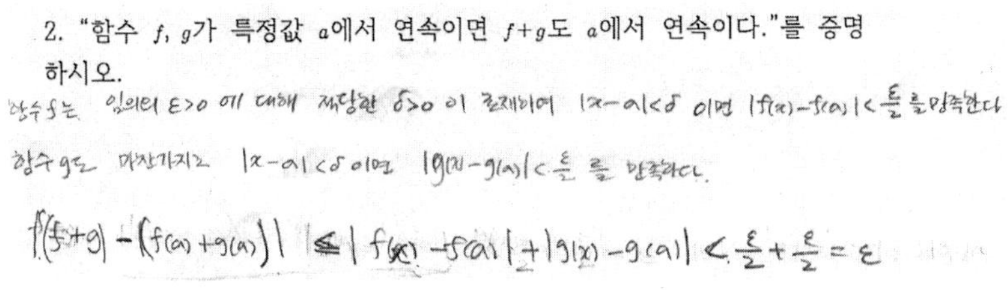

2. "함수 f, g가 특정값 a에서 연속이면 $f+g$도 a에서 연속이다."를 증명하시오.

함수 f는 임의의 $\varepsilon>0$ 에 대해 적당한 $\delta>0$ 이 존재하여 $|x-a|<\delta$ 이면 $|f(x)-f(a)|<\frac{\varepsilon}{2}$ 를 만족한다

함수 g도 마찬가지로 $|x-a|<\delta$ 이면 $|g(x)-g(a)|<\frac{\varepsilon}{2}$ 를 만족한다.

$|(f+g)-(f(a)+g(a))| \le |f(x)-f(a)|+|g(x)-g(a)| < \frac{\varepsilon}{2}+\frac{\varepsilon}{2}=\varepsilon$

[그림 II–6] 하 수준 대학생의 함수의 연속에 대한 증명

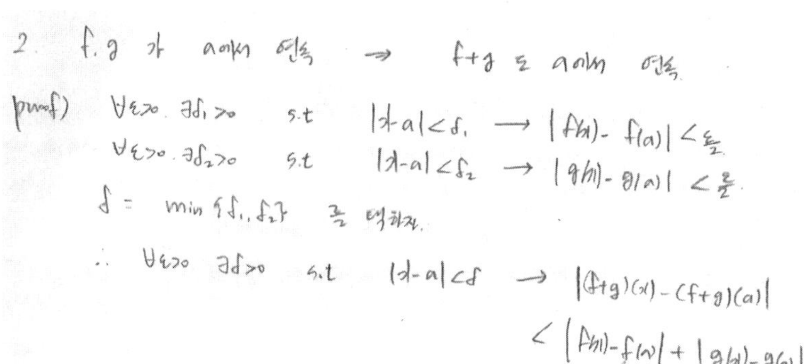

2. f, g 가 a에서 연속 → f+g 도 a에서 연속

proof) $\forall\varepsilon>0.\ \exists\delta_1>0$ s.t $|x-a|<\delta_1 \rightarrow |f(x)-f(a)|<\frac{\varepsilon}{2}$

$\forall\varepsilon>0.\ \exists\delta_2>0$ s.t $|x-a|<\delta_2 \rightarrow |g(x)-g(a)|<\frac{\varepsilon}{2}$

$\delta=\min\{\delta_1, \delta_2\}$ 를 택하자.

$\therefore\ \forall\varepsilon>0\ \exists\delta>0$ s.t $|x-a|<\delta \rightarrow |(f+g)(x)-(f+g)(a)| < |f(x)-f(a)|+|g(x)-g(a)| < \frac{\varepsilon}{2}+\frac{\varepsilon}{2}=\varepsilon.$

$\therefore$ f+g 도 a에서 연속.

[그림 II–7] 대학생의 함수의 연속에 대한 증명

---

23) 주어진 정리의 옳은 증명은 [그림 II-8]에 제시하였다.

24) 주어진 정리의 증명 과정을 살펴보면, 함수 f는 a에서 연속이므로, 주어진 x_1에 대하여 다음을 만족하는 $\delta_1>0$이 존재하므로, $|x_1-a|<\delta_1$이면, $|f(x_1)-f(a)|<\epsilon/2$이다. 마찬가지 방법에 의해, 함수 g에 대해서도 $\delta_2>0$이 존재한다. 이 증명을 계속하는 과정에서 학생은 $\delta=\min(\delta_1,\ \delta_2)$을 찾아야 한다.

남은 4명의 학생들은 형식적이고 수사학적인 표현과 증명을 위한 하위 증명을 먼저 시도하면서 증명 전체를 논리적 구조에 맞추어 작성하였다. 그러나 정리의 가정을 명시적으로 서술하는 데에 있어서 수학적으로 엄밀한 표현은 하지 못하였다([그림 II-7] 참조).

'함수 f, g가 특정값 a에서 연속이면 $f+g$도 연속이다'의 $\varepsilon-\delta$증명법은 [그림 II-8][25)]과 같다.

[1] a를 실수, f, g를 a에서 연속인 함수라 하자.
[2] $\epsilon > 0$인 수라 하자.
[3] 그러면 $\frac{\epsilon}{2} > 0$임을 알 수 있다.
[4] 함수 f는 a에서 연속이므로, $\delta_1 > 0$이 존재하여 모든 x_1에 대하여 $|x_1 - a| < \delta_1$이면, $|f(x_1) - f(a)| < \frac{\epsilon}{2}$을 만족한다.
[5] 마찬가지로, 함수 g는 a에서 연속이므로, $\delta_2 > 0$이 존재하여 모든 x_2에 대하여 $|x_2 - a| < \delta_2$이면, $|g(x_2) - g(a)| < \frac{\epsilon}{2}$을 만족한다.
[6] $\delta = \min(\delta_1, \delta_2)$라 놓자.
[7] $\delta > 0$임을 안다.
[8] x를 실수라 하자.
[9] $|x - a| < \delta$라고 가정하자.
[10] $|x - a| < \delta_1$이므로, $|f(x) - f(a)| < \frac{\epsilon}{2}$이다.
[11] $|x - a| < \delta_2$이므로, $|g(x) - g(a)| < \frac{\epsilon}{2}$이다.
[12, 13, 14, 15] $|f(x) + g(x) - (f(a) + g(a))|$

$$= |(f(x) - f(a)) + (g(x) - g(a))|$$
$$\leq |f(x) - f(a)| + |g(x) - g(a)|$$
$$\leq \frac{\epsilon}{2} + \frac{\epsilon}{2} = \epsilon \text{ 이다.}$$

[16] 따라서 $|f(x) + g(x) - (f(a) + g(a))| < \epsilon$ 이다.
[17] 따라서 $f+g$는 a에서 연속 함수이다. QED.

[그림 II-8] 함수의 연속에 대한 증명

25) 분석의 편의를 위해 증명 쓰기에서 문장의 순서대로 번호를 매겼다(예, [1]~[17]).

[그림 II-8]과 같은 증명 쓰기를 하려면, 먼저 정리의 논리적 구조를 이해함으로써 함수, +, 연속의 의미와는 독립적으로 증명의 첫 번째 문장 [1]과 마지막 문장 [17]을 알아야 한다. 그런 다음, a에서 $f+g$가 연속임을 정의를 사용함으로써 [17]을 더 명백히 하여 '임의의 $\epsilon>0$에 대해, $\delta>0$가 존재하여, $|x-a|<\delta$인 모든 x에 대하여 $|f(x)+g(x)-(f(a)+g(a))|<\epsilon$을 만족한다'라는 정보를 떠올리고, 첫 번째 하위 증명을 작성해야 한다. 이 하위 증명은 [1], [2], [7], [8], [9], [16], [17]이 된다.

그 후, δ를 찾기 위해, [3]~[6]인 두 번째 하위 증명을 추가한다. δ를 찾는 과정은 정리의 특정 부분이 어떻게 전체 증명의 특정 부분과 연결되는지를 이해해야 실행할 수 있기 때문에, 전체 증명 구성에서 독립적이고 새로운 단계를 더한 두 번째 하위 증명으로 볼 수 있다.

이 과정에서 나타난 연역 추론을 Toulmin의 모델을 적용해 분석하면 [그림 II-9]와 같다. 구체적으로, 첫 번째 하위 증명에서 사용한 명제 '함수 $f+g$가 a에서 연속'의 정의를 규칙으로 하여 전제로 제시된 함수 f, g가 각각 a에서 연속이라는 이라는 사례로부터 결론인 δ를 찾은 것이다.

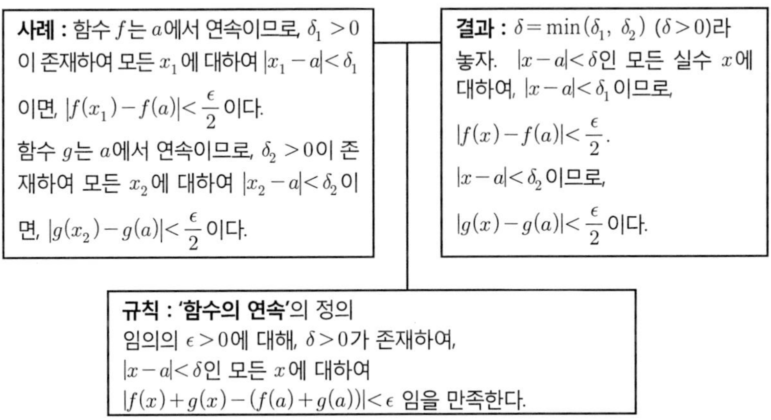

[그림 II-9] 대학생의 연역 논증에 대한 Toulmin의 연역 모델 적용

실제 대학생들이 쓴 증명인 [그림 II-7]과 한정사와 정리의 가정 및 세부 내용을 모두 활용한 증명 [그림 II-8]은 차이가 있다. 그러나 [그림 II-7]과 같이 함수의 연속을 증명한 4명의 학생들 모두 [그림 II-8]의 논리적이고 위계적인 증명의 구조가 조직되는 과정에 따라 증명하였다. 즉, 함수 f, g의 연속성을 보이는 데 $\frac{\epsilon}{2}$을 사용하고, 이로 인해 나오는 δ_1, δ_2 중 더 작은 δ를 선택하여 삼각부등식을 적용하여 대수적 조작을 하고 있었다.

면담 결과, 5명의 대학생들은 증명의 처음부터 끝까지 써 내려가는 순서대로 선형적으로 사고하는 것이 아니라, 대부분 '정의-정리-증명'의 순서로 사고하며 전체 증명의 틀을 만든 후 하위 증명을 작성하였으며, 이러한 증명을 친숙하다고 여기고 있었다. 5명의 학생 모두 해석학을 배운 이후에 이러한 증명 구조에 익숙해졌다고 응답하였다. 이를 통하여 중등 수학과 교육과정의 증명 학습에서 강조되지 않았던 구문론적 이해가 대학 수준에서는 분명 타당한 추론 방법이며 증명에 대한 의미론적 이해를 도와줄 수 있음을 알 수 있다.

또한 형식적 증명을 구성하면서 연역을 할 때 중요하게 생각한 것이 무엇이냐는 질문에 대해 5명의 학생들 모두 정리의 논리적 구조에 따라 전제와 결론을 구분한 뒤, 전제에 제시된 용어인 '함수의 연속'에 대한 정의가 증명의 실마리로 가장 중요하다고 답하였다. 이는 학생들이 정리의 '만약~이면…하다'는 논리적 구조를 파악한 후 적절한 증명 틀에 따라 증명을 하는 능력을 가지고 있을 뿐만 아니라 연역적 증명을 할 때 가장 중요한 규칙으로 해석학적 정의를 생각하고 있음을 의미한다.

그러나 5명의 대학생 모두 증명 쓰기 과정에서 한정사와 정리의 가설을 세세하게 구성하는 형식적-수사학적 부분의 내용을 이해하고 있음에도 불구하고 이를 증명 쓰기에는 잘 반영하지 못하였다. 이는 형식적 연역 수준의 대학생들이 함수 영역에서 연역의 의의를 전반적으로 이해하고 있으나 형식적 증명을 구성할 때 형식적-수사학적 문법을 완벽하게 쓰기 위한 노력이 필요함을 의미한다. 증명에 대한 구문론적 이해와 의미론적 이해의 균형을 유지하되, 문제 해결을 위해 요구되는 개념적 지식과 관련된 핵심 내용에 집중한 나머지 증명의 처음 단계에 등장하는 형식적-수사학적 부분을 간과하지 않도록 전략적으로 교수해야 한다. 증명의 형식적-수사학적 부분은 증명의 정교성과 관련되는 부분이고, 복잡한 증명으로 다수의 하위 증명이 필요한 경우에 각각의 하위 증명이 형식적-수사학적 부분에서 시작하여 문제의 핵심 내용으로 이어질 수 있기 때문이다.

5 요약

수학은 인류 문명의 위대한 유산으로서 논증 기하를 바탕으로 오랜 세월에 걸쳐 발달해왔다. 연역 추론의 토대는 논증 기하의 최초 교재인 Euclid의 <원론>의 논리-연역적인 전개 방식에 나타나있고, 연역은 형식적인 체계 속에서 공리, 공준, 정의, 정리들을 이용하여 규칙을 따라 결론을 이끌어내는 엄밀한 증명으로 사실을 언급하는 데 주로 사용된다. 그러나 준경험주의, 구성주의 등 새로운 철학의 등장은 완성된 논리-연역 체계로서의 수학뿐만 아니라 인간 활동의 산물로서 만들어져 가는 과정 중의 수학도 중요하다는 것을 강조한다.

이러한 흐름에 따라 II장에서는 연역의 의미를 그 기원과 함께 수리철학적 관점과 논리학의 관점에서 알아본 뒤, 연역과 증명에 대하여 살펴보았다. 수학에서 연역은 정의, 공리, 공준, 이미 참이라고 알려진 성질을 이용하여 참인 명제를 이끌어 내는 것을 의미하고, 수학적 정당화는 학생이 수학적 지식에 대한 아이디어를 타당하고 명확한 근거를 제시하여 타인에게 설명하고 설득할 수 있는 모든 활동이다. 수학적 정당화는 형식적 증명뿐만 아니라 학생들의 지각이나 경험에 의한 발견, 관찰이나 실험을 통한 확인, 사례나 근거를 제시하며 설명하는 것, 유사성에 근거하여 추론하기 등을 모두 포함한다. 또한 수학에서 증명은 연역 추론을 통해 어떤 명제가 참임을 밝히는 것이다. 즉, 증명은 명제의 가정으로부터 기본이 되는 성질이나 이미 옳다고 밝혀진 성질을 근거로 조리 있게 결론을 이끌어내어 그 명제가 참임을 밝히는 것이다.

그리고 학생의 증명의 심리적 구성을 살펴보았다. 학생은 수학 개념의 여러 성질을 연역적으로 조직화하는 증명 구성 과정에서 여러 문맥에 따른 성질들 사이의 필요충분조건 관계를 꿰뚫어 볼 수 있어야 한다. 이러한 통찰 개념을 Tall et al.(2012)은 '개념 투시'라고 명명하였다. 학생의 증명 구조는 처음에는 개념을 이루는 여러 성질들의 관계를 게슈탈트로 인식하는 것으로부터 시작하여 개념 투시에 의한 연역적 지식 구조를 가지게 될 때까지 발달한다. 또한 증명의 발달 상태는 발생적 관점이나 인지 발달에 따른 표현 체계에 따라 구분할 수도 있었다.

학교수학에서의 증명 교수·학습에 대하여 선행 연구를 바탕으로 대수와 기하 영역을 중심으로 살펴보고, 동적 기하 체계를 활용한 연역의 교수·학습 방안 등을 살펴보았다. 이를 통하여 학교수학에서는 완성된 산물로 연역을 다룰 뿐만 아니라 만들어져 가는 과정에서도 연역을 다룰 필요가 있음을 알 수 있었다. 학교수학에서는 학생의 증명 능력과 그에 적합한 활동에 주목하고 있지만, 수학의 정리와 수학자들이 구성한 증명의 엄밀함도 간과할 수 없다. 이에 II장의 마지막 절에서 van Hiele의 형식적 연역 수준에 해당하는 대학생을 대상으로 함수의 연속 정리에 대한 증명 쓰기 사례 연구를 통하여 대학생들의 증명의 논리적인 구성 경로를 활용한 적절한 증명 구성 능력에 대해 분석하였다. 이때 대학생의 연역 추론 과정을 Toulmin의 연역 모델을 적용해 분석하였다.

참고문헌

권성룡(2003). 초등학생의 수학적 정당화에 관한 연구. 학교수학교육학회지 시리즈C <초등수학교육>, 7(2), 85-99

김광수(2012). 논리와 비판적 사고(쇄신판). 철학과 현실사.

김남희(2002). '문제 해결' 관점에서의 GSP활용. 학교수학, 4(1). 111-125.

김남희·나귀수·박경미·이경화·정영옥·홍진곤(2011). 예비교사와 현직교사를 위한 수학교육과정과 교재연구(개정판). 서울 : 경문사.

김희정·박은진(2014). 비판적 사고를 위한 논리(개정판). 서울 : 아카넷.

서울대학교 교육연구소(1995). 교육학용어사전. 서울 : 하우동설.

우정호(1998). 학교수학의 교육적 기초. 서울 : 서울대학교 출판부.

우정호(2000). 수학 학습-지도 원리와 방법. 서울 : 서울대학교 출판부.

이병덕(2015). 논리적 추론과 증명(제3판). 이제이북스.

조완영(2000). 탐구형 기하 소프트웨어를 활용한 중학교 2학년 학생의 증명활동에 관한 사례연구. 한국교원대학교 대학원 박사학위 논문.

조완영(2014). 추론과 수학수업 (pp.21-51), 황혜정, 김진호, 고호경, 서보억 편집. 수학학습지도원리와 적용. 서울 : 경문사

조완영·권성룡(2001). 학교수학에서의 '증명'. 수학교육학연구, 11(2), 385-402.

Antonini, S., & Mariotti, M. A. (2008). Indirect proof : What is specific to this way of proving? ZDM mathematics Education, 40, 401-412.

Arzarello, F., Bussi, M .G. B., Leung, A. U. L., Mariotti, M. A., & Stevenson, I. (2012). Experimental approaches to theoretical thinking : Artefacts and proofs. In G. Hanna, & M. de Villiers (Eds.), Proof and proving in Mathematics Education(pp.97-143). New York : Springer.

Ayalon, M., & Even, R. (2008), Deductive reasoning : in the eye of the beholder. Educational Studies in Mathematics, 69, 235-247.

Balacheff, N. (1987). Processes of proof and situation of validation. Educational Studies in Mathematics, 18, 147-176.

Balacheff, N. (1988). Aspects of proof in pupils' practice of school mathematics.

In D. Pimm (Ed.), Mathematics, teachersand children. London : Hodder & Stoughton. validation.

Bell, A. W. (1976). A study of pupils' proof-explanations in mathematics situations. Educational Studies in Mathematics, 7, 23-40.

Brodie, K. (2010). Teaching mathematical reasoning in secondary school classroom. NewYork : Spromger.

Cabassut, R., Conner, A. M., Iscimen, F. A., Furinghetti, F., Jahnke, H. N., & Morselli, F. (2012). Conceptions of proof – In Research and teaching. In G. Hanna, & M. de Villiers (Eds.), Proof and proving in Mathematics Education(pp.169-190). New York : Springer.

Coe, R., & Ruthven, K. (1994). Proof practices and constructs of advanced mathematics students. British Educational Research Journal, 20, 41-53.

Durand-Guerrier, V., Boero, P., Douek, N., Epp S. S., & Tanguay D. (2012). Examing the Role of Logic in Teaching Proof. In G. Hanna and M. de Villiers (Eds.), Proof and Proving in Mathematics Education(pp.369-389). New York : Springer.

Ernest, P. (1991). The Philosophy of Mathematics Education. London : Falmer Press.

Fawcett, H. P. (2006). 증명의 본질. 장경윤, 류현아, 한세호 역. 서울 : 경문사.(원서 출판 1995)

Goldin, G. A. (1998). Representational systems, learning, and problem solving in mathematics. Journal of mathematical behavior, 17, 137-165.

Gray, E. & Tall, D. (1991). Duality, ambiguity, and flexibility in successful mathematical thinking. Proceedings of PME 15, Assisi, 2, 72-79.

Hanna, G. (2000). Proof, explanation and exploration : An overview. Educational Studies in Mathematics, 44, 5-23.

Hanna, G. & Jahnke, H. N. (1996). Proof and Proving. In A. J. Bishop et al. (Eds.), International handbook of mathematics education(part 2), pp.877-908. Dorhrecht : Kluwer Academic Publishers.

Harel, G. & Sowder, L. (1998). Types of students' justifications. Mathematics Teacher, 91, 670-675.

Harel, G. & Sowder, L. (2007). Toward Comprehensive on the Learning and teaching of proof. In F.K.Lester, Jr.(Ed.). Second handbook of research on Mathematics teaching and Learning, Greenwich, CT : Information Age Publishing.

Healy, L., & Hoyles, C. (2000). A study of proof conceptions in algebra. Journal for Research in Mathematics Education, 31, 396-428.

Jaffe, A., & Quinn, F. (1993). Theoretical mathematics : Towards a cultural synthesis of mathematics and theoretical physics. Bulletin of the American Mathematical Society, 29, 1-13.

Kates, C. A. (1970). An intentional analysis of the law of contradiction. Research in Phenomenology, 9, 108-126.

Knuth, E., & Sutherland, J. (2004). Student understanding of generality. In D. McDougall (Ed.), Proceedings of the 26th Annual Meeting of the North American Chapter of the International Group for the Psychology of Mathematics Education. Toronto : University of Toronto/OISE.

Koedinger, K. R., & Anderson, J. R. (1990). Abstract planning and perceptual chunks : Elements of expertise in geometry. Cognitive Science, 14, 511-550.

Kuchemann, D. ,& Hoyles, C. (2015). 수학교육에서 증명 교수·학습의 이론과 실제. 김구연 외 역(2015), pp.193-217. 서울 : 경문사.(원서출판, 2009)

Lakatos, I. M. (1976). Proofs and refutations : The logic of mathematics discovery. Cambridge : Cambridge university Press.

Lannin, J., Ellis, A. B. & Elliott, R. (2014). 유치원 이전 단계부터 8학년까지 수학 지도를 위한 수학적 추론의 본질적 이해. 유현주·이종영 공역. 서울 : 동명사.(원서 출판, 2011)

Lay, S. P. (2009). Good proofs depend on good definitions : Examples and counterexamples in arithmetic. In F. L. Lin, F. J. Hsi도, G. Hanna, & M. de Villiers (Eds.), ICMI Study 19 : Proof and proving in Mathematics Education,. 2 , pp.27-30). Taipei, Taiwan : The Department of Mathematics, National Taiwan Normal University.

Livingston, E. (1999). Culutures of Proving. Social Studies of Science, 29, 867-888.

Lopez-Real, F., & Leung, A. (2006). Dragging as a conceptual tool in dynamic geometry. International Journal of Mathematics Education in Science and Technology, 37(6), 665-679.

McCrone, S. S. & Martin, T. S. (2015). 수학교육에서 증명 교수·학습의 이론과 실제. 김구연 외 역(2015), pp.233-254. 서울 : 경문사.(원서출판, 2009)

Miyazaki, M. (2000). Levels of proof in lower secondary school mathematics : As steps from an inductive proof to an algebraic demonstration. Educational Studies in Mathematics, 41, 47-68.

NCTM(1989). Curriculum and evaluation standard for school mathematics. VA : NCTM.

NCTM(2000). Principles and evaluation standards for school mathematics. Reston, VA : Author.

Reid, D. A. (2001). Proof, proofs, proving and probing : Research related to proof. Short Oral presentation. In M. van den Heuvel-Panhuizen (Ed.), Proceedings of the 25th Annual Conference of the International Group for the Psychology of Mathematics Education, Vol. I. Utrecht, The Netherlands : Program Committee.

Reid, D. A.(2005). The meaning of proof in mathematics education. Paper presented at the Fourth Congress of the European Society for Research in Mathematics Education. Sant Feliu de Cuixols, Spain.

Seldon, J. ,& Seldon, A. (1995). Unpacking the logic of mathematical statements. Educational Studies in Mathematics, 29, 123-151.

Seldon, J. & Seldon, A. (2009). 수학교육에시 증명 교수·학습의 이론과 실제. 김구연 외 역(2015), pp.401-420. 서울 : 경문사.(원서출판, 2009)

Seldon, A. (2012). Transitions and proof and proving at tertiary level. In G. Hanna, & M. de Villiers (Eds.), Proof and proving in Mathematics Education(pp.391-420). New York : Springer.

Sowder, L., & Harel, G. (1998). Types of students' justifications. Mathematics Teacher, 91(8), 670-675.

Stylianou, D., Blanton, M., & Knuth, E. (2015). 수학교육에서 증명 교수·학습의 이론과 실제. 김구연 외 역. 서울 : 경문사. (원서출판, 2009)

Tall, D. (1998). The cognitive development of proof : Is mathematical proof for All or for some?. In National Council of Teachers of Mathematics(NCTM) (Ed.), Development in school mathematics education around the world : Proceedings of the UCSMP international conference on mathematics education (pp.117-136). Reston, VA : NCTM.

Tall, D., & Mejia-Ramos, J. P. (2010). The Long-term cognitive development of reasoning and proof. In G. Hanna, H. N. Jahnke, & H. Pulte (Eds.), Explanation and Proof in Mathematics (pp.137-149). New York : Springer.

Tall, D., Yevdokimov, O., Koichu, B., Whiteley, W., Kondratieva, M., & Cheng, Y. (2012). Cognitive development of proof. In G. Hanna, & M. de Villiers (Eds.), Proof and proving in Mathematics Education(pp.13-49). New York : Springer.

van Dormolen, J. (1977). Learning to understand what giving a proof really means. Educational Studies in Mathematics, 8, 27-34.

van Hieles, P. (1986). Structure and insight. Orlando. Academic Press.

Waring, S. (2000). Can you prove it? Developing concepts of proof in primary and secondary schools. Leicester : Mathematical Association.

Weber, K. (2001). Student difficulty in constructing proofs : The need for strategic knowledge. Educational Studies in Mathematics, 48, 101-119.

Weber, K. & Alcock, L. (2004). Semantic and syntatic proof productions. Educational Studies in Mathematics, 56, 209-234.

Weber, K. & Alcock, L. (2005). Using warranted implications to understand and validate proofs. For the Learning of Mathematics, 25, 34-38.

Yackel, E., & Hanna. G. (2003). Reasoning and proof. In J. Kilpatrick, W. G. Martin, & D. Schifter (Eds.), A research companion to principles and standards for school mathematics (pp.227-236). National Council of Teachers of Mathematics.

CHAPTER III

귀납

귀납은 사례(결과)의 관찰과 추측, 일반화된 규칙의 도출 및 검증 과정을 거치는 추론이다. 귀납은 제한된 사례들로부터 '그럴듯한' 결론을 예측하고 검증하는 과정을 거치기 때문에, 비형식적인 수학적 정당화나 구체적 수학 활동 등을 하면서 학생들이 수학적 사고 및 분석 능력, 수학적 정당화 능력이 신장되기도 하는데 이때 적합한 추론이기도 하다. 학생들은 여러 수학적 활동을 통해 일반화를 하게 되고 자신이 찾은 규칙이나 결과가 타당한지를 확인하고 검증하는 과정에서 특수화를 적용하기도 한다.

이 장에서는 귀납의 의미와 과정을 살펴보고, 귀납 추론의 유형으로서 일반화화 특수화의 사례를 통해 학생들이 귀납 추론을 어떻게 적용할 수 있는지에 대해 알아볼 것이다.

귀납이란 용어는 아리스토텔레스가 사용한 epagōgē[26]라는 라틴어에서 비롯된 것이다(Ross, 1949, : Rascher, 1980/1992, 재인용). 이종왕(2006)에 따르면 귀납은 연역적으로 타당하지는 않을 수 있으나 논증의 결론을 받아들이는 데 그 전제들이 정당한 이유를 제공하는 것이다. 또한 귀납은 '어떤 집합에 속한 몇 개의 원소에 대한 정보를 이용하여 그 집합의 다른 원소 또는 모든 원소에 대한 일반화를 형성하는 추론으로, 부분적이거나 특수한 사실로부터 전제적이고 보편적인 사실 또는 다수의 연속적인 변화에서 일반적인 법칙을 이끌어내는 추론 방법(남승인, 2011)'으로 정의되기도 한다.

귀납은 다른 추론과 더불어 수학적 추론 능력을 함양하는 데에 중요한 역할을 수행함은 물론이고 학생들이 학교 수학을 통해 다루게 되는 대부분의 문제 해결 상황에서 매우 유용한 사고 과정이 될 수 있다. 특히 일반화는 관찰된 여러 사례들의 공통된 패턴이나 특성을 찾아 이를 보다 추상적이고 형식적인 원리나 법칙을 도출해 낸다는 점에서 귀납의 과정을 가장 잘 보여주는 유형이라고 할 수 있다. 관찰 가능한 여러 개의 사례들로부터 이들 사이의 공통적인 성질이나 패턴을 찾아 일반적으로 포함하고 있는 원리나 법칙을 이끌어내는 것이 귀납의 핵심이기 때문에 수학 학습 지도에 있어서도 학생들의 귀납적 추론 능력을 신장시키기 위해 일반화의 의미와 과정을 이해하고 적용하는 능력을 마련해 주는 것이 필요하다.

이 장에서는 귀납에 대한 이해를 바탕으로 귀납의 과정과 여러 가지 유형을 알아보고 귀납 추론의 핵심이라 할 수 있는 일반화와 특수화를 중심으로 한 학생들의 귀납적 추론 과정을 사례로 제시할 것이다.

---

26) 특수 실례들로부터 일반화로 나아가는 과정.

1 귀납의 의미

자연 현상을 비롯한 사회·문화적 현상 등 인간이 살아가는 세계의 다양한 현상을 관찰하고 이들 사이의 개연성을 파악하고자 하는 것은 인간의 중요한 사고 과정이며 학문의 탐구 과정이 될 수 있다. 그리고 이러한 과정에 대한 인식은 귀납의 가치와 의미가 무엇인지를 생각해 보게 하는 출발점이 된다. 귀납은 관찰된 여러 사례들로부터 그들 사이의 공통된 속성이나 패턴을 도출해 내는 추론으로서, I장에서 제안한 바와 같이 그 체계적인 틀은 [그림 III-1]과 같다.

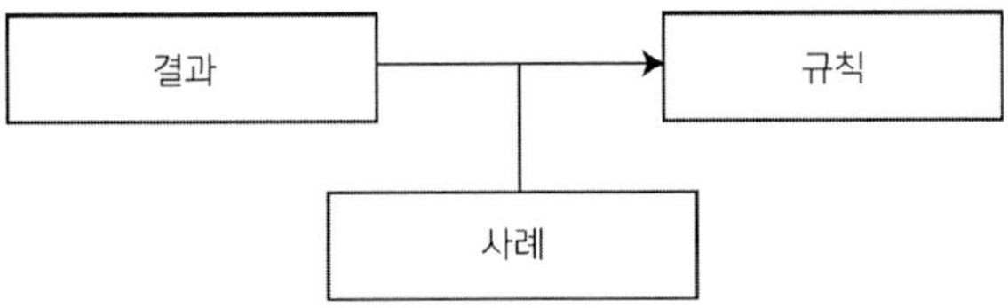

[그림 Ⅲ-1] 귀납에 대한 Toulmin의 논증 모델

이 장에서는 이와 같은 틀을 바탕으로 수학에서의 귀납의 의미와 과정에 대해 알아보고 학교수학에서 어떻게 적용될 수 있는지에 대해 논의할 것이다.

1.1 철학적 관점에서 귀납의 의미

철학에서 귀납은 주로 연역과 함께 그 의미 탐색이 이루어진다. 귀납과 연역은 몇 가지 특정한 사례로부터 일반적인 사실로 나아가는지, 아니면 일반적인 사실로부터 어떤 특정한 사례를 이끌어낼 수 있는지에 따라 귀납과 연역을 구분할 수 있다. 추론의 유형을 규칙과 사례, 결과의 조합 방식으로 구분한 Peirce는 귀납은 특정한 사례와 결과로부터 일반적인 규칙을 추론해 가는 것으로 설명하고 있다.

Bacon과 Mill은 근대 과학이 발전하는 과정에서 귀납을 과학적 사고방법의 전형으로 여기게 되었다. Bacon은 여러 가지 사례들을 모아, 본질적인 속성이 아닌 것을 배제하고 나면 본질적인 성질이 남게 되는데 이러한 방법을 귀납적 방법이라 하였고, Mill은 자연의 제일성의 원리[27]를 바탕으로 귀납적 추론이 학문적 방법이라고 생각하였다(우정호, 2000). 그러나 이러한 주장들은 Popper나 Lakatos와 같이 과학적 지식의 발견은 전형적인 사례로부터의 단일한 관찰과 실험을 통한 추측, 반례에 의한 반박, 개선된 추측에 의해 성장한다고 주장하는 학자들로부터 비판을 받기도 하였다(우정호, 2007).

이종왕(2006)에 따르면 귀납은 자연 과학의 탐구 방식과 매우 유사한 추론 방식이라고 할 수 있으며 귀납의 결론은 전제들로부터 필연적으로 도출되는 것은 아니며 그 논증도 필연적이라고 할 수는 없다. 귀납이 개연적인 추론을 따르게 된다는 것인데, '그렇지 않은 것'보다 '더 개연적(그럴듯한) 것'이라는 의미를 제공한다는 것이다. 그는 '어떤 정당화된 믿음이 참이 되게 하는 개연성을 어느 정도 증가시킬 수 있는 정당화를 제공한다면 귀납추론은 인식적 정당화의 힘을 갖게 되며, 이는 귀납논변이 과학이론을 발전적으로 변화시키기 위해 사용된다는 것으로부터 명백해 진다'고 주장하였다.

귀납이 전제로부터 필연적으로 도출되는 결론에 이르는 논증이 아니라 사례의 관찰에 따르는 추측과 정당화의 과정을 거치게 되는 추론 방식이기 때문에 '그럴듯한' 추측과 그것에 대한 정당화는 중요한 역할을 담당한다고 할 수 있다. 그렇다고 해서 귀납이 논리적인 사고

---

27) 자연은 동일한 상황 아래에서는 동일한 현상을 일으키는 통일된 질서를 가지고 있다는 원리(우정호, 2000).

과정을 무시하고 개연성만을 추구하는 추론이라는 것은 아니다. 본서에서 추론을 '체계적인 틀을 가지고 근거를 찾거나 결론을 도출하는 사고'로 정의한 바와 같이 귀납도 추론으로서 체계적인 틀에 의한 사고 활동이 수반되어야 한다. 귀납은 실질적 문제들에 관하여 손 안에 쥐고 있는 정보를 초월한 물음에 대답하기 위한 것이다. 이것은 이상화된 방법이 아니라 우리가 처해 있는 인식적 상황에서 할 수 있는 최선의 해답을 추구하기는 하지만 어떤 결정적인 전제가 빠져 있는 약식추리라는 한계점을 드러내기도 한다(Rascher, 1980/1992). 다시 말해, 참인 전제로부터 출발하는 추론의 방식을 따르지 않으므로 오류의 가능성을 배제할 수 없다는 것이다.

귀납은 관찰 가능한 다양한 사례들로부터 그들이 가지고 있는 공통적인 속성을 추출해 내는 것이지만 관찰한 사례들뿐만 아니라 추가적인 사례에도 적용 가능한 속성이나 원리를 추출해 내야 한다. 귀납은 참인 전제로부터 출발하는 것이 아니라 관찰 가능한 여러 사례, 즉 경험으로부터 출발하며 인식적 합리성을 보장하기 위해 이들 경험을 체계화하여 주어진 질문에 대한 가장 이용 가능한, 가장 그럴듯한, 최선의 대답을 얻으려고 한다는 점에서 연역과는 차이가 있다. 이는 귀납이 불변의 진리, 참인 전제가 아닌 경험과 관찰에서 출발하는 추론이기 때문에 사례로부터의 단순한 추측이나 비논리, 모순을 포함하는 추론이 아님을 역설하기 위해서는 체계적인 틀을 갖춘 사고 과정임을 확인할 필요가 있음을 시사한다.

Rascher(1980/1992)에 따르면 귀납은 손 안에 가지고 있는 정보를 바탕으로 행하는 추측을 가장 적합하고 가능성 있게 만들 수 있도록 해주는 경험을 체계화하여 진리를 추정하는 과정이다. 귀납이 단순히 경험을 바탕으로 한 예상이나 예측으로 이루어지는 것이 아니라 타당한 근거와 논리를 바탕으로 체계적으로 이루어지는 추론이라고 얘기하기 위해서는 귀납의 체계성을 보장할 수 있는 척도가 필요하다. 이에 Rascher는 귀납의 과정이 체계성을 갖추었는지를 알아보기 위해 완전성, 결합성, 조화성, 기능적 규칙성, 기능적 단순성과 경제성, 기능적 효율성 등의 척도가 필요하다고 주장하였다. 체계성을 바탕으로 한 진리 추정으로서의 귀납에 대한 접근 방법은 단순 일반화에 의한 귀납을 포함하여 통계적 추론, 징후에 의한 증명, 곡선 추정하기, 문헌에 따른 추론 등 다양한 양식들을 수용하게 된다. 정리해 보면, 경험과 관찰로부터 '그럴듯'한 '최선'의 법칙이나 규칙을 찾고 이것이 일반성을 갖는다는 결론을 내리는 과정이 추론으로 받아들여지기 위해서는 경험으로부터 결론에 도달하는 과정에 체계적인 틀이 바탕이 되어야 한다는 것이다.

1.2 수학에서 귀납의 의미

수학에서 추론은 주요한 사고 능력 중 하나이고 귀납은 수학의 특징을 설명해 주기도 한다. 철학적 관점에서의 고찰과 마찬가지로 귀납은 연역과 대비되어 그 의미를 탐색하는 경우가 많다(박성선, 1992 : 우정호, 2000; Polya, 1994/2001).

Polya(1994/2001)는 엄밀하게 제시된 수학을 체계적인 연역 과학으로, 만들어지는 과정 중의 수학을 실험적인 귀납 과학으로 구분하여 제시하였다. 우정호(2000)에 따르면 귀납 추론은 부분적 사례로부터 일반적 결론을 이끌어내는 것으로 경험적·확률적 판단이라 볼 수 있기 때문에 관찰 사례의 간과, 착각이나 편견 때문에 왜곡된 관찰 등으로 인한 오류를 범할 가능성이 항상 따른다고 하였다. 그러나 그런 오류의 가능성에도 불구하고 귀납은 탐구와 발견을 위한 유용한 방법이면서 자연스러운 수학 학습-지도 방법이라고 강조하였다. 또한 수학적 추론을 귀납적 추론과 연역적 추론으로 구분할 수도 있다(박성선, 1992). 박성선(1992)에 따르면 연역은 타당한 추론 패턴을 이용하여 전제로부터 결론을 이끌어내는 수학적 추론으로, 필연적으로 따르는 추론의 논리적인 연쇄로 결론이 도출된다. 이래 반해 귀납은 어떤 집합의 몇 개의 원소에 대한 정보를 이용하여 그 집합의 다른 원소 또는 모든 원소에 대한 일반화를 형성하는 수학적 추론으로서, 특수한 예들로부터 일반적인 결론의 도출을 의미하는 것이라고 하였다.

수학에서 관찰은 매우 중요하다. Euler가 제시한 것처럼 관찰은 감각에 인상을 지우는 물리적 대상에 한정되는 것이 현재의 견해이기는 하나, 오늘날 알려져 있는 수의 성질은 대부분 관찰에 의해 발견된 것이며, 그 진실성이 엄밀한 논증에 의해 확증되기 오래 전에 발견된 것으로(우정호, 2000), 수학은 관찰에 의한 발견과, 발견된 것의 증명을 반복하면서 발달해왔다. 학교수학이 학생들 스스로 직접 탐구하고 발견하는 수학을 강조하는 것이라면, 귀납적 추론에 의해 발견하는 수학은 학생들의 탐구 활동을 더욱 풍성하게 만들어 줄 수 있으며 수학적 추론 능력의 신장에 있어서도 주목받을 만한 것이다. 그러나 귀납을 연역과 대비하여 그 과정을 거꾸로 짚어가는 것으로만 본다면 귀납이 가지는 본질과 역할을 간과할 수도 있다.

이성근·류희수(2012)는 개별적이고 특수한 사례의 관찰로부터 일반적인 사실을 도출해 낸다는 의미로는 수학적 사실을 발견해가는 역동적인 과정을 정확하고 명확하게 설명할 수 없기 때문에 수학에서의 귀납은 연역의 반대 개념으로만 다루지 않아야 된다고 주장한다. 특히, 학생들이 귀납적 추론을 시도하는 문제 해결 과정에서 해법을 찾기 위해 문제의 조건이나 상황을 면밀히 관찰하고, 같은 본질을 가지는 여러 사례를 찾아가면서 그들 사이의 공통된 속성이나 패턴을 발견하는 과정은 학습자 수준의 새로운 문제나 해법, 수학적 개념을 발견하고 구성해 나가는 과정에 포함되기 때문에 학습자의 주도적 문제 해결에 있어서 매우 중요한 역할을 수행한다.

본서에서는 이와 같은 논의를 종합하여 귀납을 규명하고자 하는 대상에 대한 이해를 바탕으로 따른 여러 가지 사례를 관찰하고, 그들 사이에서 발견되는 공통된 성질이나 반복되는 패턴으로부터 그 사례들이 속하는 전체 집합의 원소들 사이에 적용할 수 있는 일반적인 규칙성을 도출해내는 추론 과정이라고 할 것이다.

2 귀납의 과정과 유형

사례를 관찰하여 공통된 성질이나 반복되는 패턴을 발견하고 이를 바탕으로 더 확장된 사례에 적용할 수 있는 규칙성을 찾아 검증한다는 귀납의 큰 틀에 비추어 볼 때, 귀납의 제반 과정을 보여주는 가장 대표적인 추론 방식이 일반화이며 특수화는 귀납의 과정 중 공통성을 발견하거나 추측한 규칙성에 대한 검증에서 확신을 가질 수 있게 해주는 추론 방식이다. 이 장에서는 귀납의 유형을 일반화와 특수화로 구분하고, 귀납의 과정과 유형에 대해 살펴볼 것이다.

2.1 귀납의 과정

귀납은 일반적으로 사례 관찰, 공통성 발견과 규칙성 추측, 규칙성에 대한 확인 및 검증의 단계를 거치지만 귀납의 과정을 보다 세분화되어 제시되기도 한다. 이 절에서는 사례에 대한 관찰을 통해 결과를 얻고 그 결과를 토대로 규칙을 탐구하는 귀납의 과정을 설명하는 여러 가지 모델을 살펴볼 것이다.

귀납은 사례나 자료를 관찰하여 그로부터 규칙성을 찾아낸다는 공통의 과정을 포함한다. 남승인(2011)이 제시한 귀납 추론 과정을 살펴보자. 남승인(2011)은 대상에 대한 관찰과 실험 및 조작으로부터 유사성을 탐색하여 추측을 이끌어내는 방식으로 귀납 추론의 과정을 설명하고 있는데 각 단계를 대상의 관찰·실험·조작, 유사성 탐색을 바탕으로 한 추측, 잠정적 일반화, 검증, 일반화의 단계로 제시하였다. 각 단계의 특징과 내용은 <표 III-1>과 같이 설명할 수 있다.

〈표 Ⅲ-1〉 남승인(2011)의 귀납 추론의 과정

추론의 단계	내용
관찰, 조작, 실험 (1단계)	구체물의 집합에서 관찰[28], 실험, 조작[29] 등을 통해 각 구체물이 가지고 있는 여러 속성 중 이질적인 것을 제거해 나가면서 동질적인 속성만 남기는 것
추측(2단계)	유사성을 바탕으로 추측을 구성하고 발견[30]하는 단계
잠정적 일반화[31] (3단계)	제한된 몇 개의 대상에 대해 관찰한 결과를 통해 참임 명제임을 암시하는 단계 • 이유 : 몇 개의 제한된 시례를 통해 발견된 사실에 대해 일반적인 명제를 이끌어 낼 수 있다는 확신을 갖기에는 그 신뢰성이 빈약, 하나의 단순한 추측이며 장점적인 것, 증명되지 않은 것이므로 '항상 참' 이라고 주장할 근거가 없는 '참'에 근접한 하나의 시도에 불과
잠정적 일반화에 대한 검증 (4단계)	검증의 필요성 : • 제한된 대상에 대한 추측이 참임이 판명되었다 하더라도 그 명제에 대한 결정적 결론에 도달했다고는 볼 수 없음. 다만, 그 진술에 대해 신뢰성을 높여 주거나 진술이 참이라는 결론에 대한 유망한 징후로 해석 가능 • 잠정적인 명제를 검증하기 위해서 또 다른 새로운 대상에 대해 관찰, 조사가 필요 • 새로운 대상에 대해서도 관찰, 조사한 내용이 '항상 참'이 아닐 경우 예상한 추측은 그 신뢰성이 급격히 감소하거나 진술 자체 파기도 가능

추론의 단계	내용
일반화(5단계)	특수한 대상에 대한 점검에서 지지된 명제에 대해 보다 확장된 특수한 경우나, 극단적인 경우에서도 그 명제가 성립될 수 있는지를 확인해 봄으로써 그 명제에 대한 신뢰성을 높이는 단계 • 유의점 : 관찰과 조사의 대상이 많을수록 추측은 강화되고 그것에 대한 신뢰성과 진실성은 증가할 것이나 그 대상이 아무리 많다고 해도 추측[32]에 대한 증명은 이루어지지 않음

남승인(2011)의 귀납 추론의 단계의 특징은 추측을 잠정적으로 일반화한 후 검증을 통해 일반화에 도달하게 된다는 것인데, 각 단계에서 반례가 발생하게 되었을 때, 추측을 수정 또는 변경하여 다시 대상을 관찰하는 첫 단계로 되돌아갈 수 있는 과정으로 설명하고 있다는 것이다. 남승인(2011)이 제시하는 귀납 추론의 실행 과정을 살펴보면 관찰된 사례의 공통된 규칙성을 찾는 것을 '유사성'의 발견으로 설명하고 있다는 점에서 본서에서 다루는 귀납의 의미나 과정과는 차이가 있다. 반면 이 모델에서 관찰·조작·실험의 단계, 추측의 단계, 잠정적 일반화의 단계, 잠정적 일반화에 대한 검증 단계, 일반화의 단계로 구분하여 제시하고, 귀납의 단계를 일반화로 설명하고 있다는 것은 주목할 만하다. 본서에서는 유추나 가추를 따로 다루기 때문에 귀납은 관찰된 사례의 공통된 규칙을 발견하고 이를 일반화하는 것으로 볼 것이다.

---

28) 인식의 기초로서 적극적인 의도를 가지고 사물의 실태를 객관적으로 파악하기 위해 주의 깊게 살펴보는 것(남승인, 2011).

29) 구체적 대상이 갖고 있는 속성을 찾아내기 위한 유목적적인 신체적 작용을 행하는 것(남승인, 2011).

30) 귀납은 추리의 과정이라기보다는 추정의 과정으로, 주어진 전제들로부터 결론을 뽑아냄으로써 귀납적 결론으로 비약한다(Rascher,1980/우정규 역, 1992)고 볼 때, 관찰, 조작 과정에서 발생한 유사성에 근거하여 보다 확장된 대상에 대해서도 동일한 성질을 보장받기 위한 활동이라고 할 수 있다.

31) 잠정적 일반화가 나타나는 과정은 후에 일반화의 사례에서 소개할 것이다.

32) 귀납의 결과.

문제 해결을 해 나가는 과정에서 학생들이 실질적으로 수학적 일반화를 수행해 나갈 때에 적용하기에 적합한 모델이다. 관찰된 사례로부터 한 번에 완전히 일반화된 성질을 도출해 내고 이를 검증하는 것은 쉽지 않으며 단계를 세분화하여 잠정적으로 일반화된 성질이나 결론을 도출하면 이것이 해결하고자 하는 문제의 결론에 도달할 수 있는 것인지를 검증하고 다듬어 가는 과정을 거친 후에야 비로소 최종적으로 일반화된 결론에 이르는 과정이 수학을 이해하고 해내는 자연스러운 과정이기 때문이다. 실질적으로 학생들이 일반화를 통해 어떤 명제나 성질이 성립함을 보이고자 할 때, 잠정적인 일반화를 거쳐 최종적으로 일반화된 결론에 도달하는 과정은 후반부에 실제 사례를 통해 소개할 것이다.

귀납을 주어진 자료를 관찰하여 규칙성을 발견하고 이를 일반화하는 과정으로 보는 관점이 있다면 이성근·류희수(2012)가 제시한 귀납 추론의 과정과 같이, 문제 이해를 바탕으로 해결하고자 하는 문제와 관련된 자료를 수집하고 일반화와 특수화의 통해 공통된 규칙이나 성질을 가지는 집합을 정의하는 방식으로 귀납 추론의 과정을 보는 관점도 있다. 이는 관찰의 대상이 되는 사례를 의도적으로 수집한다는 점에서 앞서 제시한 관점과 차이가 있다.

이성근·류희수(2012)는 귀납 추론의 과정을 문제 이해(0단계), 규칙성 인식(1단계), 자료의 수집·실험·관찰(2단계), 추측과 검증(3단계), 발전(4단계)의 다섯 단계로 제시하였다. 각 단계에서 학생들은 어떤 사고와 활동을 하게 되며 이때 교사는 어떤 점을 유의하여 지도해야 하는지는 <표 III-2>에 정리한 바와 같다.

이를 살펴보면 1단계부터 3단계까지가 귀납 추론의 핵심 과정이라고 할 수 있는데, 반드시 이 세 단계를 선형적으로 거치야 하는 것은 아니며 규칙성 인식(1단계) 후에 바로 추측과 검증(3단계)에 돌입할 수도 있고 수집한 자료를 가지고 실험이나 관찰(2단계)을 통해 추측과 검증(3단계)에 도달했다가 여의치 않으면 다시 2단계나 1단계로 회귀하여 새로운 규칙성을 탐색하거나 발견한 규칙성을 다시 인식할 수도 있다. 제시된 각 단계는 일반적인 귀납의 과정을 모두 포함하고 있으며 각 단계의 특징뿐만 아니라 해당 단계에서 교사가 학생들을 지도할 때 어떤 점을 유의해야 할 것인지를 제시하고 있기 때문에 문제 해결의 과정에 초점을 맞추어 학생들이 귀납 추론을 하도록 할 때 적용하기에 좋은 모델이다. 이 모델을 적용할 경우 교사는 학생 스스로 발견한 원리나 개념, 문제 해결 방법을 발전시킬 수 있도록 더 도전적이고 곤란한 문제 상황을 제시해야 한다. 이를 통해 학생 스스로 자신의 추측을 다른 사례에 적용하는 문제(상황), 또는 새로운 개념을 배움으로써 자신이 가지고 있던 지식을 변경해야 하는 과정을 겪도록 해야 하는데, 이는 Polya의 '동화' 단계에 해당하기도 한다.

〈표 Ⅲ-2〉 이성근·류희수(2012)의 귀납 추론의 과정과 지도상의 유의점

추론의 단계	내용	특징 및 지도상의 유의점
문제이해 (0단계)	· 귀납적 추론이 전혀 이루어지지 않은 상태로 학생이 해결해야 할 문제가 제시된 상태이거나 문제의 단순한 조건이나 상황을 이해한 상태	−
규칙성 인식 (1단계)	· 주어진 문제 상황에서 '뭔가 있을 것 같은 상황' 이거나 '어떤 규칙이나 공통성이 파악되는 단계'	· 문제 해결 초기에 발견한 규칙은 본격적인 탐구를 하기 전에 발생한 생각이므로 문제 해결의 핵심적인 키(key)가 될 확률은 상대적으로 낮으나 이런 추측들을 통해 생각을 정리하고 더 세련된 추측의 토대를 마련

추론의 단계	내용	특징 및 지도상의 유의점
자료수집·실험·관찰 (2단계)	· 주어진 문제 상황을 해결하기 위해 학생들이 능동적으로 자료 수집, 실험, 관찰을 하는 단계	· 자신의 추측이 적용되지 않는 다른 사례를 찾거나 오랜 고민을 통해 자신이 옳다고 생각하는 추측에 대한 새로운 반례를 발견하게 되었을 때 어떻게 처리할지에 결정하게 함으로써 좀 더 세련되고 그럴듯한 추측을 얻기 위한 과정으로 인식하도록 지도하는 것이 필요
추측·검증 (3단계)	· 일정한 패턴이나 규칙을 바탕으로 잠정적인 추측을 얻고 아하 경험(Ah-experience)과 함께 자신이 새로운 사실을 발견한 것에 대한 기쁨을 느끼는 단계(3-1단계) · 자신의 추측이 옳은지, 자신의 추측이 성립하지 않는 예는 없는지 살피는 단계로 자신의 추측이 틀렸거나 수정이 필요한 때 다시 새로운 추측을 찾거나 자신의 추측을 수정하기 위한 시도를 함(3-2단계)	· 일종의 아하 경험으로 '뭔가 있을 것 같은 상황'을 찾게 되지만 본격적인 탐구에 돌입하기 전 순간적으로 발생한 느낌이므로 문제 해결로 갈 확률은 낮은 단계로 3-2단계의 검증이나 정당화 과정이 필요 · 3-2단계에서는 전문가적인 세련된 방법을 사용하는 것보다는 현재 학생의 발달 수준, 학업 수준을 넘어서는 것을 요구할 수 없으므로 학생 나름의 논리로 정당화 할 수 있도록 하는 것이 중요
발전 (4단계)	· 문제가 명확하게 해결된 단계 · 좀 더 우아한 해법은 없는지, 좀 더 효과적으로 추측을 할 수 있게 하는 방식은 없는지에 대한 고민하는 단계	-

이성근·류희수(2012)가 제시하는 귀납의 과정은 문제를 이해하고 이로부터 인식한 잠정적인 규칙성에 대해 자료 수집 및 관찰과 실험을 한다고 보는 점에서는 학교수학에서의 귀납의 과정을 설명하는 데

에 시사점을 찾을 수 있다. 그러나 본서에서는 귀납과 가추, 유추를 서로 다른 추론의 유형으로 볼 것이고 이 모델에서 제시하는 귀납의 과정에 가추의 과정을 담고 있기 때문에 온전히 귀납의 과정을 설명한다고 보기는 어렵다.

카타기리 시게오(2004/2013) 역시 학습자가 해결할 과제에 대해 어떤 규칙성이나 성질을 찾아내야 할 것을 염두에 두고 자료를 수집한다는 점에서 이성근·류희수(2012)가 제시하는 귀납 추론의 과정과 같은 관점을 가지고 있다. 카타기리 시게오(2004/2013)는 '몇 가지의 자료로부터 공통된 규칙이나 성질을 찾아낸 후 그 성질의 일반성을 추측하고 확인하는 과정'을 포함하는 다음과 같은 네 단계를 귀납 추론의 과정으로 제시하였다.

〈표 Ⅲ-3〉 카타기리 시게오(2004/2013)의 귀납 추론의 과정

추론의 단계	내용
자료 수집	몇 가지의 자료를 모은다.
공통된 규칙이나 성질 찾기	그 자료들 사이의 공통으로 볼 수 있는 규칙이나 성질을 찾아낸다.
추측	찾아낸 규칙이나 성질이 그 자료를 포함하는 집합에서 성립할 것이라고 추측한다.
확인	추측한 일반성이 참임을 보다 확실하게 만들기 위해 새로운 자료로 확인한다.

카타기리 시게오(2004/2013)는 귀납이 몇 가지의 자료로부터 공통된 규칙이나 성질을 찾아내고 확인하는 것이지만 실제 추론 과정에서는 이미 사례가 마련되어 있는 상황에서 관찰을 통해 공통된 규칙이나 성질을 찾아내는 것이 아니라, 공통된 규칙이나 성질을 찾아내고자 하는 목표를 가지고 몇 가지의 자료를 모은 후에 그 자료를 살펴 규칙을 알아내는 경우를 의미한다. 즉, 공통된 규칙이나 성질을

찾아내겠다는 목표를 가지고 자료를 모아 나가면서 수집한 자료로 규칙을 알아내는 경우나 규칙을 예상해 보면서 자료를 모으고 규칙을 확인해 나가는 경우 등이 있음을 주지하는 것이 필요하다고 보았다. 실제로 규칙성을 찾아내도록 요구하는 문제를 해결할 때, 학생들은 마련되어 있는 사례들을 관찰하면서 자연스럽게 규칙을 발견하는 것이 아니라, 이미 어떤 규칙이 있을 것이라는 전제 하에 그것이 무엇일지 찾기 위해 사례를 수집하고 의도적으로 규칙성을 발견하기 위해 관찰하게 된다.

선행 연구를 종합해 볼 때, 귀납적 추론의 과정은 일반적으로 사례를 관찰하고 그로부터 공통성을 발견하여 예측하고 확인과 검증을 하는 과정을 거치게 되므로 [그림 III-2]와 같이 네 단계로 설명할 수 있다.

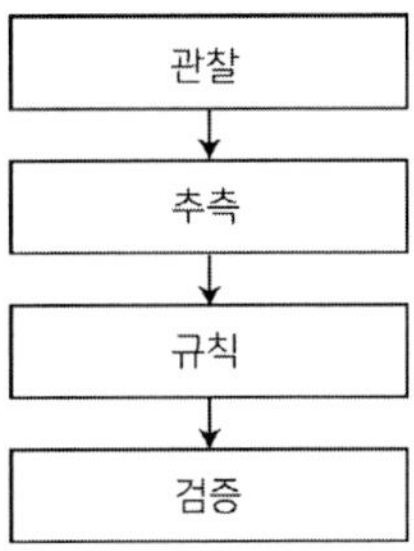

[그림 Ⅲ-2] 일반적인 귀납의 과정

제 1단계는 몇 가지 예에 대한 충실한 관찰을 하는 것이다. 이 단계에서는 어떤 특정한 사실에 주목하거나 주어진 문제를 가지고 시작하여 여러 사례를 수집한다. 규칙을 추측할 수 있도록 필요한 사례를 수집하고, 수집한 사례를 정리하고 표현하는 것이 학습되어야 한다. 이 때 교사는 사례의 관찰을 용이하게 하는 예를 어떻게 제공하는가에 관심을 기울여야 한다.

제 2단계는 1단계의 관찰 사례로부터 시행착오를 거쳐 하나의 추측에 이르게 되는 단계이다. 관련된 관찰 내용이나 자료들을 검토하고 비교하여 어떤 패턴[33], 규칙성, 법칙 등을 추측해 보아야 한다. 규칙성을 찾을 수 없을 때에는 접근하기 쉬운 보다 특수한 경우나 일반적인 경우를 찾아 검토한다. 이러한 과정을 반복하는 가운데 흩어진 자료들과 의미 없어 보이던 단편적인 관계들을 명백히 의미 있는 전체로 결합하는데 성공하게 되고, 이에 실패할 때 1단계로 돌아가게 된다. 여러 사례가 관찰되었어도 학생들은 교사가 원하는 방향으로 항상 추측하지는 않는다. 잘못된 관점, 흥미, 문제의식 등으로 여러 오류가 등장하기 쉽고 의도된 방향으로의 추측을 하지 못할 수도 있다. 또 어떤 사례가 모든 학생들에게 똑같은 정도로 사례의 역할을 한다고 기대하기도 어렵다. 이런 이유 때문에 학생들 스스로 적절한 발문을 해보고 의사소통할 기회가 주어져야 한다. 그러나 가장 중요한 것은 어떠한 추측도 개연적일 수 있다는 것을 학생들에게 인식시켜주고 자신감 있게 자신의 추측을 말하게 하는 것이다. 여기서 교사는 추측과 발문의 모델 역할을 할 수 있다.

귀납의 제 3단계는 추측한 것에서 규칙을 만드는 것이다. 추측된 규칙을 형식화하는 것은 오류를 관찰하기 쉽게 하고 검증 또한 용이하게 한다. 규칙을 만들기 위해서는 관찰한 사실들을 체계적으로 정리하는 것이 도움이 될 수 있다. 표나 일관된 순서로 적어보는 것 등은 규칙을 찾는 통찰을 줄 수 있다.

귀납의 제 4단계에서 규칙을 검증한다. 규칙성이 찾아지면 그 규칙성을 잠정적으로 일반화시키고, 특수한 경우를 테스트해서 반박되지 않는지 검토해 본다. 도달된 추측에 대해 한 번 더 특수한 경우를 가

---

33) 본서에서는 선형적인 자료의 배열(예 : $a_1, a_2, a_3, \cdots$)에서 발견할 수 있는 규칙성이나 반복되는 공통된 양식을 패턴이라고 할 것이다.

지고 테스트해 보아서 추측된 법칙이 성립하는지 살펴본다. 그리고 같은 결과에 도달하는 또 다른 방법이 있는지, 이미 참으로 알려진 사실을 같은 방법으로 사용하여 유도해낼 수 있는지 계속 찾아본다. 아니면 추측된 일반적 법칙에 대한 이유를 찾아보거나 특수한 경우들을 주의 깊게 관찰하여 증명을 찾아보도록 한다. 특수한 경우에 대한 주의 깊은 검토로부터 일반적인 원리를 통찰해낼 수도 있을 것이다. 귀납적으로 발견된 정리를 지지하는 증거들은 정리가 참일 것이라는 확신을 더 강하게 해주어 증명을 해볼 용기를 가질 수 있게 한다.

귀납의 과정을 따르는 것은 주어진 문제나 정리를 명확하게 해 주고 주어진 조건이나 자료 중에 부족한 것이나 모순된 것을 발견할 수 있게 해준다. 귀납적인 단계가 증명 단계에 선행하는 것은 자연스럽고 합리적이다.

2.2 일반화와 특수화

귀납은 사례의 관찰로부터 발견되는 규칙성을 일반화하는 과정을 거친다. 따라서 귀납의 유형은 그 과정의 큰 틀에서 사례와 규칙, 결과를 어떻게 조합하는가에 따라 유형을 구분할 수 있으며 이 경우 귀납은 일반화와 특수화로 귀결된다. 앞서 밝힌 바와 같이 본 장에서는 귀납의 유형을 일반화와 특수화로 구분하고 각 유형에 대해 알아본다.

일반화는 하나의 대상에 대한 고찰에서 그 대상을 포함하는 집합의 고찰로 이행하는 것으로 고찰의 대상을 구체적인 대상에서 그 대상을 품는 집합으로 넓히는 것이며, 반대로 특수화는 주어진 대상의 집합에 대한 고찰로부터 그 집합에 포함되는 더 작은 집합 또는 단 하나의 대상에 대한 고찰로 옮아가는 것이다. 사례와 결과를 통해 규칙을 유도하는 Peirce의 귀납 논리에 비추어보면, 일반화는 한 대상의 고찰로부터 얻은 결과가 그 대상을 포함하는 집합에도 성립된다는 규칙을 얻어내고, 특수화도 대상의 고찰로부터 얻은 결과가 그 하위 집합이나 대상에도 성립한다는 규칙을 찾아낸다는 점에서 귀납에 속한다 할 수 있다.

2.2.1 일반화

Sriraman(2003)에 따르면 일반화는 특수한 상황으로부터 공통성을 확인하여 이끌어내고 생산하는 과정이다. 귀납적 추론의 핵심 유형으로서, 일반화는 특수한 사례로부터 원리나 법칙을 도출해 내거나 유도해 내는 과정을 의미하는 것으로 그들 사이의 공통점을 규명하고 추상화하는 과정을 포함한다(Sriraman, 2003).

일반화는 하나의 대상에 대한 고찰로부터 그 대상을 포함한 집합에 대한 고찰로, 한정된 집합에 대한 고찰로부터 그것을 포함한 좀 더 광범위한 집합에 대한 고찰로 옮겨가는 것이다(Polya, 1994/2001). 인간은 일반화를 통해서 수학뿐 아니라 과학의 많은 법칙을 발견하고, 단 한 가지 사실을 관찰하고도 놀라운 일반적인 법칙을 발견하기도 한다.

수학은 인간 사고를 일반화한 것으로서 일반화의 사고는 수학적 개념, 대상, 명제, 증명 등에 수반되기 때문에 중요하게 다루어져야 할 수학적 사고이다. 수학의 많은 부분은 일반화를 거쳐 구성되어 왔다. 특히 학교 수학에서 일반화는 수학 문제 해결과정에서 유용하다. 일반화는 많은 수학적인 개념, 대상, 명제, 증명 등에 수반되는 것으로 중요한 수학적인 사고 중 하나이다. 일반화는 패턴을 연구할 때 힘을 발휘하게 되고, 문제 해결에서 자주 이용되며, 긴장을 주는 인지적 변화를 주지 않고도 넓은 범위의 응용을 할 수 있게 한다(김남희, 1997).

살펴본 바와 같이 귀납적 추론에서 관찰한 사례들로부터 공통된 패턴이나 성질을 찾아 이를 일반적인 패턴이나 성질로서의 결론을 도출해 내는 일반화의 과정이 매우 중요한 역할을 하게 되며 수학에서의 귀납도 다르지 않다. 특히 학교수학에서 다루게 되는 귀납에서는 학생들이 주어진 문제나 문제 상황으로부터 어떤 사례를 관찰하고 공통의 속성이나 패턴을 찾게 하는 일반화가 주요활동으로 포함되는 경우가 많다.

수학 학습에서의 일반화는 대부분 주어진 조건들로부터 규칙성을 발견하게 하거나, 규칙성을 찾아야 한다는 목표의식을 가지고 조건을 관찰하거나 조작(operating)하게 하는 방식을 취하고 있는데, 이러한 사례 수집이나 관찰로부터 결과를 도출하는 과정에서 이루어지는 일반화는 관찰과 경험에 따른 패턴 찾기에 초점이 맞춰진 일반화라는 한계가 있다는 점을 비판받기도 한다. 강정기(2013)는 지금까지 일반화에 대한 연구가 편향되어 있음을 지적하였다. 대부분의 연구가 일반화의 유형을 분류하거나 학생들의 오류에 대한 분석을 포함하여 일반화를 향한 학생들의 다양한 접근 방식을 분류하는 것, 그리고 학생들의 일반화를 돕기 위한 교육방법 제시하고 이 방법의 효율성을 탐구하는 것에 집중되어 있다는 것이다. 일반화에 대한 학생들의 접근이나 교육 방법에 대한 연구에서 분류된 일반화의 유형을 전부 반영하지 못하고 패턴 인식에만 초점이 맞춰져 있고, 학습 지도 측면에서의 연구는 패턴 인식을 대상으로 하는 경험적 일반화에 대한 것이 대부분임 있음을 지적하고 수학에서 중요한 일반화를 학교 수학에 접목하기 위한 전략적 방법 모색하였다. 이러한 지적과 대안 모색은 귀납 추론 능력 신장을 위해 일반화를 도입하고자 할 때, 학생들이 패턴을 찾고 관찰함으로써 일반화를 도출하게 하는 것도 중요하지만 주어진 문제의 조건으로부터 대상의 본질을 파악하고 그로부터 불변하는 속성을 찾아내도록 하는 능력도 필요함을 강조한 것이라고 할 수 있다.

불변하는 속성을 찾는 것과 패턴을 찾는 것을 이항정리를 예로 들어 살펴보자. 일반화를 통해 $(a+b)^n$의 전개식을 찾는다고 하자.

우선 이미 알고 있거나 전개하는 데에 큰 어려움이 없는 몇 가지의 사례를 찾아 관찰할 수 있다.

$$
\begin{aligned}
(a+b)^1 &= a+b \\
(a+b)^2 &= a^2+2ab+b^2 \ , \\
(a+b)^3 &= a^3+3a^2b+3ab^2+b^3, \\
(a+b)^4 &= a^4+4a^3b+6a^2b^2+4ab^3+b^4 \\
&\vdots
\end{aligned}
$$

몇 가지의 사례를 관찰하여 학생 A는 다음과 같은 공통의 속성을 발견한다.

A_1 : 각 항은 a와 b의 곱으로 만들어진다.

A_2 : $(a+b)^2$을 전개하면 각 항은 2차항, $(a+b)^3$을 전개하면 각 항은 3차항이 된다.

A_3 : 곱셈에 대한 교환법칙이 성립하므로 각 항의 계수는 a와 b의 곱을 만드는 경우의 수를 따른다. 즉, 곱에 대한 교환법칙에 따라 ab, ba로부터 $2ab$, aab, aba, baa로부터 $3a^2b$, $aabb$, $bbaa$, $abba$, $abab$, $baba$, $baab$ 로부터 $6a^2b^2$를 만든다.

이러한 발견으로부터 $(a+b)^n$을 전개하면 모든 항은 n차항이 될 것이며 그 계수는 서로 다른 두 문자 a와 b를 총 n개 곱하는 경우의 수를 구하면 된다는 규칙을 찾고 검증을 거쳐

$$(a+b)^n = \sum_{r=0}^{n} {}_nC_r a^{n-r} b^r$$

라는 일반화된 공식을 도출해 낼 수 있다.

이와 같은 일반화는 관찰된 몇몇의 사례를 선형적으로 배열하거나 이전 사례와 이후 사례 사이의 관계로부터 반복되는 패턴을 찾기 보다는 각 사례 자체가 가지고 있는 공통의 속성을 탐색하여 일반화에 이르는 것이기 때문에 관찰하는 사례는 선형적인 배열을 갖지 않아도 공통의 속성을 찾는 데에 큰 영향이 없다. 즉, 관찰 사례를 수집하는 데에 어려움이 없는 경우라면 $(a+b)^1$, $(a+b)^2$, $(a+b)^3$, $(a+b)^4, \cdots$로 수집하지 않고 $(a+b)^2$, $(a+b)^5$, $(a+b)^8$, $(a+b)^{10} \cdots$로 수집한다고 해도 위에 제시한 A_1, A_2, A_3의 속성을 발견하여 일반화할 수 있다는 것이다.

이에 비해 학생 B는 관찰한 사례를 아래와 같이 배열하여 이전 사례와 이후 사례 사이에서 관찰되는 반복적인 패턴을 발견했다고 하자. 이때 발견할 수 있는 패턴은 다양하며 어떤 패턴을 취하여 일반화를 시도하느냐에 따라 서로 다른 과정이 나올 수 있다.

$$(a+b)^1 = 1a + 1b$$
$$(a+b)^2 = 1a^2 + 2ab + 1b^2$$
$$(a+b)^3 = 1a^3 + 3a^2b + 3ab^2 + 1b^3$$
$$(a+b)^4 = 1a^4 + 4a^3b + 6a^2b^2 + 4ab^3 + 1b^4$$
$$(a+b)^5 = 1a^4 + 5a^4b + 10a^3b^2 + 10a^2b^3 + 5ab^4 + 1b^5$$
$$\vdots$$

[그림 Ⅲ-3] $(a+b)^n$의 전개식에서 각 항의 계수의 패턴 찾기

[그림 III-3]은 $(a+b)^n$의 전개식에서 각 항의 계수가 어떤 패턴을 가지고 있는지 찾기 위해 수집한 사례를 차례로 배열한 후에 각 사례의 일부 항들을 사선의 위치에 있는 것끼리 묶어 하나의 수열로 관찰하려는 것을 나타낸 것이다. ㉮에 묶인 항들의 계수만 살펴보면 $1, 3, 6, 10, \cdots$으로 이는 1, $(1+2)$, $(1+2+3)$, $(1+2+3+4), \cdots$의 패턴을 찾을 수 있고 ㉯에 묶인 항들의 계수만 살펴보면 $1, 4, 10, 20 \cdots$으로 계차수열을 구하면 $3, 6, 10, \cdots$이 되고 이는 $(1+2)$, $(1+2+3)$, $(1+2+3+4), \cdots$의 패턴이 다시 반복되어 나온다는 것을 알 수 있다. 몇 개의 사례를 더 추가한다면 사선으로 배열된 항들의 계수가 반복되는 패턴을 갖게 된다는 것을 확인할 수 있을 것이다. 이때 학습자가 찾는 패턴은 유일한 것이 아니라 관찰의 초점을 어디에 둘 것인가에 따라 다양하게 찾을 수 있다. 예로 $(a+b)^n$의 전개식에서 각 항의 계수가 가지는 패턴을 보여주는 가장 대표적인 방식은 [그림 III-4]와 같은 파스칼의 삼각형이다.

$$(a+b)^1 = 1a + 1b$$
$$(a+b)^2 = 1a^2 + 2ab + 1b^2$$
$$(a+b)^3 = 1a^3 + 3a^2b + 3ab^2 + 1b^3$$
$$(a+b)^4 = 1a^4 + 4a^3b + 6a^2b^2 + 4ab^3 + 1b^4$$
$$(a+b)^5 = 1a^5 + 5a^4b + 10a^3b^2 + 10a^2b^3 + 5ab^4 + 1b^5$$

[그림 III–4] $(a+b)^n$의 전개식에서 각 항의 계수의 또 다른 패턴 : 파스칼의 삼각형

파스칼의 삼각형을 이용하면 $(a+b)^k$의 전개식에서 각 항의 계수를 찾을 수 있는데, 이때 적용된 패턴은 $(a+b)^{k-1}$의 전개식에서 $n-1$번째 항의 계수와 n번째 항의 계수를 합하면 $(a+b)^k$의 전개식

에서 첫 항과 마지막 항을 제외한 n번째 항의 계수가 된다는 것이다. 사례를 관찰하여 패턴을 찾을 때에는 연속적으로 배열된 몇 개의 사례를 선택해야 반복되는 공통의 패턴을 찾기가 수월하기 때문에 속성의 일반화에 비해 사례 선택에 어느 정도 제약이 따른다고 할 수 있다. 하지만 관찰하려는 사례가 시각적으로 특징을 찾을 수 있는 자료인 경우에는 속성보타 패턴을 찾는 것이 더 수월하다.

이처럼 사례를 관찰하여 반복적으로 발견되는 공통된 패턴을 찾았다고 해서 일반화가 끝난 것은 아니다. 찾아낸 패턴으로부터 다음 사례 또는 n번째 사례가 어떻게 나올 것이라는 것을 추측할 수는 있지만 이를 일반화하려면 임의의 k번째 사례를 설명할 수 있는 수학적 공식을 구하거나 논리적 설명 방법을 마련해야 한다.

이제 속성의 일반화와 패턴의 일반화가 유용한 문제 상황을 비교하여 보자. 두 가지 접근방식은 사례가 속한 전체 집합의 일반화된 속성이나 성질을 추측한다는 공통점을 가지고 있지만 주어진 문제 상황이 어떤 특징을 가지고 있느냐에 따라 그 유용성이 구분될 수 있다.

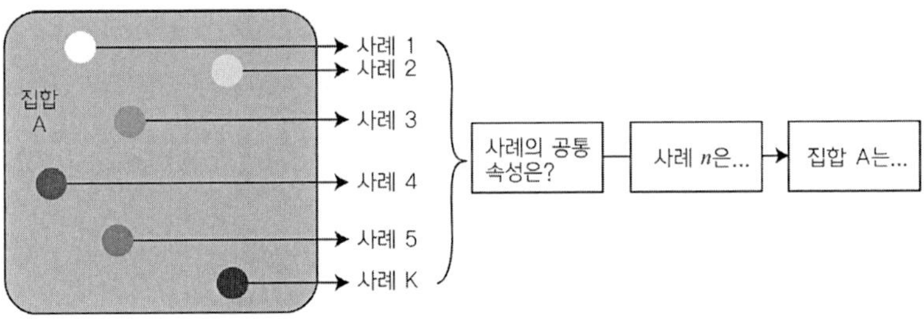

[그림 Ⅲ-5] 속성의 일반화가 유용한 문제 상황

[그림 III-5]는 속성의 일반화가 유용한 문제 상황을 나타낸 것이다. 즉, 몇 가지의 사례들을 관찰하여 그 사례들이 속한 전체 집합을 추측하고자 할 때, 수집된 사례가 비선형적(비연속적), 비시각적이고 외적

으로 반복되는 양식이 잘 드러나지 않는다면 사례들이 가지는 공통의 속성을 찾아 일반화를 시도하는 것이 유용하다.

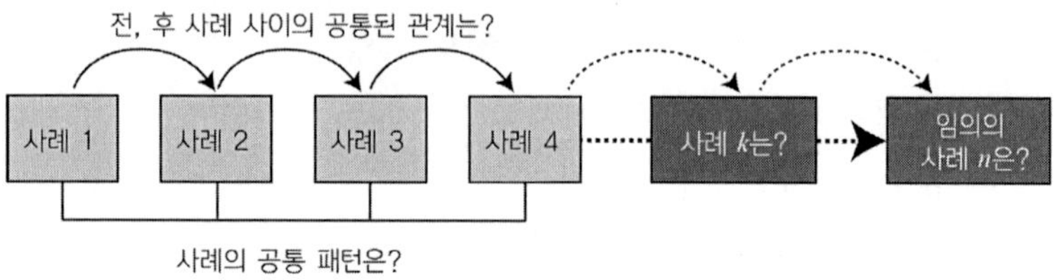

[그림 III-6] 패턴의 일반화가 유용한 문제 상황

수집된 사례가 선형적으로 배열했을 때 그 특징이 더 잘 드러나고, 시각적 정보를 담고 있거나 시각적으로 나타낼 때 효과적으로 공통점이 드러나는 경우, 또는 이전-이후 사례 사이의 관계에서 공통점이 드러나는 경우 등에서는 [그림 III-6]에서 나타내는 바와 같이 각 사례들의 공통점과 연속적인 사례들에서 이전, 이후 사례들 사이의 공통된 관계를 관찰할 수 있을 때에 패턴의 일반화가 유용하다. 두 가지 일반화의 방식이 절대적으로 배타적인 것은 아니지만 두 가지 중 어떤 것을 적용할 것인지는 주어진 문제 상황에서 수집하는 사례가 선형적으로 배열했을 때 공통성이 잘 드러나는지, 시각적인 특징이 잘 드러나는지, 반복적인 양식을 가지고 있는지에 따라 결정할 수 있다.

카타기리 시게오(2004/2013)가 지적한 바와 같이 일반화가 일어나는 과정을 살펴보면 문제 해결 자체가 목적인 상황에서 문제를 이해하고 해석하면서 관찰되는 사례로부터 자연스럽게 규칙을 발견하게 되는 경우도 있지만 일반화된 규칙을 발견하는 것 자체가 목표가 되어 이를 해결하기 위한 사례를 수집하고 관찰하는 경우도 있다. 또한 발견하게 되는 공통성이 대상의 본질에 해당하는 속성인 경우도 있고, 공통적인 패턴인 경우도 있다. 즉, 일반화의 과정은 전반적인 귀납의 과정을 따르지만 그 의도성과 대상의 특성에 따라 구분될 수 있다. 이에 본서에서는 일반화 과정에 대한 선행연구를 바탕으로 수학(학습)에서의 일반화의 과정을 아래 [그림 III-7]과 같이 제안한다.

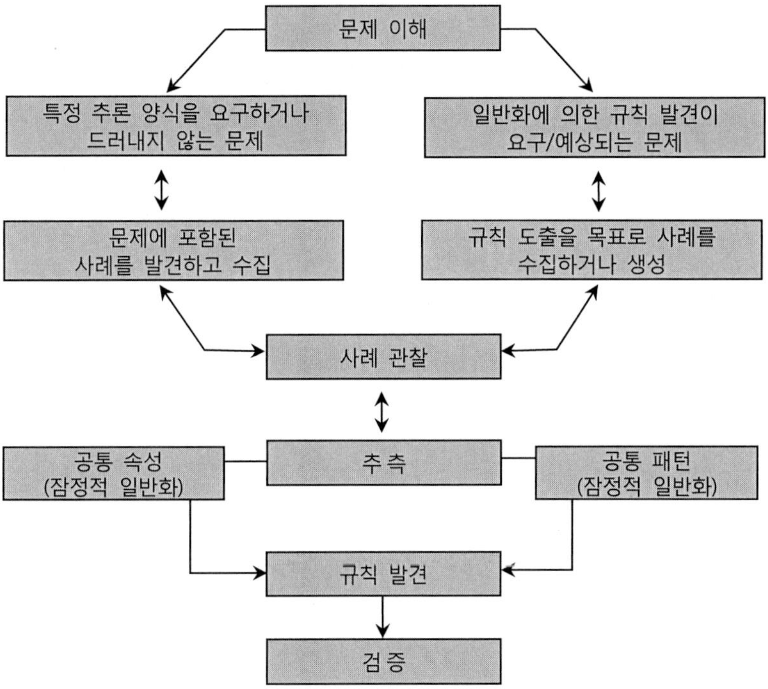

[그림 Ⅲ–7] 수학(학습)에서 일반화의 과정

귀납의 과정이 관찰, 추측, 규칙성 발견과 검증이라는 핵심적 단계를 포함하기는 하지만 실제 귀납이 사용되는 문제 해결 상황을 보면 문제가 어떤 것이냐에 따라 문제 해결의 과정에서 자연스럽게 규칙을 발견하고 검증하게 되는 경우와 규칙성 발견이 목표인 경우가 있다.

[그림 III-7]에서는 문제 이해로부터 자료 관찰에 이르는 과정에서는 해결하고자 하는 문제가 일반적인 규칙을 발견하거나 도출하도록

요구하는 문제임을 인식하고 일반화를 목표로 관찰을 하는 경우와 문제 해결 과정에서 자연스럽게 규칙성을 발견하게 되는 것으로 구분하였다. 따라서 [그림 III-7]에서 제시한 일반화의 단계는 문제 이해와 추측의 단계에서 각각 두 갈래의 방향으로 나뉜다. 문제 이해 과정에서 두 가지의 방향으로 구분되어 일반화의 과정을 진행하도록 제시한 것은 일반화를 염두에 두고 있는지, 아니면 문제 해결의 과정에서 자연스러운 발견에 이른 것인지에 따라 관찰 사례의 수집과 생성이 달라질 수 있음을 의미하는 것이며 사례 관찰에 따른 일반화의 대상이 불변의 속성에 대한 것인지 사례들이 가지고 있는 공통의 패턴에 대한 것인지에 따라 일반화를 구분할 수 있다는 것을 의미한다.

이에 본서에는 수학적 대상을 관찰하여 자연스럽게 규칙성이 있음을 발견하게 되는 일반화와 더불어 일반화를 의도한 문제 해결 과정에서 실제 일반화가 나타나는 과정을 살펴 볼 수 있는 사례를 제시할 것이며 수학 학습-지도 과정에서 패턴 찾기를 통한 일반화뿐만 아니라 대상이 가지는 불변의 속성을 발견하여 결론을 도출해내는 일반화의 사례를 다룰 것이다.

2.2.2 특수화

특수화는 주어진 대상의 집합에 대한 고찰로부터 그 집합에 포함되는 더 작은 집합 또는 단 하나의 대상에 대한 고찰로 옮겨가는 것이며, 어떤 문제를 해결할 때 문제의 특수한 경우를 보고 추측을 하는 것이다(Polya, 1994/2001). 일반적인 명제는 어떤 대상들의 집합과 관계가 있으며, 명제를 논박하기 위해서는 해당 집합으로부터 그 명제를 따르지 않는 한 대상을 골라내어 특수화하게 된다. 처음에는 간단한 특수한 경우를 골라 즉 다소 무작위로 선택된 점검하기 쉬운 대상을 검사해서, 일반적인 명제와 일치하지 않을 때 거짓으로 판명한다. 만약 검사된 대상이 그 명제를 따른다면 그 명제가 참일 수 있다는 확신과 자신감을 얻고 어떻게 증명을 해야 할 것인가에 대한 암시를 받을 수 있다. 예를 들어

벡터를 이용하여 마름모의 두 대각선이 서로 수직임을 보여라.

라는 문제를 해결하고자 할 때, 처음부터 임의의 마름모를 나타내는 벡터로부터 주어진 성질을 성립시킨다는 것을 보이는 방법도 있지만 [그림 III-8]과 같이 특수한 마름모의 한 예를 들어 증명을 시도할 수 있다. 이와 같은 증명은 임의의 마름모에 대해 두 대각선이 서로 수직이 됨을 보인 것은 아니지만, 특수한 마름모의 한 예를 들어 주어진 성질을 성립시킴을 확인함으로써 문제를 이해하거나, 증명할 수 있다는 확신을 갖고 증명 방법을 모색할 수 있게 해 주는 역할을 수행한다.

[그림 III-8]과 같이 특정한 사례에 대하여 주어진 명제를 성립시킨다는 것을 확인한 후에는 일반화를 도출하여 임의의 모든 마름모에 대해 두 대각선이 서로 수직임을 보여야 한다. 위의 그림과 같은 특수화를 통해 한 마름모에 대해 대각선의 성질을 확인하였다면 임의의 두 벡터 $\overrightarrow{OA}$와 $\overrightarrow{OB}$의 성분을 나타내고 이들을 조작하여 대각선의 벡터 성분을 구할 수 있다. 증명의 핵심은 두 대각선의 벡터 성분을 구하고 그들을 내적하면 0이 됨을 보임으로써 두 벡터가 서로 수직이라는 것을 증명하는 것이다. 예시와 같이 어떤 명제를 증명하기에 앞서 확신을 얻기 위해 특수한 경우를 가지고 성립여부를 확인할 수도 있지만, 다른 특수한 경우를 점검해야 하겠다는 암시를 받을 수도 있다. 그래서 방금 점검한 경우를 수정하여 보다 확장된 특수한 경우를 조사해보고, 때로 극단적인 경우를 찾아볼 수도 있다.

극단적인 경우를 점검하는 것으로부터 일반적인 명제를 논박하거나 논박할 수 있는 좋은 기회를 발견할 수 있다. 법칙을 발견한 사람

들이 극단적인 경우를 간과했을 수도 있기 때문이다. 일반적인 명제가 극단적인 경우에서도 입증됨을 알게 된다면 이러한 입증을 통해 유도된 귀납적 증거는 강력한 것이며 참이라고 거의 확신할 수 있게 된다. 주어진 진술에 대한 특수한 경우를 조사해보는 것은 엄밀하게 귀납적 과정을 거치지는 않지만 특수한 경우를 조사하여 증명이나 풀이의 힌트를 얻는 것은 발견을 위한 매우 중요한 절차이다. 따라서 특수화도 귀납적 추론의 도구로서 유용하게 사용될 수 있다.

벡터의 성분을 이용하여 보자.
$\overrightarrow{OA}$를 x축의 방향으로 1만큼,
y축의 방향으로 5만큼 평행이동하거나
$\overrightarrow{OB}$를 x축의 방향으로 5만큼,
y축의 방향으로 1만큼 평행이동하여
$\overrightarrow{OC}=(6, 6)$을 얻는다.
$|\overrightarrow{OA}|=|\overrightarrow{OB}|$ 이므로
사각형 OACB는 마름모이다.

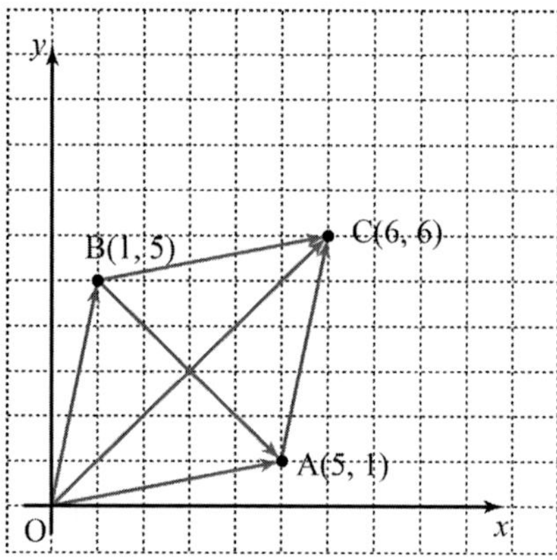

$\overrightarrow{BA}=\overrightarrow{OA}-\overrightarrow{OB}=(5, 1)-(1,5)$
$=(4,-4)$
두 벡터 $\overrightarrow{OC}$와 $\overrightarrow{BA}$를 내적하면
$\overrightarrow{OC}\cdot\overrightarrow{BA}=(6, 6)\cdot(4, -4)=24-24=0$
두 대각선을 나타내는 벡터의 내적이 0이므로 주어진 마름모에 대하여
두 벡터는 서로 수직이다.

[그림 Ⅲ-8] 특수화를 통한 명제 증명 과정

3 학교수학에서 귀납의 적용

학교수학에서는 학생들이 동일한 개념에 대한 다양한 문제를 풀어 본다거나, 하나의 문제에 포함된 일련의 조건들을 찾고, 관찰하는 과정에서 그들이 가지는 공통의 속성이나 일정한 패턴을 알아내면서 문제를 해결하는 방식을 주로 사용한다. 따라서 귀납은 다양한 사례를 관찰한 결과로부터 공통적인 핵심을 이끌어 낸다는 점에서 이러한 방식과 맥을 같이 한다. 특히, 일반화는 학교수학에서 학생들이 구성하는 수학, 만들어가는 수학을 다룰 때에 가장 많이 다루게 되는 추론 방식이다. 이 장에서는 여러 가지 예시와 사례를 통해 학교 수학에서 일반화를 적용하는 방안에 대해 알아본다.

3.1 수학 학습에서의 패턴의 일반화

Carraher et. al.(2008)은 수학에서의 일반화와 수학교육에서의 일반화의 바탕이 엄연히 다른 것임을 주장하였다. 수학에서는 일반화를 할 때 해당 이슈를 어떻게 이해했고, 통찰을 얻었으며 어떤 과정을 거쳐 배우게 되었는지는 중요하지 않고, 그 속에 포함된 수학적 내용이나 타당성을 중시하고, 종종 정리(theorem)로 일컬어지는 일반화는 타당한 증명을 통해 필요충분조건을 충족했을 때에만 참으로 받아들여진다. 반면 학교수학에서 다루게 되는 일반화, 특히 그것이 저학년 수학교육에서 적용될 때에는 보다 넓은 관점에서, 학습자의 심리적 상황을 무시할 수 없으며 추론의 형태와 그런 주장을 하게 된 배경이 무엇인지를 모두 고려해야 하고, 학습자들이 학습된 종래의 표기법이나 테크닉을 어떻게 사용하는지, 자신만의 방식으로 수학을 표현하고 추론하는 방법이 무엇인지에 대해서도 관심을 가져야 하기 때문이다.

학교 수학에서 다루는 일반화는 학생들이 일반화를 해 나가게 되는 과정을 어떻게 지도할 것인지, 어떤 방식으로 일반화를 도출하도록 안내할 것인지에 대한 학습 지도의 과정도 염두에 둘 필요가 있다. Lannin(2003)은 학생들이 수학 문제를 해결할 때 특정 사례에 대한 증명을 흔히 사용한다고 지적한다. 그러므로 교사는 학생들을 지도할 때 학생 스스로 발견한 규칙을 문제 상황의 맥락에 맞게 연결하는 것이 중요하다는 것을 깨달을 수 있도록 도와주어야 한다고 주장하면서 일반화 능력의 필요성을 강조하였다. Sriramann(2003)은 영재 학생들과 일반 학생들의 문제 해결 과정을 통해 일반화 능력이 어떤 차이를 보여주는지 비교하였다. 일반화를 통한 문제 해결의 핵심이 문제의 구조를 파악하고 공통점을 발견하며 문제의 내용에 포함된 여러 요소들 사이의 관계를 찾아 형식화 하는 것임을 강조한 것이다. 이처럼 수학 학습에서 일반화는 귀납의 한 유형으로서 추론 능력을 신장시키기 위해서도 필요하지만 나아가 학생들의 수학적 사고와 문제 해결 능력을 신장하는 데에도 반드시 필요한 능력이다.

본 절에서는 학교수학에서 다루는 일반화를 패턴의 일반화와 불변하는 속성의 일반화로 구분하고 그에 따른 사례를 제시할 것이다. 패턴의 일반화는 관찰할 사례의 공통적인 패턴을 찾아내는 것으로, 숫자, 그림, 기호 등 다양한 관찰 사례를 제시하고 그들의 패턴을 탐구하도록 지도할 수 있다. 이 과정에서 학습자는 시각적으로 보이는 패턴 찾기뿐만 아니라, 간단한 연산이나 공식을 도입하여 패턴 찾기 등을 시도할 수 있다.

학교수학에서 다루는 수열의 합 공식 중 자연수의 거듭제곱의 합을 구하는 공식들로부터 패턴을 찾고 이를 일반화 하여 공식을 확장하는 예를 살펴보자. 현재 고등학교 수학에서 다루는 자연수의 거듭제곱의 합 공식은

$$\sum_{k=1}^{n} k = \frac{n(n+1)}{2}, \quad \sum_{k=1}^{n} k^2 = \frac{n(n+1)(2n+1)}{6},$$

$$\sum_{k=1}^{n} k^3 = \left\{ \frac{n(n+1)}{2} \right\}^2$$

의 세 가지이다.

교과서에서는 이들 공식이 어떻게 도출되었는지를 알아보도록 하기 위해 [그림 III-9]와 같이 특정한 사례를 통해 계산 방법을 탐구하게 한 후에 일반화된 공식을 소개하는 방식으로 제시하고 있다.

■ **자연수의 거듭제곱의 합**_교과서 162~166쪽

탐구해 봅시다

정육면체를 쌓아서 오른쪽 그림과 같은 피라미드 모양을 만들었다. 물음에 답하여 보자.

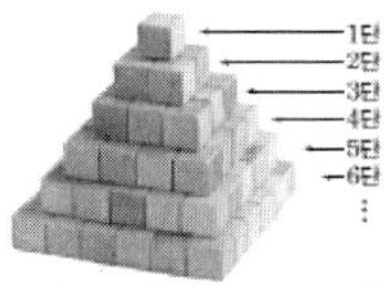

1. 이 모양의 k단에는 몇 개의 정육면체가 있는지 말하여 보자.
2. 피라미드 모양의 1단부터 n단까지 사용된 정육면체의 총 개수를 합의 기호 $\sum$를 사용하여 표현해 보자.

자연수의 거듭제곱의 합

1. $\sum_{k=1}^{n} k = 1+2+3+\cdots+n = \frac{n(n+1)}{2}$
2. $\sum_{k=1}^{n} k^2 = 1^2+2^2+3^2+\cdots+n^2 = \frac{n(n+1)(2n+1)}{6}$
3. $\sum_{k=1}^{n} k^3 = 1^3+2^3+3^3+\cdots+n^3 = \left\{\frac{n(n+1)}{2}\right\}^2$

[그림 III-9] 고등학교 교과서에서 자연수의 거듭제곱의 합을 제시하는 방식 (우정호 외, 2014b).

그런데 교과서에서 다루고 있는 각각의 공식들에서 더 나아가 일반화된 자연수의 거듭제곱의 합을 구하고자 한다면 어떻게 해야 할까?

이 경우에는 카타기리 시게오(2004/2013)가 제시한 바와 같이 공통된 규칙성을 찾겠다는 목표 의식을 가지고 자료를 모으거나 관찰해야 한다. 학생들이 이 문제를 해결하는 과정에서 어떤 패턴의 일반화를 시도했는지 살펴보자. 우선 관찰 가능한 세 공식들로부터 공통성을 찾아내기 위해 패턴을 찾거나 부여해야 하는데, 교과서에 제시된 공식의 형태에서는 공통성을 끌어내기가 쉽지 않다.

주어진 공식들에서 한 발 더 나아가 자연수의 네제곱수의 합을 구하는 공식을 찾는다고 할 때, 우선 네제곱수가 가지는 패턴을 찾아야 한다.

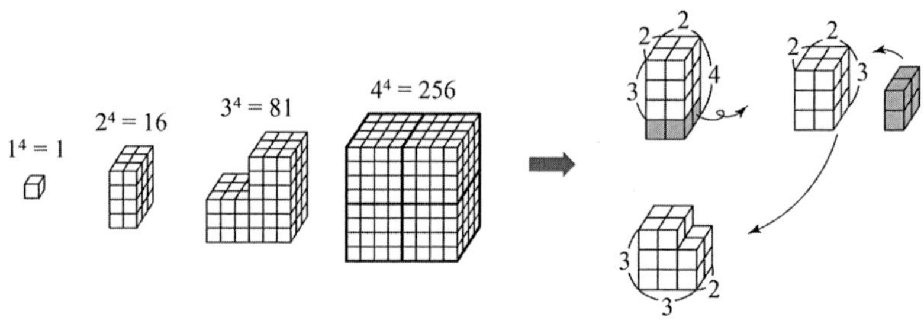

[그림 Ⅲ-10] 네제곱수의 관찰로부터 패턴 찾기

[그림 III-10]은 학생들이 네제곱수의 패턴을 찾기 위한 시도를 보여주는 것이다. 학생들은 자연수의 네제곱수를 그림으로 나타내고 이를 일정한 패턴을 가진 형식으로 변형하고자 하였다.

이와 같이 패턴을 찾아 일반화를 시도하고자 하는 목적을 가지고 사례를 관찰하고 조작하면서 공통된 배열의 규칙을 찾아가는 것이다. 수의 배열에 대한 규칙성을 찾았다면 그 다음으로는 네제곱수의 합을 나타내는 패턴을 찾아야 한다. 네제곱수를 정육면체의 배열로 나타내었으므로 수의 합을 표현할 때에도 같은 방식으로 패턴 찾기를 시도할 수 있다.

[그림 III-11]은 학생들이 네제곱수의 합을 표현하는 과정을 보여주는데 이 그림을 보면 제 n차 항 n^4의 성질이 그림에 드러날 수 있도

록 하기 위해 정육면체를 배열하는 데에 있어 변의 길이를 조정한 것을 알 수 있다.

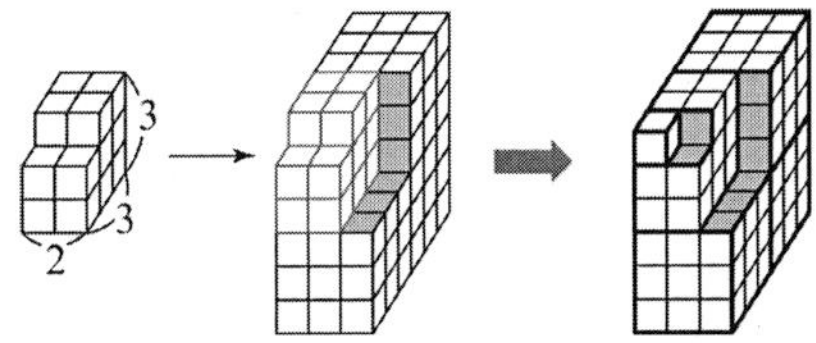

[그림 Ⅲ-11] 네제곱수 $1^4+2^4+3^4$을 구하는 패턴–잠정적 일반화

네제곱수 1^4과 2^4과 3^4의 합을 구하는 패턴을 그림으로 나타낸 후에 이것이 n^4의 합까지 같은 방식으로 배열할 수 있을 것이라는 잠정적 일반화 단계에 진입하였고, 이후 [그림 III-12]와 같이 확장한 패턴을 찾게 되었다.

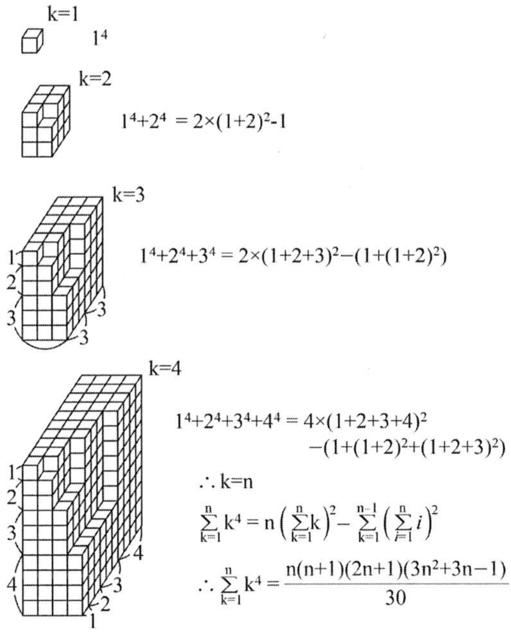

[그림 Ⅲ-12] 네제곱수의 합 배열로부터 $\sum_{k=1}^{n} k^4$의 공식 도출하기

이와 같은 패턴의 일반화를 살펴보면 학생들은 찾고자 하는 거듭제곱수의 특성을 나타내고, 그 수들의 합을 구하기 위해 그림을 이용하여 공통의 규칙을 부여한 패턴을 찾았으며 패턴의 일반화를 통해 네제곱수의 합 공식을 도출하였다.

학생들의 문제 해결 과정은 본서 III장의 [그림 III-7]에서 제안한 일반화의 과정을 적용하면 다음의 <표 III-4>와 같다.

〈표 Ⅲ-4〉 사례 연구에서 적용된 패턴 일반화의 과정

일반화의 과정	해당 내용	지도상의 유의점
문제 이해	자연수 거듭제곱수의 합 공식 ($\sum_{k=1}^{n} k^m$)도출하기	$\sum_{k=1}^{n} k^m$에 도달하기 위해 단계적으로 문제를 설정하고 일반화를 어떻게 적용할 것인지를 이해할 수 있도록 안내
일반화에 의한 규칙 발견이 요구/예상되는 문제	이미 배운 공식 $\sum_{k=1}^{n} k$, $\sum_{k=1}^{n} k^2$, $\sum_{k=1}^{n} k^3$로부터 $\sum_{k=1}^{n} k^4 \cdots \sum_{k=1}^{n} k^m$을 도출하고자 한다.	
규칙 도출을 목표로 사례를 수집하거나 생성	$\sum_{k=1}^{n} k$, $\sum_{k=1}^{n} k^2$,$\sum_{k=1}^{n} k^3$를 여러 가지 방식으로 표현해 보기(시각적 이미저리[34] 활용)	일반화된 공식을 만들어 내는 것이 해결목표이므로 이미 알고 있는 사례들로부터 도출해 내기 위해 다양한 방식으로 사례들을 표현해 보도록 안내
사례 관찰	$\sum_{k=1}^{n} k$, $\sum_{k=1}^{n} k^2$,$\sum_{k=1}^{n} k^3$를 표현한 이미저리에 공통패턴을 적용할 수 있는가?	
공통 패턴 추측 (잠정적 일반화)	$\sum_{k=1}^{n} k$, $\sum_{k=1}^{n} k^2$,$\sum_{k=1}^{n} k^3$의 그림 패턴(쌓기나무 이미저리)으로부터 $\sum_{k=1}^{n} k^4$를 표현할 수 있는 패턴을 찾았다. $\sum_{k=1}^{n} k^4$를 표현하는 데에 같은 패턴이 적용되었다.	이미저리로 나타낸 $\sum_{k=1}^{n} k$, $\sum_{k=1}^{n} k^2$,$\sum_{k=1}^{n} k^3$ 및 $\sum_{k=1}^{n} k^4$의 공통성을 찾고 설명할 수 있도록 안내

<table>
<tr><th>일반화의 과정</th><th>해당 내용</th><th>지도상의 유의점</th></tr>
<tr><td>규칙 발견</td><td>이러한 패턴을 규칙으로 삼을 수 있는가?
어떤 공식으로 나타낼 수 있는가?</td><td rowspan="2">수학적으로 타당함을 보일 수 있는 것을 목표로 어떤 방식이 가능한지 탐색하도록 안내</td></tr>
<tr><td>검 증</td><td>특수화/수학적 귀납법을 적용한 정당화를 시도하여 검증</td></tr>
</table>

학생들은 네제곱수를 관찰의 대상으로 정한 후, 단순히 1^4, 2^4, 3^4, $\cdots$으로 얻어지는 수를 관찰하는 것이 아니라 이들 사이의 패턴을 관찰할 수 있는 형태로 자료를 변형하였다. 이 과정에서 시각적으로 아이디어를 얻을 수 있는 형태로의 변형이 시도되었는데, 학생들은 네제곱수를 도식으로 나타냄으로써 이 수들 사이의 공통된 패턴을 발견하고자 한 것이다. 여러 가지 방법으로 도식화를 시도하였고 그 중에서 패턴을 발견할 수 있는 형태를 결정하고 패턴의 일반화를 시도하였으며 이로부터 도출한 결과를 검증하는 과정까지 보여주었다.

살펴본 바와 같이 패턴의 일반화는 관찰 가능한 사례들로부터 공통의 패턴을 찾아내거나 부여하여 공통의 규칙성을 알아내는 것으로 관찰 대상이 되는 사례를 어떻게 배열하거나 조작(operating)하여 공통성을 드러낼 수 있도록 하는 것이 중요하다. Ferrara & Sinclair(2016)는 어린 학생들에게 기초 대수를 가르치기 위한 방안으로서 패턴 일반화를 사용하고자 하였는데, 패턴의 일반화는 도해적인 패턴뿐만 아니라 수치적 패턴도 포함하는 것으로 그들 사이의 공통성을 찾아가는 활동으로 학생들이 함수를 기반으로 한 변수들의 관계를 이끌어내도록 하는 데에 패턴 일반화를 적용하는 것이 필요하다고 주장하였다.

그림을 통해 발견하게 되는 패턴이 아니라 그림 안에 포함되어 있는 변수나 미지수 등 수치적인 패턴을 발견하여 일반화하는 사례를

34) 심상을 뜻하는 것으로 7장 시각적 추론에서 자세히 다룰 것이다.

살펴보자. 수의 특징을 그림으로 나타내는 방법이 아니라 공통의 배열 규칙만을 적용하는 패턴을 부여하기 위해 자연수를 일정한 방식으로 배열하는 것이다.

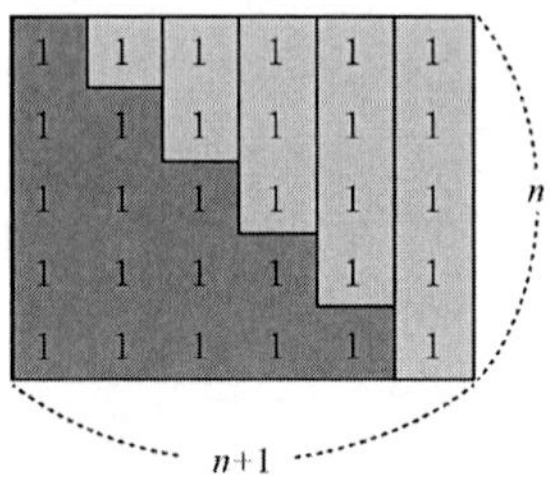

<패턴 찾기 시도>

㉠ 1=1, 2=1+1, 3=1+1+1, ⋯, n=1+1+⋯+1
㉡ 가로로 $n+1$, 세로로 n개가 배열된다.
㉢ 구하고자 하는 자연수의 합은 같은 색으로 색칠된 영역 안에 있는 수들의 합이다.
㉣ 직사각형의 넓이 $n\times(n+1)$을 반으로 나누면 된다.
㉤ $\sum_{k=1}^{n} k=\frac{n(n+1)}{2}$

[그림 Ⅲ-13] 자연수의 합을 구하는 공식을 찾기 위한 패턴 찾기 시도

[그림 Ⅲ-13]과 같이 자연수의 합을 구하는 공식으로부터 수를 배열하고 어떤 패턴을 찾을 수 있을 것인가를 고민하여 패턴이 될 가능성이 있는 성질들을 찾아 볼 수 있다. 이 성질을 다음의 공식 $\sum_{k=1}^{n} k^2=\frac{n(n+1)(2n+1)}{6}$, $\sum_{k=1}^{n} k^3=\left\{\frac{n(n+1)}{2}\right\}^2$에도 적용하여 패턴을 만들어 낼 수 있는지가 패턴 일반화의 관건이 된다.

자연수의 제곱수의 합 공식 $\sum_{k=1}^{n} k^2=\frac{n(n+1)(2n+1)}{6}$을 자연수의 합 공식과 같은 패턴으로 유도하기 위해 자연수의 합 공식에서 시도한 것과 같은 방식으로 패턴 찾기를 시도할 수 있다. 자연수 1, 2, 3, ⋯를 $1=1$, $2=1+1$, $3=1+1+1$, ⋯로 동수누가의 방식으로 나타낸 것과 같이 자연수의 제곱수도 동수누가의 방식으로 나타내어 더하고자 하는 수들의 표현방식의 패턴을 만들고자 하였다(⋯㉠). 수의 배열에서 패턴을 찾고, 합의 방식에서도 패턴을 찾을 수 있는데

$(n+1)$개의 열에는 각각 같은 수들이 배열되어 있으므로 한 열에 포함되어 있는 수를 더한 후 $(n+1)$배를 하면 전체 사각형에 배열된 모든 수들의 합을 수할 수 있다. 이것이 합을 구하는 패턴으로 활용된다면 [그림 III-14]에서 자연수의 합을 구하는 방식 '㉣ 직사각형의 넓이 $n\times(n+1)$을 반으로 나누면 된다.' 도 같은 방식의 패턴을 적용해야 하므로 '㉣ 전체 영역$(\mathbf{1+2+3+\cdots+n})\times(\mathbf{n+1})$에서 옅게 색칠된 영역 안에 있는 수의 합 $\{\mathbf{1+(1+2)+(1+2+3)+\cdots+(1+2+\cdots+n)}\}$을 빼야 한다'와 같이 수정할 수 있다.

<패턴 찾기 시도>

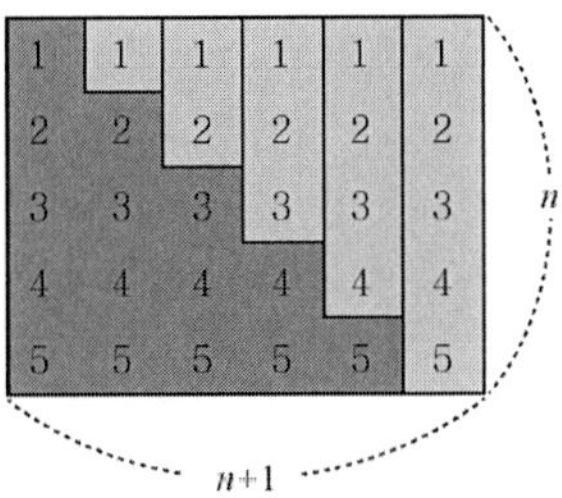

㉠ $1=1,\ 2^2=2\times2=2+2,$
$3^2=3\times3=3+3+3,\cdots,n^2=n+n+\cdots+n$

㉡ 가로로 $n+1$, 세로로 n 개가 배열된다.

㉢ 구하고자 하는 자연수의 합은 같은 색으로 색칠된 영역 안에 있는 수들의 합이다.

㉣ 전체 영역$(1+2+3+\cdots+n)\times(n+1)$에서 옅게 색칠된 영역 안에 있는 수의 합 $\{1+(1+2)+(1+2+3)+\cdots+(1+2+\cdots+n)\}$을 빼야 한다.

㉤ $\displaystyle\sum_{k=1}^{n}k^2=(n+1)\sum_{k=1}^{n}k-\sum_{k=1}^{n}\sum_{i=1}^{k}i$

$\displaystyle=\frac{n(n+1)(2n+1)}{6}$

[그림 Ⅲ-14] 자연수의 제곱수의 합을 구하는 공식을 구하기 위한 패턴 찾기 시도

이와 같은 패턴이 마지막 공식 $\displaystyle\sum_{k=1}^{n}k^3=\left\{\frac{n(n+1)}{2}\right\}^2$에도 적용될 수 있다면 자연수의 거듭제곱 수의 합 공식을 구하기 위한 패턴의 일반화를 통한 공식 도출의 가능성은 더욱 커지게 된다.

[그림 III-15]와 같이 자연수의 세제곱수의 합을 구하는 공식에서도 같은 패턴을 적용하여 공식을 설명하였다면 이제 자연수의 네제곱 수

의 합을 구하는 공식을 도출할 수 있으며 이는 자연수의 n제곱수의 합을 구하는 공식까지 일반화가 가능해 진다.

<패턴 적용 확인>

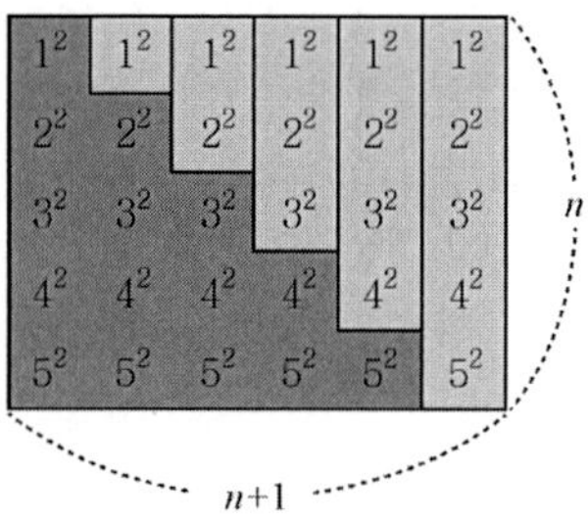

㉠ $1^3=1,\ 2^3=2\times 2^2=2^2+2^2,$
$3^3=3\times 3^2=3^2+3^2+3^2, \cdots,$
$n^3=n\times n^2=n^2+n^2+\cdots+n^2$

㉡ 가로로 $n+1$, 세로로 n개가 배열된다.

㉢ 구하고자 하는 자연수의 합은 같은 색으로 색칠된 영역 안에 있는 수들의 합이다.

㉣ 전체 영역$(1^2+2^2+3^2+\cdots+n^2)\times(n+1)$에서 옅게 색칠된 영역 안에 있는 수의 합 $\{1^2+(1^2+2^2)+\cdots+(1^2+2^2+\cdots+n^2)\}$을 빼야 한다.

㉤ $\sum_{k=1}^{n} k^3=(n+1)\sum_{k=1}^{n} k^2-\sum_{k=1}^{n}\sum_{i=1}^{k} i^2$
$=\left\{\frac{n(n+1)}{2}\right\}^2$

[그림 Ⅲ-15] 자연수의 세제곱수의 합을 구하는 공식을 구하기 위한 패턴 적용

<패턴 적용 시도>

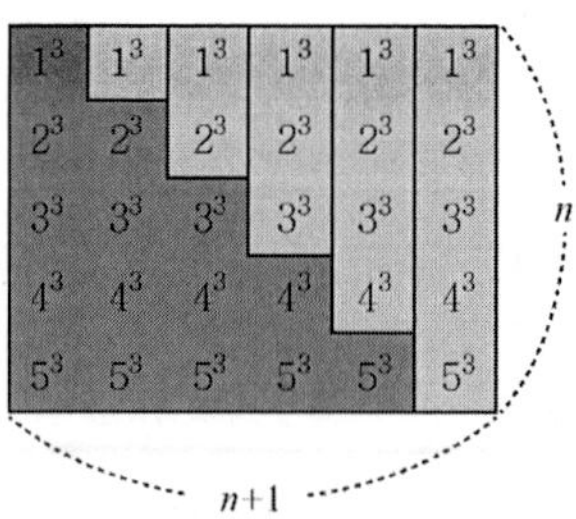

㉠ $1^4=1,\ 2^4=2\times 2^3=2^3+2^3,$
$3^4=3\times 3^3=3^3+3^3+3^3, \cdots,$
$n^4=n\times n^3=n^3+n^3+\cdots+n^3$

㉡ 가로로 $n+1$, 세로로 n 개가 배열된다.

㉢ 구하고자 하는 자연수의 합은 같은 색으로 색칠된 영역 안에 있는 수들의 합이다.

㉣ 전체 영역$(1^3+2^3+3^3+\cdots+n^3)\times(n+1)$에서 옅게 색칠된 영역 안에 있는 수의 합 $\{1^3+(1^3+2^3)+\cdots+(1^3+2^3+\cdots+n^3)\}$을 빼야 한다.

㉤ $\sum_{k=1}^{n} k^4=(n+1)\sum_{k=1}^{n} k^3-\sum_{k=1}^{n}\sum_{i=1}^{k} i^3$
$=\frac{n(n+1)(2n+1)(3n^2+3n-1)}{30}$

[그림 Ⅲ-16] 미지의 공식(자연수의 네제곱수의 합)을 구하기 위한 패턴 적용

[그림 III-16]과 같이 기지의 공식에서 찾은 패턴을 적용하여 새로운 공식을 도출하였고, 이는 몇 차례의 특수화를 통해 검증이 가능하다. 검증을 통해 일반화된 공식을 도출하는 것에 확신을 얻게 되었다면 잠정적인 일반화의 단계에 도달한 것으로 볼 수 있으며 같은 패턴을 적용하여 자연수의 n제곱수의 합을 구하는 공식까지 일반화를 시도해 본다.

[그림 III-14]부터 [그림 III-16]까지 제시한 패턴 찾기 시도, 적용, 확인의 과정을 거친 후에 일반화된 공식을 도출하는 데에 패턴을 적용하면 [그림 III-17]과 같이 자연수의 n제곱수의 합을 구하는 공식까지 일반화를 도출할 수 있다.

<패턴 적용>

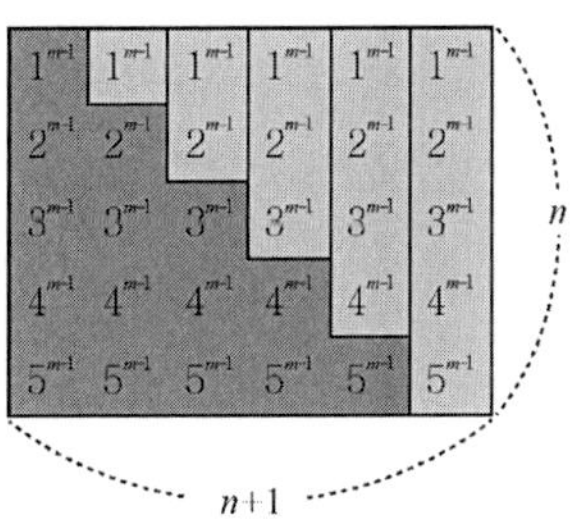

㉠ $1^n=1,\ 2^n=2\times2^{n-1}=2^{n-1}+2^{n-1},$
$3^n=3\times3^{n-1}=3^{n-1}+3^{n-1}+3^{n-1},\cdots,$
$n^n=n\times n^{n-1}=n^{n-1}+n^{n-1}+\cdots+n^{n-1}$

㉡ 가로로 $n+1$, 세로로 n개가 배열된다.

㉢ 구하고자 하는 자연수의 합은 같은 색으로 색칠된 영역 안에 있는 수들의 합이다.

㉣ 전체 영역
$(1^{n-1}+2^{n-1}+\cdots+n^{n-1})\times(n+1)$에서
옅게 색칠된 영역 안에 있는 수의 합
$\{1^{n-1}+(1^{n-1}+2^{n-1})+\cdots+(1^3+2^3+\cdots+n^3)\}$
을 빼야 한다.

㉤ $\sum_{k=1}^{n}k^m=(n+1)\sum_{k=1}^{n}k^{m-1}-\sum_{k=1}^{n}\sum_{i=1}^{k}i^{m-1}$

[그림 Ⅲ-17] 미지의 공식(자연수의 n제곱수의 합)을 구하기 위한 패턴 적용

패턴의 일반화는 공통의 패턴이 시각적으로 드러나는 경우가 많기 때문에 주로 기하와 관련된 문제이거나 주어진 문제를 시각적으로 표현하여 공통성을 찾고자 하는 경우가 많다. 그러나 그 패턴이 꼭 시각

적으로 드러나는 것만은 아니다. [그림 III-14]에서 [그림 III-17]까지 보여준 패턴의 일반화 과정에서 거듭제곱수를 배열한 후에 어떤 부분을 취하고 어떤 부분을 제거할 것인지를 보여주기 위해 그림의 형태를 쓰기는 했지만 앞서 보여준 학생들의 패턴 일반화 과정처럼 그림을 이용하여 거듭제곱수의 특징이나 합을 나타낸 것은 아니다. 여기에서 그림은 거듭제곱수의 합을 구하는 데에 어떤 패턴을 찾고 적용을 시도하였는지를 설명하는 보조 도구로 활용되었다. 패턴의 일반화는 어떤 방식으로 시도될 것이냐가 아니라 주어진 문제 상황에서 어떤 공통성을 찾아내느냐에 더 초점을 두어야 한다.

3.2 수학 학습에서 속성의 일반화

불변하는 공통의 속성을 찾아 일반화하는 것은 제시된 여러 가지 사례들로부터 핵심적인 속성을 찾고, 그들 사이의 공통성을 찾아 일반화 하는 것으로 주로 수학 공식을 유도하는 과정에서 찾아볼 수 있다. 이 때 사례들이 가지는 속성은 시각적으로 드러나는 패턴이 아니기 때문에 학습자가 관찰하는 사례들의 개념과 원리, 성질 등을 파악해야 하므로 보다 높은 수준의 관찰과 사고, 정보 조직 능력을 필요로 한다.

이차방정식의 근의 공식은 주어진 실계수 이차방정식의 근과 계수들이 가지는 성질로부터 도출해 낸 것으로 방정식과 근이 주어졌을 때에는 아무리 많은 사례가 주어졌다 하더라도 이들 사이의 관계나 성질이 외적으로 관찰되지는 않는다. 즉, 외적으로 드러나는 패턴이 아니라 이들이 가지고 있는 내적 속성을 찾아서 근을 일반화된 식으로 나타내어야 한다.

일차방정식 $x-a=0$은 $x=a$와 동치라는 속성으로부터 이차방정식의 해를 찾는 방법을 도출할 수 있다. 이차방정식 $x^2-a=0$의 해를 찾고자 한다면 $x^2 = a(a \geq 0)$라는 속성을 적용하게 될 것이며 이는 $x = \pm\sqrt{a}$로 귀결된다. 나아가 이차방정식 $(x+k)^2 = a$ 해를 구하려면 같은 속성을 적용하여 $x + k = \pm\sqrt{a}$로부터 $x = -k \pm \sqrt{a}$에 이르게 되는 것이다. 이를 Toulmin의 논증모델에 적용하여 보면 [그림 III-18]과 같다.

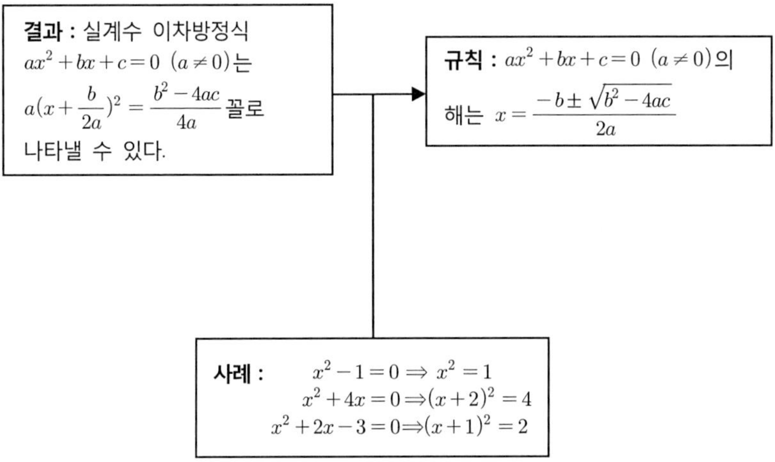

[그림 Ⅲ-18] Toulmin 논증모델을 적용한 속성의 일반화

또 정적분의 정의를 내릴 때에 구분구적법을 이용하여 식을 도출하는데, 이 과정에서도 속성의 일반화가 필요하다. 구분구적법을 이용하여 곡선을 포함하는 도형의 넓이나 곡면을 포함하는 입체도형의 부피 등을 구하는 문제에서도 학생들은 이를 시각화하여 공통된 속성을 추출하고 이로부터 적분의 정의를 도출하게 된다.

고등학교 미적분 교과서에서는 닫힌구간 $[a, b]$에서 연속인 함수 $y = f(x)$에 대하여 정적분을 [그림 III-19]와 같이 정의한다.

정적분의 정의

함수 $f(x)$가 닫힌 구간 $[a, b]$에서 연속일 때

$$\int_a^b f(x)\,dx = \lim_{n \to \infty} \sum_{k=1}^{n} f(x_k)\Delta x \left(\text{단, } \Delta x = \frac{b-a}{n},\ x_k = a + k\Delta x\right)$$

[그림 Ⅲ-19] 고등학교 교과서에서 정적분의 정의 (우정호 외, 2014a)

이 식의 기하학적 의미는 닫힌구간 $[a, b]$에서 함수 $y=f(x)$의 그래프와 x축 사이에 만들어지는 도형의 넓이와 관련하여 해석될 수 있다. 고등학교 미적분 교과서에서 이를 도출하는 방식은 [그림 III-20]과 같이 먼저 닫힌구간 $[a, b]$에서 특정 함수식의 그래프와 x축 사이에 만들어지는 도형의 넓이와 관련하여 해석하도록 한다.

■ **정적분**_교과서 197~199쪽

탐구해 봅시다

오른쪽 그림은 함수 $f(x)=x(5-x)$의 그래프에 대하여 닫힌 구간 $[0, 5]$를 n등분하여 직사각형을 그린 것이다. 물음에 답하여 보자.

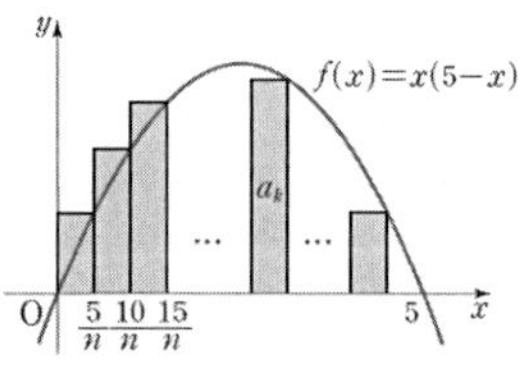

1. 왼쪽에서 k번째 직사각형의 넓이를 a_k라 할 때, a_1, a_2, a_3을 각각 n에 관한 식으로 나타내 보자.

2. a_k를 k와 n에 관한 식으로 나타내 보자.

[그림 Ⅲ-20] 고등학교 교과서에서 정적분의 정리 도출을 위한 특수한 사례 제시 (우정호 외, 2014a)

특정 사례에서 닫힌구간 $[a, b]$에서 일반적인 함수 $y=f(x)$에 대해 구분구적법을 적용하여 구간 안에서의 함수 그래프와 x축 사이에 만들어지는 도형의 넓이를 구하는 방법을 관찰, 탐구하게 하고 이를 극한으로 연결시켜 결론을 도출한다.

함수 $f(x)$가 닫힌 구간 $[a, b]$에서 연속일 때, 닫힌 구간 $[a, b]$를 n등분하여 양 끝 점과 각 등분점의 x좌표를 차례로

$$x_0(=a),\ x_1,\ x_2,\ \cdots,\ x_{n-1},\ x_n(=b)$$

이라 하고, 각 소구간의 길이를 Δx라고 하면

$$\Delta x = \frac{b-a}{n}$$

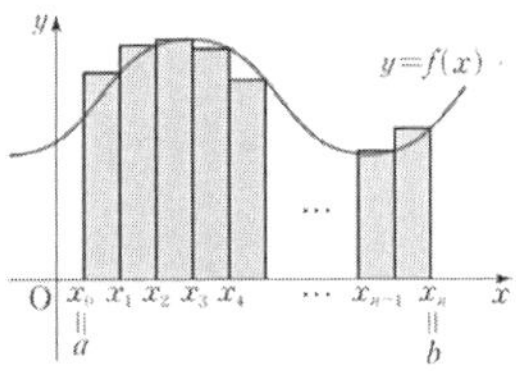

이다. 이때 극한값 $\lim_{n\to\infty}\sum_{k=1}^{n} f(x_k)\Delta x$를 함수 $f(x)$의 a에서 b까지의 정적분이라 하고, 기호로

$$\int_a^b f(x)\,dx$$

와 같이 나타낸다.

한편, 함수 $f(x)$의 한 부정적분을 $F(x)$라고 하면 다음과 같은 미적분의 기본 정리가 성립한다.

$$\int_a^b f(x)\,dx = \Big[F(x)\Big]_a^b = F(b) - F(a)$$

[그림 Ⅲ-21] 고등학교 교과서에서 미적분의 기본 정리를 도출하는 과정의 예 (우정호 외, 2014a).

그 이후에 [그림 III-21]과 같이 닫힌구간 $[a, b]$를 n등분하여 각 분점에서 올린 수선이 $y = f(x)$와 만나는 점까지의 선분의 길이를 높이로 하고 $\dfrac{b-a}{n}$를 너비로 하는 직사각형의 합을 이용하여 넓이를 구하고자 할 때, 그려지는 직사각형들은 서로 닮음이 아니다. 이 경우에 학습자는 공통의 시각적인 패턴을 찾는 것이 아니라 이 직사각형들이 가지는 공통의 속성을 찾아야 한다. 즉, 전체 구간을 n등분하였으므로 같은 너비를 가진 직사각형이 만들어지고, 높이는 함숫값을 의미한다는 것, 그리고 n의 값이 커짐에 따라 곡선을 포함한 부분의 넓이와 직사각형의 넓이 합 사이의 차가 감소한다는 것 등의 불변하는 속성을 발견해야 한다.

3.3 수학 학습에서 특수화

특수화는 주어진 대상의 집합에 대한 고찰로부터 그 집합에 포함되는 더 작은 집합 또는 단 하나의 대상에 대한 고찰로 옮겨가는 것이며, 어떤 문제를 해결할 때 문제의 특수한 경우를 보고 추측을 하는 것(Polya, 1957)이므로 일반화된 규칙성을 찾거나 검증할 때, 확인하기 쉬운 사례를 만들거나 극단적인 사례를 관찰함으로써 성립한다는 확신을 갖거나 성립시키지 않는 반례를 찾는 데에 좋은 전략이 되는 추론이다. 따라서 문제 해결에서 특수화는 결론을 도출하는 과정에서 문제 이해를 위해 특수한 예에 적용해 보거나 추측을 확인하는 목적으로 주로 활용된다.

특수화를 통해 확인한 결과를 바탕으로 일반화된 결론을 도출하기도 하지만, 일반화된 결과를 먼저 얻은 후에 이것을 검증하는 수단으로 특수화가 활용되기도 한다. 앞 절의 패턴 일반화에서 소개한 사례에서 학생들이 그림을 통해 찾은 네제곱수의 합의 패턴은 $1^4+2^4+3^4+4^4$까지를 보여주는 것이고, 그 이후 그림으로 표현해 보지 못한 거듭제곱수에 이르는 합은 일반화를 통해 보여주고자 하였다. [그림 III-22]는 Toulmin 논증모델에 학생들의 특수화 과정을 적용한 것이다. 그림 패턴을 통해 네제곱수의 합이 $\frac{n(n+1)(2n+1)(3n^2+3n-1)}{30}$이라는 식으로 도출될 것이라는 잠정적 일반화에 도달한 후 학생들은 이를 검증하고 확인하기 위한 수단으로 특수한 n의 값을 대입했을 때, 자신들이 도출한 식을 성립시키는지를 확인하였다.

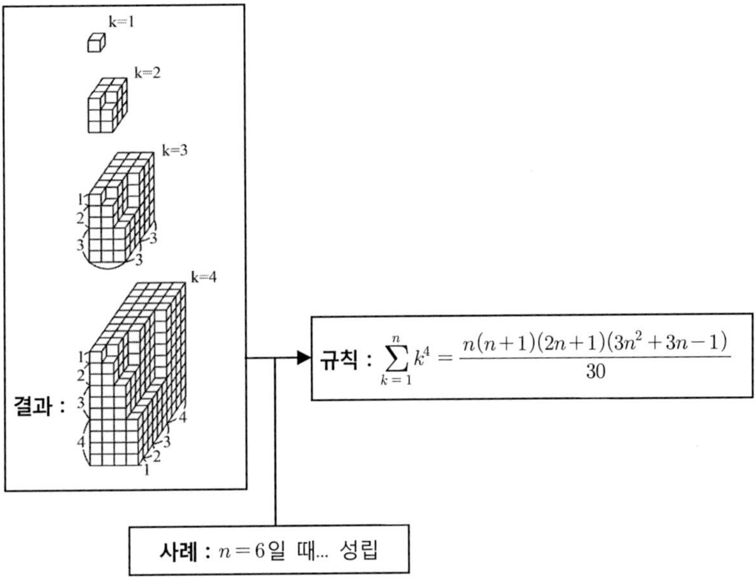

[그림 Ⅲ-22] Toulmin 논증모델 적용한 문제 해결 과정

자연수의 거듭제곱의 합을 구하는 공식에서도 특수화를 적요할 수 있다. 자연수의 n제곱수의 합 공식

$$\sum_{k=1}^{n} k^m = (n+1)\sum_{k=1}^{n} k^{m-1} - \sum_{k=1}^{n}\sum_{i=1}^{k} i^{m-1}$$

을 도출한 후에 이것에 대한 확신을 더하기 위해 $m=4$인, $m=6$ 경우에 대하여

$$\sum_{k=1}^{n} k^4 = (n+1)\sum_{k=1}^{n} k^3 - \sum_{k=1}^{n}\sum_{i=1}^{k} i^3 = \frac{n(n+1)(2n+1)(3n^2+3n-1)}{30}$$

로부터

$$\sum_{k=1}^{3} k^4 = (n+1)\sum_{k=1}^{3} k^3 - \sum_{k=1}^{3}\sum_{i=1}^{k} i^3 = \frac{3(3+1)(6+1)(27+9-1)}{30} = 98$$

이고 $1^4+2^4+3^4=1+16+81=98$,

$$\sum_{k=1}^{6} k^4 = (n+1)\sum_{k=1}^{6} k^3 - \sum_{k=1}^{6}\sum_{i=1}^{k} i^3$$
$$= \frac{6(6+1)(12+1)(108+18-1)}{30} = 2275$$

이고 $1^4+2^4+3^4+4^4+5^4+6^4=1+16+81+256+625+1296=2275$ 등을 직접 확인하였다. 도출한 공식에 대한 확신을 높이고 일반화를 검증하는 데에 특수화를 활용하였다고 할 수 있다. 이와 같은 해결 과정을 Toulmin의 논증 모델을 적용해 분석해 보면 [그림 III-23]과 같다.

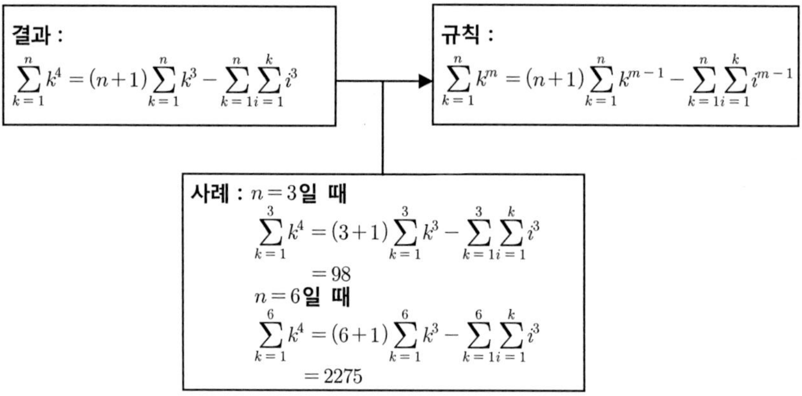

[그림 III–23] Toulmin 논증모델 적용한 특수화

특수화는 그 자체로 완성된 결론을 도출하는 추론은 아니지만 일반화된 규칙이나 속성을 찾고 이를 확인하는 과정에서 학습자의 부담을 낮추거나 문제 이해나 목표 확인을 위한 효과적인 추론의 방식이 될 수 있다.

4 요약

3장에서는 수학에서의 귀납을 문제(규명하고자 하는 대상)를 이해하고 그에 따른 여러 가지 사례를 관찰하여 그들 사이에서 발견되는 공통성으로부터 그 사례들이 속하는 전체 집합의 원소들 사이에 적용할 수 있는 일반적인 규칙성을 도출해내는 추론 과정이라고 보았으며, 귀납의 유형으로서 일반화와 특수화에 대해 살펴보았다. 일반화는 사례를 관찰하고 규칙성을 도출해내고 검증하는 과정이 귀납의 과정을 가장 잘 보여주는 추론 방식이다. 그리고 특수화는 귀납의 과정에서 특정 사례에 대하여 발견한 공통성이나 규칙성의 적용이 가능한지를 확인하고 검증하는 추론 방식이라고 할 수 있다. 본 장에서는 귀납의 과정을 관찰, 추측, 규칙, 검증으로 제시하였고, 일반화의 과정에서 이를 보다 구체화하여 문제 이해, 일반화의 의도성에 의한 사례 수집이나 생성, 관찰, 공통의 패턴 추측(잠정적 일반화), 규칙 발견 및 검증으로 제시하였다.

또한 학교수학에서 일반화와 특수화가 어떻게 활용되는지를 살펴보고 사례를 통해 패턴의 일반화를 일반화의 과정 모델에 적용하여 일반화나 특수화를 통한 추론이 어떻게 이루어지는지 알아보았다. 수학 학습-지도 과정에서 귀납의 적용은 어떤 문제 상황을 제시하고 이해하도록 할 것인가를 고려할 필요가 있음을 시사한다. 실제 학교 수학에서는 일반화나 특수화라는 추론 과정을 경험하거나 적용하는 것 자체가 해결 목표가 되는 문제 해결을 요구하는 경우가 더 많기 때문이다. 그러한 문제 해결 과정의 특징은 자연스러운 사례 관찰로부터 얻는 통찰이나 발견을 통한 일반화가 아니라 일반화를 목표로 학생들이 관찰할 사례를 조작(operating)한다는 것이다. 일반화를 지도하고자 할 때 학생들이 자연스럽게 일반화를 도출해 낼 수 있는 자료를 제공할 수도 있지만, 일반화를 해결 과제로 삼고 정련되지 않은 자료를 제공하여 학생들 스스로 패턴을 가지는 자료로 변형할 수 있도록 하는 방안도 고려해 보아야 할 것이다.

참고문헌

강정기(2013). 본질적 속성 추출을 통한 일반화에 관한 연구. 경상대학교 대학원 박사학위 청구논문.

김남희(1997). 일반화의 의미와 구성에 대한 이해. 대한수학교육학회지 7(1), 445-458.

남승인(2011). 귀납추론을 통한 수학적 원리·법칙 지도 방안에 대한 고찰. 한국초등수학교육학회지 15(3), 641-654.

박성선(1992). 국민학교 4학년 아동들의 논리적 추론에서의 정교화 효과. 한국교원대학교 대학원 석사학위청구논문.

우정호(2000). 수학 학습-지도 원리와 방법. 서울 : 서울대학교 출판부

우정호(2007). 학교수학의 교육적 기초. 서울 : 서울대학교 출판부

우정호 외.(2014a). 고등학교 미적분I. 서울 : 두산동아.

우정호 외.(2014b). 고등학교 수학II. 서울 : 두산동아.

이성근·류희수(2012). 귀납적 추론의 과정 분석. 학교수학, 14, 1, 85-107

이종왕(2006). 귀납추론의 인식론적 정당화. 범한철학논문집, 41. 229-246

카타기리 시게오(2013). 수학적인 생각의 구체화와 지도. 이용률·정동권 역. 서울 : 경문사(원서출판 2004).

Carraher, D. W.. Martinez, M. V., & Schliemann, A. D.(2008). Early algebra and mathematical generalization. ZDM Mathematics Education(40), 3-22.

Ferrara, F. , & Sinclair, N.(2016). An early algebra approach to pattern generalisation : Actualising the virtual through words, gestures and toilet paper. Educ Stud Math(DOI 10. 1007/s10649-015- 9674-3). Published online : 19 January 2016.

Lannin, J.(2003). Deneloping Algebraic Reasoning Through Generalization. Mathematics Teaching in the Middle School, 8(7), 343-348.

Polya, G. (2001). 어떻게 문제를 풀 것인가? 우정호 역. 서울 : 천재교육.(원서출판, 1994)

Rascher. N.(1992). 귀납 : 과학방법론에 대한 정당화. 우정규 역. 서울 :서광사(원서출판 1980).

Sriraman, B. (2003). Mathematical Giftedness, Problem Solving, and the Ability to Formulate Generalizations : the Problem-Solving Experiences of Four Gifted Students. The Journal of Secondary Gifted Education, X IV(3), 151-165.

CHAPTER IV

가추

연역과 귀납으로 대별되는 추론의 유형에 최근에는 가추가 도입되었다. 연역이나 귀납은 주어진 정보 내에서 기존 사실을 진술하는 성격이 강하지만, 가추는 새로운 것을 찾아내는 창조적인 특징이 강하여 정당화나 발견에서 창의성을 발휘하게 하는 역할을 한다.

이 장에서는 가추의 의미, 가추의 유형, 가추와 다른 추론의 관계, 학교수학에서 가추의 적용 예를 살펴볼 것이다.

수학적 추론은 귀납, 유추 등의 발견적 추론과 연역의 형식적 추론 유형에 국한되어 다루어졌으나 최근 기호학과의 학문적 교류가 시도되면서 수학교육학에 가추라는 추론 유형이 새롭게 소개되었다. 연역이나 귀납은 주어진 정보 내에서 기존 사실을 진술하는 성격이 강하지만, 가추는 새로운 것을 얻어낼 수 있는 창조적인 특징을 갖고 있다[35]. 수학은 논리적인 엄밀한 상징체계로 이루어져 있고 그 타당성을 확보하는 것을 중요하게 생각하기 때문에 수학 학습에 필요한 추론이 연역뿐이라고 생각할 수도 있지만, 수학적 증명 뿐 아니라 수학 개념의 발명과 발견을 경험하는 수학 학습 과정에서 연역이 아닌 추론의 중요성은 크게 인정받고 있다.

인간은 가추를 통해 '본능적으로 또는 직감적으로' 추측을 하고 이해하고 지식과 정보를 확장한다(이두원, 1997, p.449). 가추는 일상생활에서 거의 매순간 실천하는 추론으로서, 과학적 사유의 출발점이다(김주환·한은경, 1994). 사람들은 땅이 젖은 것을 보고 비가 왔다고 생각을 하지(가추), 비가 왔다는 사례를 통해 땅이 젖었다고 연역하지도, 비가 올 때마다 땅이 젖는다는 사실을 일일이 확인해서 규칙을 귀납적으로 도출하지도 않는다.

하지만 가추로부터 나온 의미는 절대적으로 확실한 것이 아니며, 단지 무엇인가가 아마도 어떠할 수도 있다는 것을 제시할 뿐이다. 수학 문제 해결 과정에서 어떤 전략을 사용할지 고민하고 전략들을 조정하는 추론을 할 수밖에 없고, 이때 가추를 사용하지만 가추로부터 나온 의미는 언제나 불확실하다. 그럼에도 불구하고 창조와 발명, 발견의 학문으로서 수학을 학습하기 위해서는 확실하지 않은 사실에 대한 추론이 필요하다.

---

35) 귀납은 규칙을 창조하지만 그 규칙은 이미 사례와 결과에 포함되어 있다는 점에서 새롭지 않다는 의미이다.

귀납을 정당화나 발견의 어떤 위치에 두던지 간에 가추는 귀납보다 창의성을 더 발휘할 수 있는 추론이다. Pease & Aberden(2011, p.12)은 오늘날 확립된 과학 이론의 모든 항목이 가추 덕분에 존재하게 되었다고까지 말한다. 연역이 가설이 참을 보증하는 데 역할을 한다면, 가추는 그 가설을 생성하게 하고 가장 좋은 가설이 무엇인지 선택하게 하는 역할을 한다(Pease & Aberden, 2011, p.13). 수학적 사실에 대한 설명을 위한 사례, 수학적 사실과 규칙의 일관성, 새로운 수학적 규칙을 발견하는 것은 수학에서 발견적 추론으로서 가추의 위상을 점하게 한다.

이 장에서는 가추의 의미, 가추의 유형, 가추와 다른 추론의 관계, 학교수학에서 가추의 적용 예를 살펴본다.

1 가추의 의미

수학적 추론으로서 가추는 결론을 도출하기 위한 목적으로 쓰이며 I장에서 제안한 바와 같이 그 체계적인 틀은 [그림 IV-1]과 같다.

[그림 IV-1] 가추에 대한 Toulmin의 논증 모델

가추의 개념은 Peirce로부터 시작되었으며 그 정의와 예시 또한 Peirce가 가장 많이 인용되고 있다. 하지만 Peirce는 그의 여러 저작

에서 가추에 대한 개념을 수차례 달리 정의하여, 후세들이 가추의 정의를 해석하고 적용하는 데 혼동을 주었다. 이 절에서는 Peirce가 정의한 가추의 개념을 살펴보고, 수학사적으로 가추가 활용된 예시를 소개해본다.

1.1 Peirce의 정의

가추(abduction)는 Peirce(1839-1914)에 의해 소개되었으며, 연구자들은 가추를 묘사할 때 Peirce를 늘 언급한다. 따라서 Peirce가 '가추'를 무엇이라고 했는지를 살펴볼 필요가 있다. Peirce는 여러 시기에 걸쳐 가추를 서로 다른 방식으로 묘사했는데, 이를 Reid & Knipping(2010, pp.100-101)의 설명에 따라 제시해본다.

1867년 초기 연구에서 Peirce는 가추의 논리적 형식을 강조했다. 그는 삼단논법에 초점을 두었는데, <표 IV-1>과 같이 삼단논법에 의해 연역, 귀납, 가추를 묘사했다. 여기서 S는 주어, 흥미가 있는 사례이고, S', S'', S'''는 특정한 사례들이다. P는 술어이며 S의 특성을 묘사한다. P', P'', P'''은 구체적인 특성들이다.

〈표 IV-1〉 Peirce의 1867년 가추 정의

연역	M은 P이다. S는 M이다. 따라서 S는 P이다.
귀납	S', S'', S''' 등이 M에서 임의로 선택되었다. S', S'', S''' 등은 P이다. 어떤 M은 아마도 P일 것이다.
가추	어떤 M은 P', P'', P'''이다. S는 P', P'', P'''이다. S는 아마도 M일 것이다.

위의 정의에서 귀납과 가추의 차이를 설명하기 위한 Peirce의 예를 살펴보자. <표 IV-2>에서 귀납과 가추의 차이는 사례가 어떤 특성을 공유하고 있는지를 발견하는 것과 관련된다. 귀납에서는 모든 유사한 사례가 그 특성을 공유했다는 결론에 도달한다. 공1, 공2, 공3이 하얗다는 특성을 통해 가방 안의 공이 모두 하얗다는 결론에 도달하는 것이다. 반면 한 가지 사례가 다른 사례들의 집합과 많은 특성을 공유하는 것이 발견되면, 가추는 그 사례가 그 집합에 속한다는 결론에 도달하게 한다. 하얗고 나무로 만들어졌으며 지름이 1cm이고 매끈하다는 공 S의 특성은 가방 안의 공들과 공유된 특성이므로, 공 S가 가방에 있는 공들의 집합에 속할 것이라는 결론에 도달하는 것이다.

〈표 IV-2〉 Peirce의 1867년 가추 정의에 따른 예

귀납	공1, 공2, 공3이 여기 있는 가방에서 임의로 선택되었다. 공1, 공2, 공3은 하얗다.
	이 가방 안의 공은 아마도 하얄 것이다.
가추	이 가방 안에 있는 어떤 공은 하얗고 나무로 만들어졌으며 지름이 1cm이고 매끈하다. 이 공 S는 하얗고 나무로 만들어졌으며 지름이 1cm이고 매끄럽다.
	이 공은 아마도 그 가방에서 나왔을 것이다.

1878년 Peirce는 규칙, 사례, 결과를 이용하여 추론 유형을 다시 묘사하였다. 이때는 <표 IV-3>의 삼단논법을 따른다.

〈표 IV-3〉 Peirce의 1878년 가추 정의

연역	규칙 - 이 가방에서 나온 모든 콩은 하얗다. 사례 - 이 콩들은 이 가방에서 나왔다.	M은 P이다. S는 M이다.
	결과 - 이 콩들은 하얗다.	S는 P이다.

귀납	사례 - 이 콩들은 이 가방에서 나왔다. 결과 - 이 콩들은 하얗다. ――― 규칙 - 이 가방에서 나온 모든 콩은 하얗다.	S는 M이다. S는 P이다. ――― M은 P이다.
가추	규칙 - 이 가방에서 나온 모든 콩은 하얗다. 결과 - 이 콩들은 하얗다. ――― 사례 - 이 콩들은 이 가방에서 나왔다.	M은 P이다. S는 P이다. ――― S는 M이다.

위의 설명과 1867년 설명의 차이는 그리 크지 않지만 눈여겨볼 점이 있다. <표 IV-3>의 범례에는 여러 특성 대신 '하얗다'는 한 가지 특성만이 포함되어 있다. Peirce는 가추가 매우 제한된 증거를 가지고도 가능할 수 있다고 생각했던 것으로 보인다. 아마도 Peirce는 과학적 발견에서 가추의 예를 조사하면서 그런 상황에 마주쳤을 것이라 여겨진다(Reid & Knipping, 2010, p.101). 또 1867년에 열거된 S', S'', S'''의 특정한 사례들은 이제 '이 콩들'이라는 하나의 대상에 숨어 겉으로 나타나지 않는다. 사례의 특정한 본질은 경시되고, '사례'가 일반성이 되는 가추[36]를 허락한 것이다.

이후 1903년 Peirce는 각 추론 유형이 만족하는 기능으로 초점을 옮긴다. 여기서 가추의 논리적 형식은 다음과 같이 축소되었다.

$$B \wedge (A \rightarrow B) \Rightarrow A \quad \text{(Peirce의 1903년 가추 정의)}$$

A이면 B인데, B라는 사실이 발견되었다, 그렇다면 A가 될 수 있다는 것이다. 논리학에서는 위와 같은 추론은 항상 참임을 보증하지 못하므로 잘못된 추론으로 간주하지만, 여기서 Peirce는 가추를 '설명적 가설(hypothesis)'과 동일시하였고, 어떤 사실을 발견하고 추측하고 설명하기 위한 형식으로 위의 정의를 사용하였다. 이때 가추, 연

36) "이 콩들은 하얗다"는 "이 샘플에서 모든 콩들은 하얗다"로 말할 수 있으며, 이것은 "이 가방에서 나온 모든 콩들은 하얗다"와 동일한 일반성을 갖는다.

역, 귀납은 탐구 과정에서 이 순서대로 특정한 역할을 하는 것으로 설명되었다. 가추는 사실을 설명하는 데 사용되고, 연역은 그 설명으로부터 검증 가능한 결과를 이끌어내고, 마지막으로 귀납은 이 결과를 검증하는 데 사용된다. 즉 가추는 새로운 사실을 도출하고, 연역은 가추의 결과로부터 필요한 결론을 도출하고, 귀납은 결과를 평가하는 것이다. 앞서 I장의 예에서도 학생들은 가추에 의해 "온도가 1℃ 상승할 때 증가한 기체의 부피는 온도가 0℃일 때 기체 부피의 1/273이다"는 것을 도출하였고, 이를 귀납에 의해 정당화하려는 노력을 보였다.

가추를 정의하고 바라보는 관점에 따라 가추가 가진 의미나 개념은 여러 가지이다. 따라서 연역이나 귀납과 대비되는 외연적 측면뿐 아니라 가추 자체의 내포적 측면의 정의를 염두에 두고 가추를 말하고 사용해야 할 것이다.

1.2 수학사적 예시

역사적으로 음수와 허수의 개념은 일반인뿐 아니라 수학자들조차도 받아들이기 어려웠다. Cardano는 1545년 「Ars Magna」라는 책에서 삼차방정식의 유형별 해를 구하는 규칙을 발표했다. 이 책에서 Cardano는 음수와 허수를 도입하였는데, 이 때 Cardano의 추론을 가추라고 볼 수 있다(Heeffer, 2007).

먼저 음수가 도입된 역사를 살펴보자. 방정식에서 음의 근은 그 의미를 설명할 수 없는 이상한 것이었다. 르네상스 시기 대수적 문제 해결은 수사적(rhetoric) 구조이었고, 수사적 구조로 인해 이차방정식의 근을 구하는 것은 제약이 있었다. 문제 해결에서 미지수는 특정한 값을 대신하는 것이기 때문에 미지수가 두 개의 값에 도달하는 것은 의미가 없었다. 「Ars Magna」 37장의 제목은 '음수를 요구하는 규칙

(de regula falsum ponendis)'인데, 여기서 Cardano는 음수가 필요한 이유를 세 가지로 말하였다. 첫째, 음수를 가정하는 것이 필요하다. 모든 해는 어떤 미지의 양과 같다는 가정으로부터 시작하는데, 음수를 가정하는 것은 음의 미지수, 즉 미지의 양에 대해 x 대신에 $-x$를 사용할 수 있음을 의미한다. 둘째, 음의 제곱근을 찾는다. 이차방정식을 기하적으로 해결하려는 노력에 실패한 후 Cardano는 수학사에서 처음으로 허수를 사용하여 문제를 해결하였다. 셋째, 무엇이 아닌지를 찾는다. 그간 양에 대해서만 수를 적용시켜왔지만 상대적인 양에 대해서도 음수를 적용할 필요가 있었다.

그리고 Cardano는 다음 문제에서 음수를 처음으로 보여주었다.

(문제) Francis의 아내의 지참금은 Francis의 재산보다 100 aurei가 더 많고, 지참금의 제곱은 그의 재산의 제곱보다 400이 더 많다. 지참금과 재산은 각각 얼마인가?

(풀이) 재산을 $-x$라고 가정하면, 지참금은 $100-x$이다. 각각을 제곱하면 x^2과 $10000+x^2-200x$이된다. 이 값의 차가 400 aurei이므로, $x^2+400+200x=10000+x^2$. 동류항을 빼면 $200x$가 9600이 된다. 여기서 x는 48이고 그는 음수를 가지므로 돈이 부족하고, 지참금은 52가 된다. 즉 Francis의 재산은 -48 aurei, 그의 아내 지참금은 52 aurei이다. 이런 방법으로, 어렵고 복잡한 문제를 해결할 수 있다.

16세기 초반 음의 값은 변칙(anomaly)이라고 여겨졌으므로 Cardano는 재산이 x가 아닌 $-x$라고 가정하였다. 그래서 미지의 양 x는 48이라는 양수 값에 도달하였다. 이후에 Cardano는 음의 근을 받아들여 -4를 '$4m$'으로 표기하였다. 음수가 받아들여진 이유는 문제의 형식화와 관련된다.

Cardano의 가추를 Toulmin의 틀에 따라 정리해보면 [그림 Ⅳ-2]와 같다.

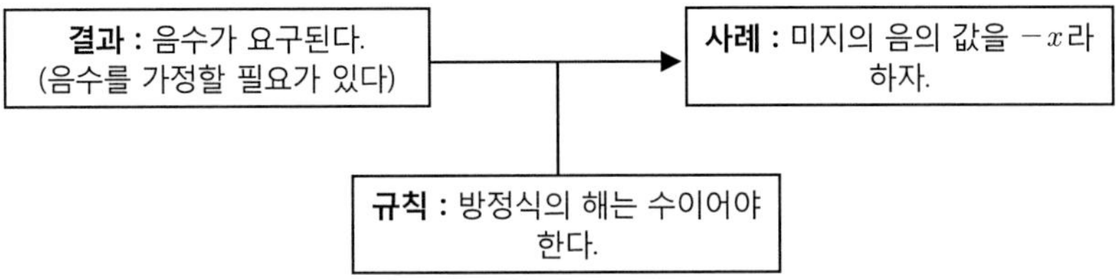

[그림 Ⅳ-2] Cardano의 음수 도입에 사용된 가추

Cardano가 「Ars Magna」를 출판한 이후 20년도 안 되어 대수 교과서에서 음의 항이 빈번하게 등장하게 되었다. 음의 근, 음의 항 개념은 가추의 결과이다. Fibonacci가 처음으로 음의 해를 발견했으나 그 후 대수적 절차에 대해 인식론적으로 신뢰가 가도록 음의 해에 다른 설명이 필요했다. 그래서 Cardano는 음의 근을 받아들이기 위한 가설을 찾았다. 그는 오랫동안 변칙으로 남아 있던 문제를 피하거나 묻어두지 않고 만족스런 해를 찾으려 했고, 결국 '놀라운 사실'을 받아들이게 하는 설명적 가설을 $-x$라는 표현으로 구성했고, 이렇게 새로운 개념을 만들었다. 가추에 의해 새로운 개념이 등장하는 역사적 예를 제공한 것이다.

2 가추의 유형

새로운 사실을 발견할 수 있게 하는 가추는 독창성을 요구한다. Bonfantini & Proni(1980/1994)는 그 독창성의 정도에 따라 가추의 유형을 세 가지로 구분하였다. 가추는 주어진 결과를 보고 사례를 추론할 때 매개가 되는 '규칙'에 의존하는데, 그 규칙이 어떻게 등장한 것인지에 따라 가추의 유형이 분류되는 것이다. 첫째는 그 규칙이 의무적으로, 그리고 자동적 혹은 반자동적으로 주어지는 것이고, 둘째는 여러 가지 규칙이 존재하는 곳에서 그 규칙이 선택적으로 발견되는 것이며, 셋째는 그 규칙이 새로이 개발되고 창안되어 추측 작용이 일어나는 것이다. 이것은 Eco(1983)가 '지나치게 규범화된(over-coded)', '덜 규범화된(under-coded)', '창조적(creative)' 가추로 나눈 세 가지 분류에 대응한다.

'지나치게 규범화된 가추'는 규범화된 법칙이 자동으로 또는 반자동으로 주어지는 추론이다. 예를 들어, 영어로 man이라 한다면 이것은 '어른 남자'를 의미하는 것이다. 이러한 의미를 이해하기 위해서는 man이라는 소리를 듣고 이것이 영어단어라는 것을 가정해야 한다. 이러한 가정은 단어를 듣고 자동적으로 나온 규칙이며, 어른 남자라는 것을 추론하게 한다.

'덜 규범화된 가추'는, 특정한 사례가 주어질 때 동일한 수준의 개연성을 지닌 일련의 규칙 중에서 어느 한 규칙을 선택하는 것이다. 이때의 규칙은 올바른 것인지 확실하지 않기 때문에 검증을 기다리는 것이다. Kepler가 화성의 타원궤도를 발견할 당시, 그는 여러 기하 곡선 중에서 하나를 선택해야 했다. 우주의 규칙에 대한 가정은, 행성이 임의로 도약하지 않고 나선이나 사인 곡선처럼 나아가지도 않는다는 것이었고 그래서 닫혀 있는 초월 곡선만을 찾아야 했다. 케플러가 여러 초월 곡선 중 타원을 선택한 것은 덜 규범화된 가추에 의한 것이었다. 통용되는 다양한 지식 중에서 이용할 수 있는 적합한 지식을 선택하는 것은 덜 규범화된 가추이다.

특정한 사례를 암시하는 결과에 대하여 알려진 일반 법칙이 존재하지 않을 수 있다. 이때 추론가는 새로운 일반 규칙을 발명해야 한다. 새로운 일반 법칙의 발명을 포함한 가추를 Eco는 '창조적 가추'라고 불렀다. 창조적 가추의 예는 확립된 과학적 패러다임을 바꾸는 혁명적인 발견에서 나타난다(Kuhn, 1962/2013). 창조적 가추는 규칙을 새로 만들어내기 때문에 새로운 규칙이 입증되면 새로운 발견은 패러다임의 변화를 가져올 수 있게 된다.

Eco(1983)는 여기에 '메타-가추'를 추가했다. 메타-가추는 앞서의 세 가지 가추에 기초하고 있는 세상이 우리의 경험에 의한 세상과 동일한지 아닌지를 결정하는 것과 관련된다. 즉 추측이 적합한지 결정할 때 나오는 것으로, 수학적 발견을 이루고 난 후 그것을 검증하고자 하는 생각이 메타-가추이며, 수학에서는 그 후 연역을 요구한다. 창조적 가추는 새로운 규칙을 발명하고 이를 검증할 필요성이 지나치게 규범화되거나 덜 규범화된 가추보다 더 크기 때문에 메타-가추를 더 필요로 한다.

지나치게 규범화된 가추는 거의 모든 상황, 특히 전통적인 교육 형태에서 나타난다. 새로운 규칙이 도입되고 명확히게 말해지지 않은 새로운 과제를 해결해야 한다면, 학생은 과제와 규칙 사이의 일관성을 가추에 의해 인식해야 한다. 규칙이 자동적으로 주어지면 지나치게 규범화된 가추가 사용되는 것이며 일상적인 의미로는 발견이라 간주될 수 없다. 앞서 I장에서 학생들은 가추에 필요한 규칙을 교사의 발문에서 얻었는데, 이것은 학생들이 지나치게 규범화된 가추를 하도록 교사가 의도한 것이 되었다. 따라서 창조적 가추와 덜 규범화된 가추가 발견 학습의 핵심 요소를 묘사하는 데 중요한 추론이고, Meyer(2010, p.192)도 이를 언급한 바 있다. 동일한 추론의 결과가 보이더라도 주체에 따라 지나치게 규범화된 가추가 될 수도 덜 규범화된 가추가 될 수도 있는 것이다.

각각의 가추는 Toulmin의 모델에 의해서도 설명될 수 있다. Pedemonte & Reid(2011)는 증명 과정에서 나타난 가추의 유형을 탐색하였는데, 지나치게 규범화된 가추, 덜 규범화된 가추, 창조적 가추를 Toulmin의 모델로 나타내었다. Toulmin(1958)의 모델에서 C(claim; 주장)는 화자의 말이고, D(data; 자료)는 C를 정당화하는 자료이고, W(warrant; 보증)는 자료 D를 주장 C와 연결하게 하는 추론 규칙이다. 논증에서 첫 단계는 어떤 입장(standpoint)으로 표현되고, 그 입장은 주장이라 불린다. 두 번째 단계는 주장을 옹립하는 자료의 생산이다. 세 번째 단계는 자료를 사용하는 정당성을 제공하는 보증을 생각하는 것이고, 이 보증은 자료와 주장 사이의 연결을 하는 원리 또는 규칙이 될 수 있다. 부가적으로 B(backing; 후원)는 W에 대한 후원을 한다.

주장 B를 할 때 자료 D가 무엇인지 생각해내는 추론에 대해, 가추의 유형에 따라 나타나는 모델을 생각해본다. 먼저, 지나치게 규범화된 가추를 Toulmin의 모델로 나타내면 [그림 IV-3]과 같다. 일반 규칙이 논증 W로 제시되고, 논증 W에서 규칙의 사용을 합법화하는 후원(S)이 존재한다.

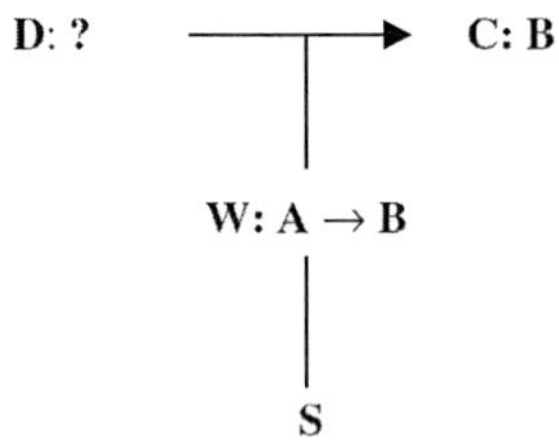

[그림 IV-3] 지나치게 규범화된 가추 (Pedemonte & Reid, 2011, p.299)

덜 규범화된 가추는 Pedemonte & Reid(2011)에서 두 가지 형식으로 나타났는데, [그림 IV-4]의 첫 번째 (a)는 선택해야 하는 모든 규칙에 대해 후원이 동일한 경우이고, 두 번째 (b)는 후원이 규칙마다 다른 것이다. 후자의 경우 각각의 규칙이나 정리가 서로 다른 수학 이론에 의해 지지될 수 있다. 그래서 특정한 규칙으로서 보증은 이론들의 집합과 규칙의 집합 중에서 선택되어야 한다. 학생들이 이 선택을 하는 것은 매우 어려운 일이다. 덜 규범화된 가추 두 가지는 증명의 구성에서 어려움을 야기할 수 있으며, 특히 후자는 정확한 규칙뿐 아니라 '좋은 이론'을 선택해야 하기 때문에 학생들에게 더 어려울 수 있다. 전자는 다루기 더 쉽지만 (선택이 이론이 아니라 규칙에 한정되어 있기 때문에) 경우에 따라 분명히 후원으로 보이는 이론이 문제를 해결하는 데 충분하지 않을 수도 있어 어려움을 야기하기도 한다.

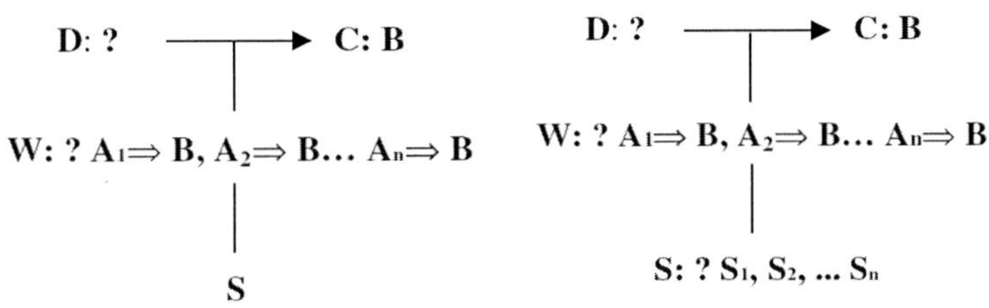

(a) (b)

[그림 Ⅳ-4] 덜 규범화된 가추의 두 가지 유형
(Pedemonte & Reid, 2011, p.300)

창조적 가추의 틀은 [그림 IV-5]와 같다. W의 물음표는 주장 C를 정당화하기 위해 어떤 규칙이 발견되어야 한다는 의미이다. 덜 규범화된 가추와 달리, 이 규칙은 기존의 규칙 중에서 선택되는 것이 아니라 창조되어야 한다. 이런 이유로 창조적 가추는 학생들이 가장 다루기 어려운 가추이다.

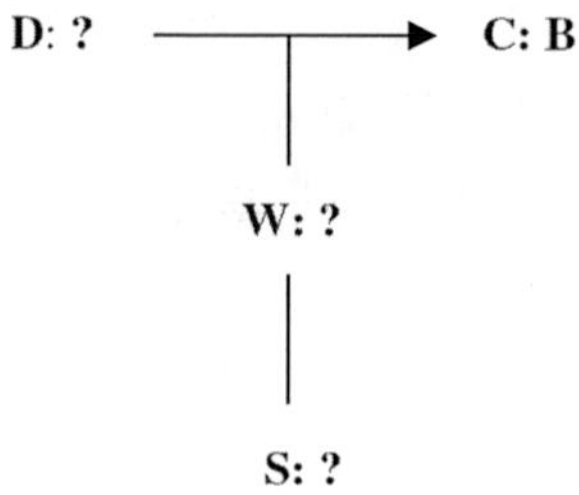

[그림 Ⅳ-5] 창조적 가추 (Pedemonte & Reid, 2011, p.301)

3 가추와 다른 추론의 관계

전통적인 관념에서 모든 추론은 연역과 귀납의 두 가지로 나뉜다. 특히 비연역적 유형의 추론은 귀납이라고 불려 왔다(Magnani, 2009). 하지만 추론의 과정을 자세히 들여다보면 가추와 귀납은 구분되며, 연역과 귀납의 과정에 가추가 기여하는 것을 볼 수 있다. 이 절에서는 이러한 사실에 대해 고찰해 본다.

3.1 가추와 연역

수학과 수학교육에서 선호되는 연역은 증명을 통해 가장 잘 드러날 수 있다. 이 절에서는 연역이 주된 역할을 하는 증명에서 가추가 어떻게 등장하고 무슨 역할을 하는지 살펴봄으로써 가추와 연역의 관계를 생각해보려 한다.

수학에서 증명해야 할 명제는 발견과 추측의 과정을 통해 생성된다. 그리고 그 명제의 타당성은 증명을 통해 확보된다. 하지만 증명의 전 과정이 모두 연역으로만 이루어지는 것은 아니다. 증명을 하기 위한 아이디어, 가설로부터 결론에 도달하기 위해 어떤 정리나 개념이 쓰일지 판단하고 적용하는 데에는 가추가 적용된다. 즉 연역으로 진행되는 증명의 대상을 추측하고 증명의 아이디어를 찾는 과정에는 가추가 쓰이게 된다. Arzarello et al.(1998)은 가추가 가설을 생각하거나 결과를 추측하는 변증법에서도 필수적인 역할을 한다고 하였다. 가추가 증명으로 나아가도록 돕고, 경우에 따라 그와 깊이 관련된다는 것이다.

Pedemonte & Reid(2011)는 증명 과정에서 가추의 역할을 분석하였는데, 지나치게 규범화된 가추, 덜 규범화된 가추, 창조적 가추의 유형이 증명 과정에서 모두 등장한다는 것을 발견하였다. 연역적 과정에 앞서 등장한 가추는 그 유형에 따라 추론의 내용이 달라지는데, 지나치게 규범화된 가추의 경우는 알려진 규칙을 적용하기 위해 필요한 자료를 찾고, 덜 규범화된 가추는 이론에 의해 후원되는 규칙을 이미 알고 있는 것에서 선택을 하거나 여러 규칙을 후원하는 여러 이론을 선택해야 하고, 창조적 가추는 규칙을 창조하게 하였다.

지나치게 규범화된 가추와 후원(backing)이 하나로 정해진 덜 규범화된 가추인 경우 학생들은 증명의 구성을 더 잘 할 수 있었다(Pedemonte & Reid, 2011). 더 적은 정보를 다루고 제한된 범위의 규칙들로부터 규칙을 선택할 수 있기 때문이다. 하지만 규칙마다 후원이 다른 덜 규범화된 가추와 창조적 가추의 경우, 혼란스럽고 무질서를 야기하는 많은 부적절한 정보가 논증 과정에 관여할 수 있어서 증명을 구성하기 어렵다. 더구나 창조적 가추의 경우 학생들이 구성한 규칙이 논증 동안 증명되어야 한다. 이 규칙이 참이라고 가정되지 않으면, 학생들은 그것을 정리로 인식하지 않아 증명에 사용할 수 없기 때문이다.

증명에 가추를 사용하는 것과 증명을 구성하는 것의 관계는 그리 간단하지 않다. 가추가 증명에 사용되는 연역에 요구되는 요소에 더 접근

가능하게 할 수도 있고, 증명을 하는 데 필요한 이론과 정리를 찾고 설명하기에 더 쉬운 가추가 증명 구성을 더 쉽게 하기도 한다. 따라서 교사의 역할은 학생들이 정확한 이론이나 규칙을 선택하도록 돕고, 덜 규범화된 가추를 지나치게 규범화된 가추로 변형하도록 이끄는 데 있다 (Pedemonte & Reid, 2011, p.292).

3.2 가추와 귀납

수학교육에서 일반화는 귀납의 한 유형으로서 그 중요성과 의의가 인식되어 왔다. 일반화는 여러 개개의 사례로부터 일반화된 규칙을 찾는 것으로 그 전반적인 과정과 결과를 우리는 일반화라 일컫는다. 하지만 Rivera & Becker(2007a, 2007b)는 일반화 활동의 과정 안에 가추와 귀납 두 가지 추론이 모두 관여한다는 것을 발견하였다[37]. 이는 Peirce가 가추에 의해 만들어진 가설을 검증하는 영역이 귀납이라고 하면서, 귀납의 범위를 제한한 것으로부터 출발한다. 이에 따라 가추와 귀납의 관계를 생각해 보기로 한다.

Peirce는 귀납과 연역이 지식 구성에서 확정과 예측의 단계를 조작한다는 점에서 가추에 필요한 보충적 도구라고 보았다. 가추가 연역과 귀납에 도움이 된다고 보는 부수적인 역할의 관점을 뒤집어 가추가 주요 추론이고 연역과 귀납이 가추의 부수적이라는 입장을 취한 것이다. Rivera & Becker(2007b)는 이를 [그림 IV-6]과 같이 나타내었다.

가추는 불완전한 지식 기반으로부터 실용적인 추론을 하는 것이다. 낱낱의 사례를 보고 일반화된 규칙을 생각해 내는 것은 차원을 넘어서는 발전을 하는 것이고, 따라서 이 추론은 확장적(ampliative)이

37) 여기서 일반화는 추론의 한 유형이라기보다 수학적 활동을 말한다.

된다. 한편 귀납은 그 결론이 일반화의 결과라는 점에서 확장적이지만 불완전한 지식 기반에 의존하여 가추에 의한 일반화 과정을 확정하는 역할을 한다. 연역은 타당하고 필요한 추론이며 그 결론은 일반화가 아니다. 완벽한 지식 기반 위에서만 수행될 수 있는 추론이다.

가설을 선택하고 확정하는 것의 차이는 Peirce가 제안한 가추와 귀납의 의미로 설명된다. 가능성에서 일반성으로 전환하는 과정은 불완전하지만 항상 가추로부터 시작된다. 새로운 개념, 가설, 이론을 구성하는 것은 귀납이 아니다. 가추를 통해 어떤 추측을 선택하고 그 내용을 풍부하게 확장하며, 직접 관찰할 수 없지만 종종 결과로부터 시작하여 그 이유를 찾는 새로운 개념, 가설, 이론의 발견을 가능하게 하는 '창의적 추론' 과정을 이용한다. 귀납은 가추에 의한 추측에 대해 동일한 지식을 더 많이 확인하면서 결론을 확정하는 것이다.

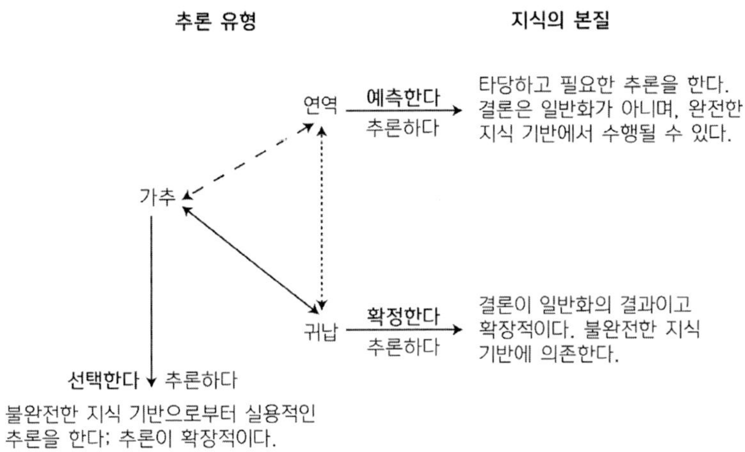

[그림 Ⅳ-6] 일반화에서 가추, 귀납, 연역의 역할 (Rivera & Becker, 2007b)

이를 보여주기 위해 Rivera & Becker(2007b)는 초등학교 예비교사들에게 아래의 과제를 제시하고 소리 내어 생각하도록 하고 면담을 하여 예비교사들의 추론을 조사하였는데, 일반화 활동을 의도한 과제에서 가추가 사용되는 것을 찾아내었다.

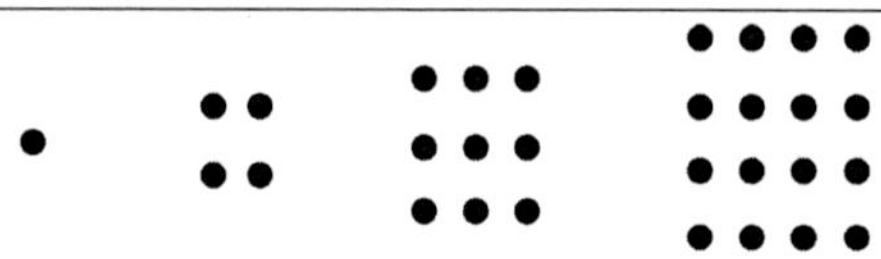

배열 번호	1	2	3	4
점의 개수	1	4	9	16

a. 다음에 나올 두 정사각형을 그리고 각각을 그리는 데 필요한 점의 수를 구하여라.
b. n번째 배열에서 정사각형을 형성하려면 몇 개의 점이 필요한가?

이 문제에서 대부분의 예비교사들은 배열 번호와 점의 개수를 보고 n^2을 이끌어냈다. {1, 4, 9, 16, 25, 36}이 제곱수라는 사실을 금방 알아차리고 n^2이라는 식을 쓴 것이다. Rivera & Becker는 문제에 주어진 정보로부터 새로운 사실을 알아낸 예비교사들의 추론을 가추로, 귀납은 그 일반화 과정을 확정하는 추론으로 보았다. 일반화 활동을 생성하고 정당화하는 것은 쉽지만 가추로부터 나온 식의 개연성을 확장해서 검증하는 것은 귀납뿐이라는 점에서 가추와 귀납은 상호 보완적이다. Rivera & Becker(2007b)는 패턴의 일반화 활동에서 가추와 귀납의 추론 과정을 [그림 IV-7]과 같이 나타내었다.

Rivera & Becker(2007b)에 따르면, 그림이나 수치적 전략을 선호하는 것이 가추로부터 나온 식이 발견되고 구성되는 방식에 영향을 주고, 귀납의 단계에서 그 식의 유용성을 테스트하고 확정하는 것은 전제가 결론을 수용하는 것이 타당한지 결정하는 데 도움이 된다. 가추의 단계에서 참여자들은 한두 개의 단서에만 기초하여 집합에 대한 실용적인 규칙 R을 발견하고 구성하였다. 귀납 단계에서 참여자들은 몇몇 더 많은 단서에서 규칙 R의 실용성을 반복하여 테스트하고 확정하였고, 규칙 R을 전체 집합에 유효한 형식 F로 일반화시켰다.

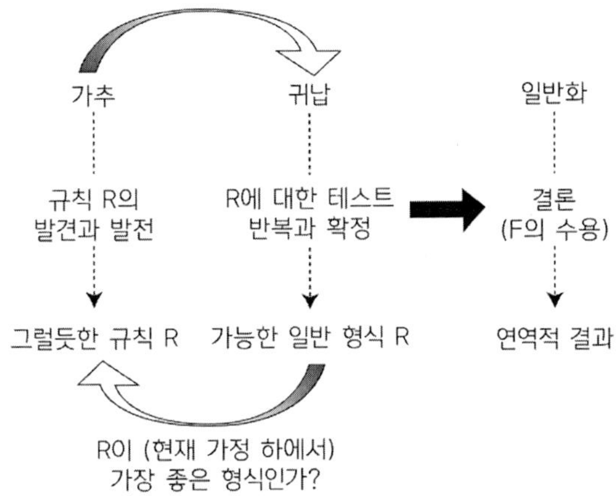

[그림 IV-7] 패턴의 일반화 활동에서 가추-귀납의 추론 과정
(Rivera & Becker, 2007b)

위의 예에 따르면 가추와 귀납은 둘 다 새로운 발견과 관련되지만, 가추는 새로운 사건을 발견하는 반면 귀납은 새롭지 않은 경향성을 발견하는 것과 관련된다. 귀납은 확장적인 실험을 통해 가추에 의해 만들어진 가설을 테스트하고 테스트에서 성공이 거듭될수록 그 가설에 대한 확신이 증가된다. 귀납은 둘 이상의 특정한 예로부터 어떤 추가적인 가정을 가지고 대상들의 전체 부류에 어떤 특성이나 관계를 일반화하는 것과 관련된 반면, 가추는 주어진 예에서 가설로 개념적 도약을 촉진한다. 귀납은 명백한 일반화를 구성하지만, 가추는 완전히 다른 수준의 추상화를 만들어낸다(Deutcher, 2002, p.471; Rivera & Becker, 2007a, 재인용).

4 학교수학에서 가추의 적용

학교수학에서 가추가 적용되는 사례를 모델링, 안내된 중재 가추 수업 모형, 가추를 요구하는 문항 유형으로 살펴본다.

4.1 모델링에서 가추

수학적 모델링은 실세계 상황에서 문제를 도출하고 그 문제를 수학적으로 해결하여 다시 실세계 상황으로 해석하는 과정이다. 학생들은 수학적 모델링을 통해 수학이 실생활에 응용됨을 알 수 있고, 현실 상황을 수학적 모델로 바꾼 후 계산하고 잘 정의된 수학 문제를 해결하기 때문에 문제 해결력 또한 향상될 수 있다. Lesh & Doerr(2003)는 수학 교수, 학습, 문제 해결에 대한 기존의 관점이 모델과 모델링의 관점으로 변화될 것을 주장하기도 했다.

김선희·김기연(2004)은 수학적 모델링에서 활용되는 추론의 유형을 분석함으로써, 모델링에서 수학의 기본적인 지식, 기능과 수학에서 강조되는 추론이 학습될 수 있음을 보였다. 이들은 학생들의 모델링 과정을 분석하면서 모델의 생성과 검증 등에 다양한 추론이 사용되고 있음을 확인하였다. 이 연구에서 학생들에게 주어진 과제는 Big Foot이라 불리는 문제로, 학생들이 사용할 핵심적인 아이디어는 비례관계이다. 학생들은 신문기사를 읽고 탐정이 되어 범인을 찾는 활동에 임해야 하는데, 제시된 문제 상황은 다음과 같다.

> 용의자의 발자국이 발견되다!!
> 서울시 행복구 화목동에 이상한 일이 발생했다. 어느 날부터 동

네 공터에 있는 놀이터를 누군가가 망가뜨리기 시작한 것이다. 아이들이 맘껏 뛰어 놀 수 있도록 만들어 놓은 모래밭과 잔디밭이 엉망이 되기 시작했고, 매일 아침 놀이터를 찾아가 보면 주변의 나무가 한 그루씩 없어져 있었으며, 크고 작은 놀이기구들이 하나씩 망가지고 있었다.

밤마다 사람들 몰래 이곳을 찾아와 놀이터를 망가뜨리는 사람이 누군지를 밝혀내기로 한 동네 사람들은 밤새 놀이터를 지키기도 했지만 결국 그가 누구인지 밝혀내지 못한 채 놀이터는 사라져 가고 있었다. 동네 사람들은 그를 거미아저씨라고 불렀다. 그러던 어느 날 화목동 신문에 다음과 같은 특종기사가 실렸다.

지난 6월 5일 아침, 밤새 비가 내린 후 놀이터를 찾은 아이들이 놀이터에 찍혀있는 발자국 하나를 발견했다는 제보 전화가 걸려왔다. 밤새 내린 비 때문에 놀이터에 나온 동네 사람이 아무도 없을 것으로 생각한 경찰은 그 발자국의 주인이 용의자(일명 거미아저씨)가 분명하다고 판단, 그를 찾기 위한 수사에 착수했다. 경찰의 기초 수사 결과 용의자는 화목동 주민이 분명하며 그를 찾기 위한 수사에 S영재교육원 탐정팀도 참여한다고 밝혔다. 탐정팀은 이 수사에서 용의자의 키를 찾아내는 일을 맡았다고 한다. 하루 빨리 용의자의 신상을 파악하여 범인이 검거되기를 바란다. <S일보, 김○○ 기자>

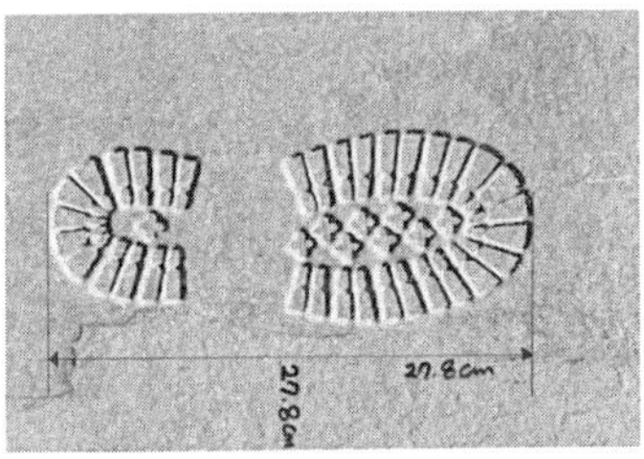

6월 5일 아침, 놀이터에서 발견된 용의자의 발자국

자, 이제 이 사람을 찾아보자! 우리에게 주어진 단서는 이 발자국 하나뿐이다. 우리가 알아내야 할 것은 용의자의 키가 대략 얼마나 되는가 하는 것이다.

[그림 IV-8] 수학적 모델링 Big Foot 과제 (김선희·김기연, 2004)

문제 상황에서 용의자의 키를 알아내기 위해 학생들에게 제시된 활동 내용은 다음과 같다. 수학적 모델링 과정에 따라 학생들은 현실 모델을 만들기 위해 문제를 이해하고(①), 문제 상황을 단순화하여 현실모델을 구성하고(②), 수학적 모델을 만들기 위해 추상화를 하며(③), 계산을 하여 수학적 결과를 얻고(④), 현실 문제에 맞게 해석을 해야 한다(⑤). 이에 따라 학생들에게 다음의 과제를 주었다.

① 신문기사를 읽고 무엇을 구해야 하는지 토의하라.
② 어떤 방법을 사용할 수 있는지 토의하라.
③ 어떤 수학적 성질이 사용되었는가?
④ 찾아낸 방법을 수학적으로 표현하여 용의자의 키를 구하라.
⑤ 결과가 올바른지 생각하라.

이 실험에서 김선희·김기연(2004)은 문제 상황에 대한 현실 모델과 수학적 모델을 구분하여, 현실 맥락에 비추어 본 내용은 현실 모델, 수학 개념과 표현으로 나타낸 것은 수학적 모델이라 하였다. 학생들은 현실 문제에서 시작하여 용의자의 키를 찾아야 한다는 것을 지각하고, 주어진 발자국을 단서로 하여 키를 찾아야 한다고 생각하여 발사이즈와 키의 관계로 현실 모델을 구성했다. 인터넷에서 본 적이 있는 신체 비율에 의해 키를 찾을 수 있다고 생각한 학생들의 첫 번째 수학적 모델은 신체 비율이었다. 학생들은 두 팔을 벌려 양손 끝까지의 거리가 키와 같고 발사이즈는 팔목에서 팔꿈치까지의 거리임을 확인하였다. 신체 비율에 대한 지식을 동원해서 손끝에서 팔꿈치까지의 길이의 4배를 키로 하고 팔목에서 팔꿈치까지의 길이를 발사이즈로 하여 키가 168cm일 것으로 추정했다. 다른 학생들은 여러 학생들의 키와 발사이즈를 더 조사했고, 신체 비율과 비례 관계 어느 것이 적합할지를 고민했다. 신체 비율을 이용했을 때는 키가 손끝에서 팔꿈치까지의 거리의 4배라는 결과를 얻었고, 비례 관계를 사용했을 때는 키가 발사이즈의 5.8배라는 결과를 얻었다. 하지만 학생들이 선택한 최종적인 수학적 모델은 (키의 평균)-(발사이즈의 평균)의 값을 구하여 발사이즈 대신 27.8을 대입하는 것이었다.

학생들이 Big Foot 문제를 해결하기 위해 생각해낸 수학적 모델은 다음과 같이 여러 개가 있었다:

- (발길이) = (손목뼈에서 팔꿈치까지의 거리)
  (손길이) = (발길이)×0.5
  (손끝에서 팔꾼치까지의 거리) = (발길이)×1.5
  (키) = (손끝에서 팔꿈치까지의 거리)×4
- (키) = (발사이즈)×5.8.
- (키의 평균) − (발사이즈의 평균) = 상수

Big Foot 문제 상황에서 학생들이 경험한 모델링 과정은 [그림 IV-8]과 같다. 모델을 현실에 맞게 해석하여 잘못된 점이 발견되었을 때 학생들은 현실 모델에서부터 다시 새로운 수학적 모델을 구성하는 절차를 밟았다. 따라서 3차에 걸친 수학적 모델을 형성하였다.

이 수학적 모델링 과정에서 학생들이 사용한 추론에 대해 살펴본다. 신체 비율에 의하여 학생들이 구성한 Ⅰ차, Ⅱ차 수학적 모델링에서 나타난 추론을 조사했을 때, 학생들은 연역, 귀납 뿐 아니라 가추를 사용했다. 특히 학생들이 새로운 모델을 선택하고 구성하고 해석하는 전 과정에서 가추는 유용하게 작용했다. 각 과정에서 사용된 추론을 정리하면 [그림 IV-9]와 같다.

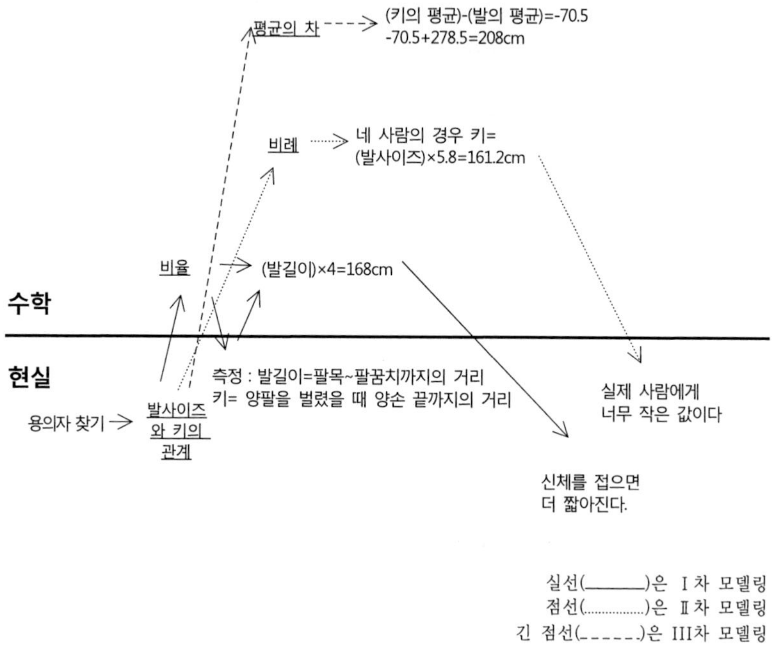

[그림 IV-8] Big Foot 문제의 모델링 과정 (김선희·김기연, 2004)

수학적 모델링 과정에서 학생들의 사고는 가추, 귀납, 연역 세 가지 추론으로 설명될 수 있었으며, 가추의 네 가지 유형도 발견되었다. 모델링 과정에서 나타난 학생들의 추론은 대개 수학적 모델의 생성과 검증, 수정과 관련되었다. 현실 모델로부터 수학적 모델을 생각해낼 때 학생들은 덜 규범화된 가추를 사용하였고, 그 모델이 옳은 것인지를 검증하는 과정에서는 귀납을 주로 사용했고 연역도 사용했다. 수학적인 결과를 얻기 위해 계산을 하고 식으로 나타낼 때는 연역을 사용했다. 수학적 결과에 대한 현실적 근거를 찾기 위한 추론에서는 임의의 규칙을 적용하는 창조적 가추를 사용했고, '신체는 반으로 접힌다.'는 잘못된 가설을 수정할 때에는 연역을 사용했다. 그리고 모델을 수정하여 2차 모델링을 시작할 때는 자신의 신체를 근거로 비례 관계를 찾아 지나치게 규범화된 가추가 사용되었다. 그리고 임의의 규칙을 도입한 창조적 가추에 대한 현실적 확인을 위해 메타-가추를 사용하기도 했다.

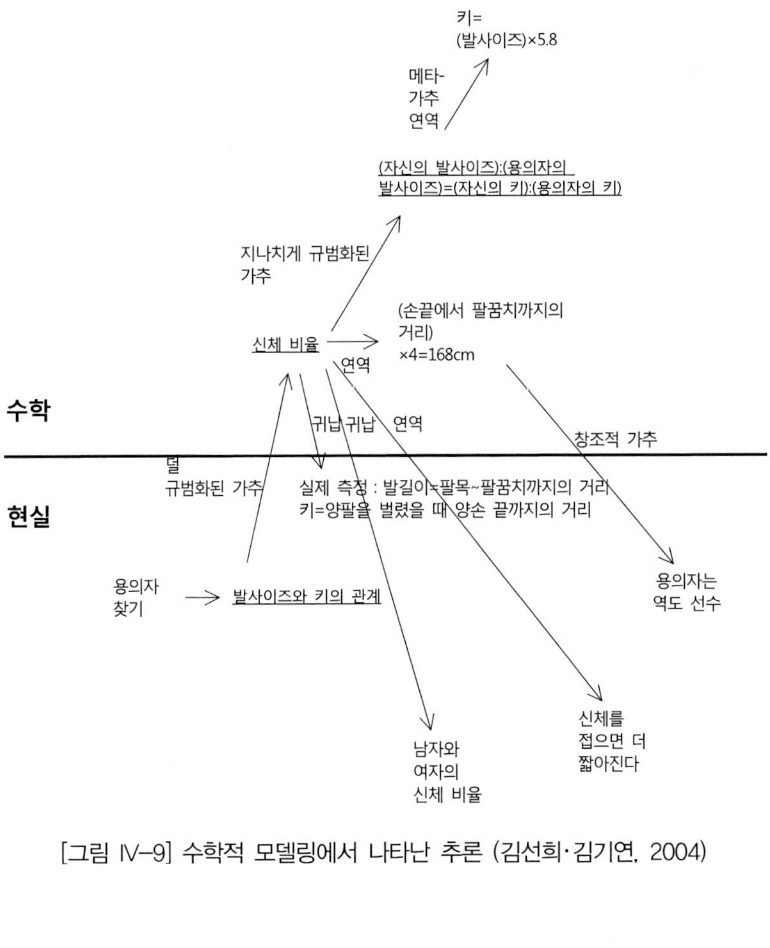

[그림 Ⅳ-9] 수학적 모델링에서 나타난 추론 (김선희·김기연, 2004)

모델링 과정에서 나타난 추론은 모델의 생성과 검증, 수정에서 여러 역할을 담당했다. 사례 연구이기 때문에 모델링 과정에서 각각의 추론의 역할을, 특히 가추의 역할을 일반화할 수 없지만, 가추는 모델의 생성과 검증, 수정의 과정에서 모두 나타났고, 연역은 수학적 계산과 모델의 검증에, 귀납은 모델의 검증에서 주로 역할을 하였다.

4.2 안내된 중재 가추 수업 모형

이 절에서는 가추를 수업 모형으로 적용한 사례를 살펴보고자 한다. Abarahamson(2012)은 수학 학습을 '안내된 중재 가추'라는 개념으로 보고, 수업의 흐름이 가추의 과정이 되도록 하여 학생들이 가추의 과정에 참여하도록 하는 수업을 구성할 수 있다고 하였다. 그는 탈맥락적 상황에서는 가추가 도출되지 않는다고 보고 문화적 자원에 의존해야 한다는 가정을 하면서, 사회인지적(sociocognitive) 과정이 가추를 안내하고 중재할 수 있음을 보였다.

Abarahamson(2012)은 학생들이 비의 법칙(law of ratio)을 재발명하도록 안내된 중재 가추를 통해 수학적 규칙을 이해하게 되는 구조를 수업에 도입하였다. 학생들에게 주어진 상황은 다음과 같다. "초록색 공과 파란색 공이 똑같은 개수로 들어 있는 상자에서 4개의 공을 동시에 꺼낸다고 하자. 공이 나올 각각의 가능성을 생각하라."

일반적으로 학생들은 2개의 초록 공과 2개의 파란 공(2G2B)이 나올 가능성이 가장 크다고 예측했고, 그 이유는 두 가지 색의 공이 똑같은 개수로 들어있기 때문이라고 했다. 교사는 조합의 알고리즘을 통해 표본 공간을 구성하도록 안내했다. 즉 가능한 조합은 0G4B, 1G3B, 2G2B, 3G1B, 4G0B이고, 각 조합의 수는 1, 4, 6, 4, 1임을 알게 했다. 학생들이 만들어 낸 것을 조사하고 이전의 예측을 반성하도록 했으며, 그 전체적인 추론 과정은 <표 IV-4>와 같다.

수학 학습이 안내된 중재 가추라고 본 Abrahamson(2012)은 위와 같은 수업의 계획에서 학생들에게 '결과'와 '규칙'으로부터 '사례'에 대한 판단을 하는 가추의 추론 구조를 수업 모형으로 제시하였다. 학습자의 가추는 교사가 만든 추론 프레임에 의해 지각적으로 또는 사회인식론적으로 중재되었다. 즉 가추가 중재될 수 있었다.

학생들에게 상황에 대한 성질을 판단하고 추론하라고 할 때 학생들은 처음에 이 성질을 한 '사례'로만 여기고 더 정당화하지 않았다. 그러나 교사가 상황의 수학적 모델로 구조화한 가공물을 구성하도록 안내하면, 학생들은 상황이 아니라 모델로 관심을 갖게 되고 그에 대한 판단을 사회적으로 지지할 필요성을 경험한다. 결과적으로 모델은 '사례'가 되고, 학생들은 상황에 대한 초기의 판단이 '결과'가 되도록 모델을 바라보는 '규칙'을 찾게 된다.

〈표 IV-4〉 안내된 중재 가추 수업 과정

추론 요소	개념	설명
결과	(2G2B의 가능성) > (3G1B의 가능성)	상자 안에 초록 공과 파란 공의 개수가 똑같이 있다는 것을 알고, 공을 한꺼번에 꺼낸다는 것을 생각할 때, 2개의 초록 공이 3개의 초록공보다 더 많이 나올 것 같다는 것을 감지했다. [현상에 대한 지각적 판단]
발견술	More A-More B	두 대상 사이에 알려진 부등식(inequality)이 다른 차원에서 대응하는 미지의 부등식을 암시한다. [직관적 영역-일반적 발견술]
규칙	(2G2B의 개수) > (3G1B의 개수) ⇒ (2G2B의 가능성) > (3G1B의 가능성)	어떤 유형의 카드 수가 상대적으로 더 많다는 것은 상자에서 그 유형의 카드를 꺼낼 가능성이 더 높다는 것을 의미하는 것이 사실이라면, 직관적 예측은 수학적 모델에 의해 확고해진다. 이렇게 해서 모델 자체가 그 상황을 분석하는 현명한 수단으로 타당화 된다. [가추]

추론 요소	개념	설명
사례	(2G2B의 개수) > (3G1B의 개수)	조합 즉 상황의 수학적 모델을 보면서, 3개의 초록색이 있는 카드와 비교하여 정확히 2개의 초록색 카드가 더 많이 존재한다는 것을 목격한다. [모델의 지각적 판단]

안내된 중재 가추 수업 모형은 학생들의 직관적인 개념에 밀접한 수업의 형식이며 동시에 수학적 분석에 대한 이해를 구조화하는 수업 모형이다. 이런 수업에서 교사는 학생들이 현상에 대한 직관에 의존하고 형식적 모델에 비추어 타당한 직관을 재고하도록 안내하여 학생들에게 수학을 의미 있게 하는 중추적인 역할을 담당해야 한다.

4.3 가추를 위한 학습 과제

수학 문제 해결에서 학생들에게 가추를 유도하기 위해서는 제시되는 문제에서 추론을 요구해야 한다. 이영하·강민정(2013)은 문제 상황에서 해결을 위한 가설을 세울 수 있게 해 주는 사고는 가추이므로, 수학 교과서의 문제에서 가추가 요구된다고 보고 그 유형을 분류하였다.

어떤 학생이 '규칙 : K유형의 문제는 일차방정식을 세워서 해결하는 경우가 낫다', '결과 : 이 문제는 K유형의 문제이다', 따라서 '사례 : 이 문제를 풀려면 먼저 무엇인가를 미지수로 하는 방정식을 세워야 해'라는 생각으로 문제 해결에 접근했다면 이 학생은 가추를 적용한 것이다(p.336). 이영하·강민정은 이와 같이 문제 상황으로부터 학생들이 문제 해결에 사용할 떠오르는 규칙의 개수에 따라 규칙이 1개인 경우 지나치게 규범화된(확정적) 가추, 규칙이 2개 이상인 경우 덜 규범화된(가변적) 가추로 문제를 분류하였다. 또 가추에 사용된 지식이 기존 경험과 지식 중에서 선택하는 것(선택형)과 기존 리스트에 없어 문제 상황에 맞게 경험, 지식의 조합을 통하여 직관적으로 새롭게 구성되는 경우(창작형) 구분하였다[38]. 이렇게 조합하면 문항들은 확정적-선택형, 확정적-창작형, 가변적-선택형, 가변적-창작형의 4가지로 구분된다. 그리고 가변적 가추에서 부분적으로 선택형이면서 창작형인 경우는 가변적-혼합형으로 추가하였다.

교과서에 나타난 문제를 각각의 유형으로 분류한 예시를 살펴본다. 먼저, 확정적-선택형의 경우는 [그림 IV-10]과 같다. 이 문제를 해결하기 위해서는 닮음인 두 도형에서 대응변의 길이의 비가 일정하다는 규칙만 적용하면 되므로 확정적-선택형 가추라 할 수 있다. 기본 원리를 그대로 적용하여 기초 지식을 확립하기에 사용하기 유용한 문항이다.

영화 속에서 키가 6m, 얼굴의 길이가 1.4m인 괴물을 촬영하기 위해 키가 30cm인 모형을 만들었다. 이 모형에서 얼굴의 길이는 몇 cm로 만들어야 하는지 구해보자. (박윤범 외, 2010, p.217)

[그림 IV-10] 확정적-선택형 가추를 요구하는 문항 예시 (이영하·강민정, 2013)

확정적-창작형 가추를 요구하는 문항의 예는 [그림 IV-11]과 같다. 이 문제를 해결하기 위해 학생들은 문제를 보자마자 생각해낼 수 없는 규칙(삼각형의 닮음)을 한 가지 찾아내고 이를 이용하여 문제를 해결해야 한다는 점에서 확정적-창작형이다. 이런 문항은 도형을 변형하거나 문제의 규칙을 스스로 발견하여 해결하는 형태로, 기초 지

38) 이영하·강민정(2013)은 지나치게 규범화된 가추를 가정 또는 확정적 가추, 덜 규범화된 가추를 가변적 가추, 창조적 가추를 창작형 가추, 메타-가추를 반성적 가추로 표현하였다.

식이 확립된 후 이미 알고 있는 원리를 찾아 창의적으로 문제를 해결하는 경우에 활용될 수 있다.

정사각형 모양의 성의 동, 서, 남, 북의 벽 가운데에 각각 성문이 있다. 북문을 나와 북쪽으로 20걸음 가면 큰 나무가 한 그루 서 있는데, 남문을 나와 남쪽으로 14걸음 간 지점에서 서쪽으로 직각으로 꺾은 후 1775걸음 걸어가야 비로서 나무가 보인다고 한다. 이 성의 한쪽 벽의 길이는 몇 걸음이나 되는가?

(정상권 외, 2011, p.75)

[그림 IV-11] 확정적-창작형 가추를 요구하는 문항 예시 (이영하·강민정, 2013)

가변적-선택형 문제의 예는 [그림 IV-12]와 같다. 문제에서 두 가지 방법을 비교하도록 제시하고 있는데, 이런 문항은 학습한 여러 원리 중 문제 해결을 위해 사용할 원리를 선택하는 형태로 나타나 기초 지식을 서로 관련시키는 데 적합하다.

$6x^2+17x+5$를 $6x^2+15x+2x+5$로 한 후 인수분해 하여도 결과가 같은지 확인해 보자.

(강신덕 외, 2011a, p.48)

[그림 IV-12] 가변적-선택형 가추를 요구하는 문항 예시 (이영하·강민정, 2013)

가변적-창작형 문항의 예는 [그림 IV-13]과 같다. 이미 학습한 수학 규칙 중 문제 상황에 도움이 될 규칙이 하나도 떠오르지 않아 새로운 규칙을 여러 개 생각해내는 경우이다.

내가 만드는 문제

이차방정식을 활용하여 실생활 문제를 해결할 수 있다. 반지름의 길이가 $20m$인 원 모양의 인공호수가 있다. 오른쪽 그림과 같이 호수의 둘레에 폭이 $x\,m$인 산책길을 만들려고 한다. 길의 넓이를 호수 넓이의 3배가 되도록 할 때, x의 값을 구하여라.

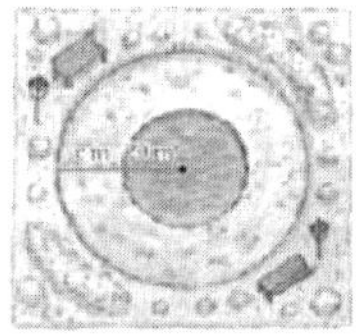

문제의 조건 바꾸기

· 호수의 크기를 다르게 하면?

· 길의 넓이를 호수의 넓이의 2배로 하면?

새로운 문제의 해결 : 조건을 바꾸어 새로운 문제를 만들고, 이를 해결해 보자.

(강신덕 외, 2011b, p.77)

[그림 Ⅳ-13] 가변적-창작형 가추를 요구하는 문항 예시 (이영하·강민정, 2013)

마지막으로 가변적-혼합형 문항의 예는 [그림 Ⅳ-14]와 같다. 이미 학습한 수학 내용 중 문제를 해결할 수 있는 규칙이 떠오르고 그 규칙과 다른 새로운 규칙을 생각해내는 문제이다. 이 문항은 도형의 닮음의 정의, 닮음비의 관계를 이용하여 선택형 가추를 할 수 있고 세제곱의 값이 2가 되는 제곱근의 값을 찾아야 하므로 창작형 가추도 활용될 수 있다.

부피가 2배인 제단을 만들어라

기원전 5세기경 그리스의 델로스 섬에는 전염병이 발생하여 많은 사람들이 죽었다. 겁이 난 사람들은 이것이 아폴로 신의 노여움 때문이라고 생각하여 아폴로 신에게 많은 곡물을 바치며 전염병을 없애 주길 간청했다. 그러자 아폴로 신은

"신전에 있는 정육면체 모양의 제단과 모양은 같게 하되 부피를 2배로 만들어라. 그리하면 전염병이 없어질 것이다."

라고 말하였다. 사람들은 제단과 똑같은 정육면체를 하나 더 만들어 제단 옆에 두고 부피가 2배가 되었으니 전염병이 없어질 것이라고 기뻐하였다. 그러나 병은 없어지지 않았다.

그래서 사람들은 다시 정육면체의 각 변의 길이를 각각 2배로 하는 새로운 제단을 만들었다. 그러나 이번에도 전염병은 없어지지 않았고 아폴로 신의 노여움을 진정시킬 수 없었다.
(1) 사람들의 첫 번째 시도가 성공하지 못한 이유는 무엇인지 말해보자.
(2) 제단의 각 변의 길이를 2배로 했을 때, 부피는 몇 배가 되는지 구해보자.
(3) 아래 표를 이용하여 부피가 2배인 새 제단을 만들려면 정육면체의 각 변의 길이를 약 몇 배로 하면 되는지 구해보자.

x	1.21	1.22	1.23	1.24	1.25
x^3	1.771561	1.815848	1.860867	1.906684	1.953125
x	1.26	1.27	1.28	1.29	1.3
x^3	2.000376	2.048383	2.097152	2.146689	2.197

(박윤범 외, 2010, p.237)

[그림 Ⅳ-14] 가변적-혼합형 가추를 요구하는 문항 예시 (이영하·강민정, 2013)

이영하·강민정(2013)은 각 문항 유형의 특징을 다음과 같이 정리하였다. 확정적-선택형 가추 문항은 문제 상황으로 제시되기 이전에 소개된 기본 원리를 바르게 적용하기 위한 목적으로 제시되며, 주제별 학습 초기에 기초 지식을 확립하기 위해서 사용하기 좋은 문항이다. 가변적-선택형 가추 문항은 문제 해결을 위해 이미 학습한 여러 원리 중에서 선택을 하는 것으로, 여러 원리 사이의 관계와 각 원리의 선행조건을 명확히 이해하여 기초 지식 간의 상호 연결성이 탄탄해질 수 있다. 확정적-창작형 가추 문항은 도형을 변형하거나 문제의 규칙을 스스로 발견하여 해결하는 형태로, 기초 지식이 확립된 후 문제 상황을 변형하고 스스로 규칙을 찾아 이미 알고 있는 원리에 창의적으로 연결할 수 있는 학습에 효과적이다. 가변적-창작형 가추 문항은 여러 규칙을 스스로 발견해야 하므로, 확정적-창작형 문항보다 더 많은 수학적 지식을 요구하고 더 심화된 창의적 학습에 효과적이다. 가변적-혼합형 가추 문항은 선택형과 창작형이 결합된 형태로서, 고난도의 문항이 많고 창의력과 과제 집착력을 높이는 데 기여하는 문항으로 볼 수 있다. 학생들에게 가추를 활용하게 하는 문제를 제시한다면 위와 같은 분류를 고려해볼 수 있을 것이다.

5 요약

가추는 결과와 규칙으로부터 사례에 대한 설명을 하는 추론이다. 연역, 귀납에 비해 창조적인 성격이 강하고 이로 인해 수학사에서 중요한 사실의 발견에 쓰여 왔다.

가추는 사례에 대한 설명에 쓰이는 규칙이 얼마나 자유로운가에 따라 지나치게 규범화된 가추, 덜 규범화된 가추, 창조적 가추와 가추에 대한 검증이 이루어지고자 하는 메타-가추의 유형으로 분류할 수 있다. 그리고 이들 각각의 가추 유형은 Toulmin의 모델로 설명될 수 있다.

가추는 연역, 귀납과도 긴밀한 관계를 맺고 있는데, 연역적 증명에서 새로운 아이디어를 도입할 때나 증명을 구성해야 할 때 가추가 쓰이며 여러 가지 가추 유형이 증명 과정에 모두 등장할 수 있다. 일반화 활동에서 주어진 정보로부터 새로운 사실을 알아내는 것은 가추이고 그에 대한 확정에 귀납이 쓰인다. 즉 가추는 다른 추론과 상보적으로 쓰이는 추론으로 볼 수 있다.

학교수학에서 가추가 적용되는 경우로 모델링, 안내된 중재 가추 수업 모형, 가추를 요구하는 문항의 사례를 살펴보았다. 모델링에서 수학적 모델을 생각해낼 때 학생들은 가추를, 수학적 결과에 대한 현실적 근거를 찾기 위한 추론에서 창조적 가추를 활용하였다. 사회인지적 관점에서 수업을 안내된 중재 가추로 설계했을 때 학습자는 교사가 만든 틀 속에서 가추를 활용할 수 있었다. 그리고 어떤 가추가 활용되는지에 따라 문제의 특성이 다르게 나타났으며, 교사는 수학 문제를 통해 학생들의 가추를 유도할 수 있다.

참고문헌

강신덕·홍민숙·김영우·전민정·나미영(2011a). 중학교 수학3. 서울 : 교학사.

강신덕·홍민숙·김영우·전민정·나미영(2011b). 중학교 수학익힘책3. 서울 : 교학사.

김선희·김기연(2004). 수학적 모델링 과정에 포함된 추론의 유형 및 역할 분석. 학교수학 6(3), 283-299.

김주환·한은경(1994). 역자서문. 논리와 추리의 기호학. 서울 : 인간사랑.

박윤범·남상이·최소희·홍유미(2010). 중학교 수학익힘책2. 서울 : 웅진씽크빅.

이두원(1997). 찰스 퍼스의 커뮤니케이션 사상에 대한 연구 - 기호 세계의 속성과 논리 중심으로. 삶과 기호(pp.432-454). 서울 : 문학과 지성사.

이영하·강민정(2013). 교과서 문제 해결에 포함된 가추의 유형. 수학교육학연구, 23(3), 335-351.

정상권·이재학·박혜숙·홍진곤·서혜숙·박부성·강은주(2011). 중학교 수학익힘책3. 금성출판사.

Abarahamson, D. (2012). Rethinking intensive quantities via guided mediated abduction. The journal of the learning sciences, 21(4), 626-649.

Arzarello, F., Micheletti, C., Olivero, F., & Robutti, O. (1998). Dragging in Cabri and modalities if transition from conjectures to proofs in geometry. In A. Oliver & K. Newstead(eds.), Proceedings of the Twentieth-second Annual Conference of International Group for the Psychology of Mathematics Education (Vol.2, pp.32-39). Stellenbosch, South Africa.

Bonfantini, M. A., & Proni, G. (1994). 예측할 것인가, 말 것인가? 김주환·한은경 공역. 논리와 추리의 기호학(pp.277-306). 서울 : 인간사랑.(원서 출판, 1980)

Eco, U. (1983). Horns, hooves, insteps : Some hypohtheses on three types of abduction. In U. Eco & T. Sebeol(eds.), The sign of three : Dupin, Holmes and Peirce(pp.198-220). Bloomington, IN : Indiana University Press.

Heeffer, A. (2007). Abduction as a strategy for concept formation in mathematics : Cardano postulating a negative. Abduction and the Process of Scientific Discovery, Colecçáo Documenta, Centro de Filosofia das Ciências da Universidade de Lisboa, Lisboa, 179-194.

Kuhn, T. S. (2013). 과학적 혁명의 구조. 김명자·홍성욱 공역. 서울 : 까치(원서 출판, 1962).

Lesh, R., & Doerr, H. M. (2003). Foundations of a models and modeling perspective on mathematics teaching, learning, and problem solving. In R. Lesh & H. M. Doerr(eds.), Beyond Constructivism : models and modeling perspectives on mathematics problem solving, learning, and teaching (pp.3-34). Lawrence Erlbaum Associates.

Magnani, L. (2009). Multimodal Abduction in Knowledge Development. In International Workshop on abductive and inductive knovoledge Develepimend (pp.21-26), JCAI 2009, Pasadena USA, Preworshop Proceeding.

Meyer, M. (2010). Abduction-A logical view for investigating and initiating processes of discovering mathematical coherences. Educational Studies in Mathematics, 74(2), 185-205.

Pease, A., & Aberdein, A. (2011). Five theories of reasoning : Interconnections and applications to mathematics. Logic and Logical Philosophy, 20(1-2), 7-57.

Pedemonte, B., & Reid, D. (2011). The role of abduction in proving processes. Educational Studies in Mathematics, 76(3), 281-303.

Reid, D. A., & Knipping, C. (2010). Proof in mathematics education. Netherlands : Sense Publishers.

Rivera, F. D., & Becker, R. J. (2007a). Abduction in pattern generalization. In J. H. Woo, H. C. Lew, K. S. Park, & D. Y. Seo (Eds.), Proceedings of the 31st Cinference of the international group for the Psgchologg of Mathematics Education (vol.4, pp. 97-104), Seoul, Korea.

Rivera, F. D., & Becker, R. J. (2007b). Abduction-induction (generalization) processes of elementary majors on figural patterns in algebra. The Journal of Mathematical Behavior, 26(2), 140-155.

Toulmin, S. E. (1958). The uses of argument. Cambridge : Cambridge University Press.

CHAPTER V

유추

유추는 두 영역 사이의 유사성을 근거로 어떤 성질을 추측하는 추론이다. 일상 문제나 전문적인 학문 분야의 문제 해결, 창의적 사고를 촉진하는 추론으로 유용하게 활용될 수 있다.

이 장에서는 유추의 의미, 유추의 유형, 학교수학에 적용되는 유추의 예를 살펴볼 것이다.

유추는 일상적으로 당면하는 문제나 수학, 물리학, 화학과 같은 전문영역 문제의 해결, 창의적 사고 등에서 사용되어 왔다. 유추는 하나의 체계인 바탕에서 또 다른 체계인 목표로 구조적 정보를 전이하는 추론으로, 상황 사이의 관계적 성질에 주목하는 것인 바, 패턴이나 법칙을 다루는 수학 학습에서 매우 강력한 사고 도구가 된다.

유추는 기존의 지식 체계로부터 확장된 체계의 지식을 창출하거나 기존의 문제 해결로부터 새로운 문제의 해결 방법을 고안해낼 때 활용될 수 있으며 가추의 한 유형으로 볼 수 있지만, 수학교육에서는 추론의 한 형태로서 가치가 높으므로 본서에서는 별도의 장으로 구성하여 살펴보려 한다.

1 유추의 의미

유추는 유비 추론으로서 A에 B라는 특성이 있을 때, A에 버금가는 C에서 어떤 특성이 있을까를 짐작하게 하는 추론이다. 비례식 A : B :: C : ?에서 두 번째 항이 첫 번째 항과 관련된 것과 같이, 네 번째 항은 세 번째 항과 관련되는 것이라고 짐작할 수 있다. C라는 결과를 얻었을 때, A : B라는 규칙에 빗대어? 라는 사례를 추출하는 것이 유추이다. 여기서 A는 학습자가 친숙하고 알고 있는 지식의 영역인 '바탕'이고 C는 '목표' 영역이다. Toulmin의 틀에 따라 유추를 나타내보면 [그림 V-1]과 같다.

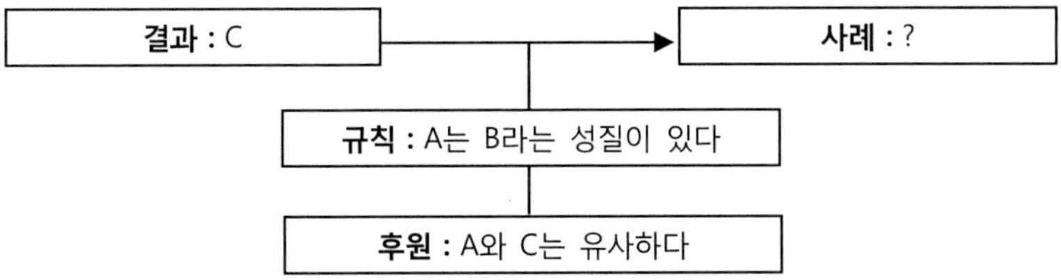

[그림 V-1] 유추의 의미에 대한 Toulmin의 틀

이 절에서는 유추의 요소, 유추의 원리, 정신 모델로서 유추, 수학 지식 구성에서 유추의 역할에 대해 살펴본다.

1.1 유추의 요소

유추가 교수, 학습, 창의성과 강하게 관련되어 있다는 증거에도 불구하고, 유추의 개념은 한 마디로 규정 짓기 어렵다(Alexander, White & Daugherty, 1997). 하지만 유추를 하기 위해 학습자들은 바탕 영역의 지식을 갖고 있어야 하고, 바탕과 목표의 유사성을 인식해야 하며, 바탕과 목표를 사상 또는 적합시키고, 그로부터 유추 결과를 도식으로 형성하여 확장시킬 수 있어야 한다. 이러한 유추 과정에 관여된 요소를 살펴본다.

1.1.1 바탕 영역의 지식

유추를 하기 위해서 학습자는 기억에 저장된 바탕 영역의 대상과 관계에 관한 정보가 필요하다. 이러한 정보가 이용 가능하지 않다면 바탕 영역을 목표 영역으로 사상하고 목표 영역에 관한 추론을 생성하는 것은 불가능하다. 이때 바탕 영역의 피상적이고 표면적인 상세한 내용이 아니라 구조적인 성질을 추상화하는 것이 중요하다. Alexander et al.(1997)은 바탕 영역에 관한 지식이 고려된 경우 학생이 괄목할 만한 유추 능력을 보여준다고 하였고, English(1997) 또한 바탕 영역에 대한 지식이 유추에 절대적인 영향을 미친다고 하였다.

유추에서는 목표 영역과 유사한 바탕 문제를 잘 선별하여 인출해야 한다. 하지만 문제 해결에서 목표 문제와 유사한 바탕 문제를 인출해 내는 것은 어려운 것으로 알려져 있다. Bassok & Olseth(1995)는 바탕 문제에서 대상의 속성이 사람들로 하여금 문제를 분류하는 데 영향을 주며, 이 때문에 유추적 문제 해결의 범위가 제한된다고 하였다(이영애, 1997, 재인용). 이때 유사성이 겉으로 보이는 경우를 표면 유사성, 구조가 유사한 경우를 구조 유사성이라 한다. English(1997)의 연구에서 학생들은 바탕 문제를 인출할 때 인출의 근거를 구조보다 대상으로 삼았는데, 이 연구에서 표면 유사성은 잘못된 바탕 영역을 인출시켰고 구조 유사성은 인출과 유추적 전이에 결정적 영향을 주지 못했다. 학생들이 구조 유사성을 인식하더라도 그 효과는 크지 못했음을 알 수 있다.

그럼에도 불구하고 교사는 유추 과제를 설계할 때 학생의 바탕 영역 지식을 반드시 고려해야 한다. 그렇지 않으면 학생의 유추 능력이 종종 평가 절하될 수 있다. 익숙한 영역이 바탕 영역으로 제공되지 않는다면 유추는 성공하지 못한다. 하지만 학생이 바탕 영역에 대해 적절한 지식을 소유한다면 매우 복잡한 유추도 수행될 수 있다(Gentner, 1989).

1.1.2 바탕과 목표의 유사성 인식

유추는 바탕과 목표 영역에 대한 내용 지식에 의해 영향을 받는다. 유추에 의해 문제를 해결하기 위해 교사나 연구자들은 유사한 상황을 바탕 영역으로 제시하지만, 학생들은 바탕과 목표 영역의 유사성을 잘 인식하지 못하는 경우가 있다.

유사성을 인식하는 근거를 대상에 두는지, 구조에 두는지에 대해서는 Holyoak & Koh(1987; Alexander, White, Daugherty, 1997, 재인용)가 바탕 문제의 인출에 영향을 주는 유사성을 표면 유사성과 구조 유사성으로 나눈 것으로 볼 수 있으나 Skemp(1987/2000)의 표면 구조와 내면 구조로도 살펴볼 수 있다. 최근 연구들은 표면 유사성과 구조 유사성으로 양분해서 인출 과정을 다루는 데서 더 나아가, 표면적인 대상의 속성이 구조 유사성보다 더 강력한 인출 변인이며 인출 과정이 표면 유사성과 구조 유사성 효과의 가산적 결과만은 아니라는 것을 보여주고 있다(이영애, 1997).

Bassok(1997)은 대상 유사성과 구조 유사성이 일치하는지 그렇지 않은지가 학생의 수행에 영향을 준다고 하였다. 이와 유사한 연구로 Gholsen et al.(1997)은 바탕과 목표 사이의 사상이 공통 속성에 근거한다는 구조-사상 이론에 근거하여 학습자가 무엇에 근거하여 유추를 하는지 실험하였는데, 학생들이 공통의 관계가 아니라 공통의 대상에 근거해 사상을 수행한다는 것을 발견했다. 대상 유사성이 구조 유사성과 일치할 때 학생은 매우 복잡한 유추 사상을 수행할 수 있으나, 대상과 구조가 갈등 상황이 될 때는 대상 유사성에 근거해 사상한다는 것이다.

한편 Alexander et al.(1997)은 능숙한 추론가는 대상을 연결하는 고차적 관계를 서술한 반면에 그렇지 못한 추론가는 두드러진 특징인 색깔 등의 자극에 초점을 둔다는 사실을 발견하였다. 능숙한 추론가는 문제에 있는 관계에 대한 충분한 표상을 가지고 있는 반면에, 그렇지 못한 추론가는 관계에 대한 부분적인 표상을 가지고 있고 대상 유사성에 의존한다고 하였다.

1.1.3 사상의 명료성

사상은 바탕 영역과 목표 영역 두 가지의 성분을 서로 대응시키는 과정이다. 성분들을 사상시킬 때 대상의 속성(예를 들어, 크다, 빨갛다), 대상의 유사성(예를 들어, 태양, 종양)을 기준으로 사상시킬 수도 있고, 관계(예를 들어, …보다 크다), 관계의 관계 (예를 들어, … 때문에 …하게 된다) 수준의 유사성을 사상시킬 수 있다.

바탕 영역으로부터 목표 영역으로 사상이 명료하면 유추가 일어나기 쉽다. 명료하다는 것은 바탕과 목표 영역의 대응이 일대일대응을 만족시킨다는 것이다. 지나치게 규범화된 가추의 경우 이러한 명료성이 높다. 이때 바탕 영역이 표면적인 내용보다 일반화가 가능한 구조의 용어로 인출되는 것이 중요한데, 추상화에서는 바탕 영역 자체가 추상적인 관계 구조인 사상으로부터 형성되기 때문이다.

1.1.4 적합

Novick & Holyoak(1991)에 의하면, 두 체계 간의 사상만으로 성공적인 유추를 이룰 수 없고 문제에 따라 적합 과정이 필요하다. 적합이란 '해결책이 목표 문제의 해결에 어느 정도 잘 맞느냐'의 물음과 관련되는 것으로, 풀어야 할 문제에 따라서 바탕과 목표 유사물이 완전히 동형구조가 아닐 경우 요구된다. 예를 들어, 예제의 풀이 절차를 목표 문제에 맞게 바꾸는 것이 적합 과정이라고 할 수 있다.

예를 들어, "어머니의 역할은 직업이다"는 타당하지 않은 유추로 여겨질 수 있다. 일반적으로 직업은 급료, 승진, 은퇴와 같은 보상이 부착된 개념인데, 어머니의 역할은 대개 돈으로 계산할 수 없고 승진도 없고 퇴직 수당도 받지 않는다. 이러한 속성을 바탕 영역(직업)으로부터 목표 영역(어머니의 역할)으로 사상하는 것은 타당하지 않다. 따라서 사상에 있어 적절한 수정이 필요하다.

Novick & Holyoak(1991)은 최소공배수를 이용해서 풀어야 하는 바탕 문제와 목표 문제가 개념적으로 대응(conceptual correspondence)

하거나 수치에 대응(numerical correspondence)함을 힌트로 준 실험을 하였다. 개념을 대응시켜 준 경우에는 피험자들에게 목표 문제에 포함된 대상들이 각각 바탕 문제의 대상들과 비슷하다는 설명을 함께 제시하였다. 수치를 대응하여 준 경우에는 피험자에게 목표 문제를 제시한 후 그 문제에 있는 각각의 수치가 바탕 문제의 어떤 수치와 비슷하다는 설명을 부연하였다. 연구자들은 수치 대응 힌트가 개념 대응 힌트보다 적합 과정에 더 유용할 것으로 예상하였고, 실제로도 피험자들은 개념 대응 힌트에 비해 수치 대응 힌트에서 유추적 문제 해결을 더 성공적으로 하였다. 특히 수치 대응 힌트를 제시받은 피험자들 중 50%가 유추로 문제를 풀었다. 이 결과는 적합 과정이 유추에 의한 문제 해결에서 중요한 과정임을 시사한다고 할 수 있다.

목표 문제가 바탕 문제와 완전히 동형이 아닐 때 적합이 필요하다(Novick & Holyoak, 1991). 그러나 만약 두 문제의 구조적 요소들 사이의 상세하고 일관된 사상을 충분히 구성하지 못한다면 적합의 필요성을 보지 못할 수도 있다. 사상 결과에 의해 자연스럽게 바탕 문제로부터 목표 문제로의 해에 대한 유추적 전이가 되는 것은 아니기 때문에(Novick & Holyoak, 1991) 적합 과정은 중요하다.

1.1.5 도식 형성

성공적인 유추적 전이는 어떤 추상적 도식(scheme)을 유도한다(이영애, 1997). 도식 형성은 과제나 상황의 본질적인 관계의 표상을 구성하는 것을 포함한다. 인간이나 고등동물은 이러한 도식을 가지고 있다는 연구 결과가 있지만 도식이 쉽게 또는 자동적으로 발생하지는 않는다.

도식은 과제에 대한 둘 이상의 예에서 그 유사성과 차이점을 서술할 때 나타난다(Gick & Holyoak, 1983). 표면적인 특징은 다르지만 동형인 구조를 갖는 과제에 대한 경험을 할 때 도식 형성이 가능하다(English & Halford, 1995). 또한 도식 형성은 바탕 문제를 하나만 제시하거나, 추상적 원리만을 제시하거나, 하나의 문제에 추상적 원리만을 제시할 때보다 두 개의 바탕 문제를 주었을 때 더 효과적이다(김영채, 1995).

Novick & Holyoak(1991)은 최소공배수를 이용해서 바탕 문제와 목표 문제를 피험자들이 해결한 후 두 문제의 유사성, 그 해법의 유사성을 글로 보고하게 하였다. 피험자들이 최소공배수를 사용하는 절차를 단계별로 분석해서 도식 유도의 유무와 유추적 전이의 관계를 검토하였는데, 그 결과 도식의 질과 유추적 전이의 강도 간에 정적인 상관이 있었다고 한다. 이 연구는 유추에 의한 문제 해결 후에 추상적 도식이 형성됨을 보여주었다.

한편 Reed(1989)는 소리 내어 말하는 과제나 문제에서 유사성을 쓰게 하는 과제를 사용하지 않고 비슷한 문제들의 개념을 짝짓는 과제를 사용해서 추상적 도식이 형성되는지를 조사하였다. 유추에 의해 추상적 도식이 학습된다는 가설이 타당하다면 목표 문제를 풀기 전 어떤 두 문제의 개념들을 성공적으로 사상한 피험자들은 그렇지 못한 피험자들보다 목표 문제를 더 잘 풀어야 한다. 그러나 구조적으로 동형인 문제들을 자세히 비교하고 또 대수 문제의 해결 원리를 언급했음에도 불구하고 최종 문제 해결에 있어서 어떤 이득도 얻지 못했다. 이는 유추에 의한 개념 학습이 추상적 도식의 형성과 무관함을 시사하는 결과라고도 할 수 있다. 그러나 유추에 의한 추상적 도식의 학습을 둘러싼 실험들은 대체로 도식의 형성을 지지하는 증거를 많이 보고하고 있고(이영애, 1997), 개념이 한 가지 이상의 방식으로 설명되어야 한다는 Dienes의 지각적 다양성의 원리에 의해 그 주장을 뒷받침하기도 한다.

형성된 도식은 다양한 예에 적용할 수 있어야 한다. 결과가 널리 확장될 수 있는 유추는 학생들이 수학적 내용의 연결을 형성하는 데 도움이 될 수 있다. 예를 들어, 나눗셈 개념에서 '분배(sharing)' 유추는 범자연수, 분수, 소수에도 쉽게 적용될 수 있다. 마찬가지로, 넓이 모델은 다양한 분수 개념과 절차를 효과적으로 보여줄 수 있다.

1.2 유추의 원리

우리가 언제 유추를 하려 하고 유추를 할 때 선호하는 체계가 무엇인지에 대해 해석 가설과 간섭 가설, 계통성의 원리로 알아본다.

1.2.1 해석 가설과 간섭 가설

Bassok(1997)은 정보-처리 접근에 의해 유추에 적용되는 해석 가설과 간섭 가설을 설명하였다. 해석 가설은 '어떤 문제를 바탕으로 또 다른 문제를 해결하려 할 때 바탕 문제와 목표 문제의 표상을 형성하기 위해 그 이야기의 내용(상황)을 이용한다'는 것이다. Bassok은 Kotivsky, Hayes & Simon의 실험을 인용해서, 하노이 탑 문제를 바탕 문제로 제시하고 목표 문제로 하노이 탑의 원반을 곡예사로 표현한 상황을 주었다. 피험자들은 하노이 탑에서 작은 원반 위에 큰 원반을 놓는 데에는 어려움이 없었으나, 작은 곡예사 위에 큰 곡예사를 놓은 것은 주저했다. 큰 곡예사가 작은 곡예사 어깨 위로 올라가면 작은 곡예사가 다치게 된다는 지식으로부터 나온 제약 때문에, 원반을 곡예사로 바꾼 것이 목표 문제를 해결하는 데 어려움을 준 것이다. 목표 문제는 거꾸로 될 수 없는 비대칭적인 관계 즉, 작은 곡예사는 큰 곡예사의 어깨 위로 점프할 수 있지만 그 반대는 안 된다는 것을 포함하고 있지만, 원반 문제는 작은 원반이 큰 원반 위에 놓일 수 있고 그 반대도 가능한, 무생물 대상인 원반 사이의 관계를 포함하고 있다. 표상을 구성할 때 내용이 포함되기 때문에 사람들은 구조적으로 동형인 문제를 다른 구조로 인식하고 이로 인해 전이가 방해된다. 즉 전이의 실패는 바탕 문제와 목표 문제의 해석 차이로 인해 일어난다. 이러한 의미의 해석은 사람들이 문제에서 묘사된 상황을 이해하려고 할 때 더 잘 일어난다.

간섭 가설은 사람들이 '바탕 문제와 목표 문제가 특정한 내용을 보유하여 바탕 문제와 목표 문제가 같거나 유사한 구조를 공유하고 있다는 것을 인식하는 것에 간섭을 받는' 것이다. 바탕 문제와 목표 문제의 구조가 유사할지라도 내용이 유사해 보이지 않음으로 인해 전이가 일어나지 않는 것이다.

문제를 표상할 때 내용을 포함하는 것이 유추적 전이의 실패를 가져올 수도 있음에도 불구하고, 해석 가설과 간섭 가설에 의하면 인간은 문제 표상에 내용을 포함시킨다. 그 이유로 두 가지를 생각해 볼 수 있다(Bassok, 1997). 첫째, 바탕 문제와 목표 문제의 어떠한 측면이 해와 관련되었는지를 확신하지 못하기 때문에 문제 표상에 내용을 포함하는 것은 잘못된 일반화에 이르는 것을 예방할 수 있다. 문제 표상에 내용을 포함시킨 두 번째 이유는, 지식은 그것이 학습되는 맥락에서 가장 잘 적용될 수 있기 때문이다. Bassok(1997)에 의하면, 유추를 할 때 학습자는 수동적으로 정보를 약호화하고 표현하는 것이 아니라 오히려 표상을 형성하기 위해 문제에 대한 이전 경험과 자신의 지식 정보를 능동적으로 조합한다. 교사나 연구자의 의도와 달리 학습자는 스스로 정보를 첨가하고 바탕 문제와 목표 문제 사이의 잘못된 연결에 이르게 될 수도 있다.

해석 가설과 간섭 가설을 정리하면 <표 V-1>과 같다.

〈표 V-1〉 해석 가설과 간섭 가설의 비교

	해석 가설	간섭 가설
의미	바탕 문제와 목표 문제의 표상을 형성하는 데 도움이 되기 위해 문제에서 묘사된 내용을 사용하는 것	사람들이 표상에 바탕 문제와 목표 문제의 특별한 내용을 보유하게 되어, 바탕 문제와 목표 문제가 같거나 유사한 구조를 공유하고 있다는 것을 인식하는 능력을 간섭하는 것
전이의 실패 원인	바탕 문제와 목표 문제의 내용을 해석하여 구조적으로 동형인 문제를 다른 구조로 인식하게 하므로 전이가 잘 안 된다(두 영역 간의 구조가 유사함을 인식하는 경우도 포함된다).	바탕 문제와 목표 문제의 구조가 유사할지라도 내용이 유사해 보이지 않음으로 인해 전이가 일어나지 않는다.

1.2.2 계통성의 원리

사상은 '사람들이 어떤 개별적인 술어보다 고차적인 관계가 지배하는 연결된 체계를 더 선호한다'는 계통성의 원리(systematicity)를 따라 진행될 수도 있다(Gentner, 1983). 이 원리를 따른다면 사람들은 두 체계의 성분을 사상시킬 때 대상이나 속성보다 관계를 중심으로 사상시키며, 가능한 한 모든 성분들을 관계 구조에 포함시키는 사상을 선택하게 된다. 예를 들어 바탕 영역이 "민기가 민서를 때려서 민서가 울었다"이고 목표 영역이 "예서가 예아에게 고마워서 예아를 기쁘게 했다"인 유추를 고려해 볼 때, 이 유추를 타당하게 하는 것은 공통의 고차적 순서 관계인 '원인'이다. 민기가 민서를 때린 것이 민서가 울게 된 원인이듯이, 예서가 예아에게 고맙게 생각하는 것은 예아를 기쁘게 한 원인이다. 즉, '원인'이라는 변수가 관계이고, 바탕 영역은 '민기가 민서를 때려서 민서가 운 것'이고, 목표 영역은 '예서가 예아에게 고마워서 예아를 기쁘게 한 것'으로 표현될 수 있다. 즉 바탕 영역과 목표 영역은 동일한 구조를 가지고 있고, 그래서 사상될 수 있으며, 사상의 타당성은 공통의 고차 순서 관계인 원인에 달려있다.

English & Halford(1995)는 사상된 관계의 복잡성에 의해 구조 사상의 수준을 나누었는데, 여기서 더 복잡한 사상은 나중에 발달하며 더 많은 처리 부하를 일으키고 더 추상적인 사고 모델을 지지한다. 사상의 수준에 대해 구체적으로 살펴보면 다음과 같다.

첫 번째 수준은 구조 A의 대상을 구조 B의 대상으로 사상한다. 구조 A에 있는 대상이 유사한 구조 B에 있는 대상으로 사상되는 것으로, 주변에 있는 대상이나 사건을 표현하는 이미지가 유사한 것에 근거한 대상 사상이다.

두 번째 수준은 관계 사상으로, 구조 A에 있는 대상들 사이의 유사한 관계에 근거해 구조 B에 있는 대상으로 사상되는 것이다. 이를테면 길이가 다른 두 막대기가 어른과 소년 사이의 관계를 표현하는 데 사용되는 데서 그 예를 찾을 수 있다. 이러한 사상은 막대기와 그것이 표상하는 사람들 사이의 유사성에 근거하는 것이 아니라 그 막대기들 사이의 관계가 어른과 소년 사이의 관계와 유사하다는 것이다. 즉, 막대기 사이의 크기 관계가 어른과 소년의 키 관계와 유사하다는 것이다.

관계 사상은 대상 유사성이나 규약과는 독립적이며, 대상이 쌍으로 사상되어야 한다. 대상 사상은 각 구조로부터 한 번에 하나의 대상을 고려하여 만들어질 수 있는 반면에, 관계 사상은 구조 A에 있는 대상의 쌍이 구조 B에 있는 대상의 쌍으로 사상되기 때문에, 대상 사상보다 더 높은 정도의 구조적 복잡성을 포함한다.

세 번째 수준의 계통 사상은 순수하게 구조적 대응 관계에 근거한다. [그림 V-2]의 유추는 계통 사상을 보여준다. 이 경우, 구조 A의 대상과 문제인 구조 B의 대상들 사이에는 유사성이 없다. 즉, 대상 사상이 아니다. '꼭대기'는 Tom과 닮지 않았고, '중간'도 Bill과 닮지 않았다. 또한 두 구조에 있는 관계들 사이의 유사성에 근거한 사상 즉, 관계 사상도 아니다. '위'와 '보다 행복한' 사이의 닮은 점이 이 사상을 유효하게 하는 것은 아니다. 이 사상은 단지 구조 A에 있는 관계가 구조 B에 있는 관계에 일치해서 대응된다는 사실에 근거하고 있다. 구조 A에 있는 '위'는 구조 B에 있는 '보다 행복한'에 일치하여 대응된다. '위'가 구조 A에 있는 두 대상들 사이에서 발생하면, '보다 행복한' 이라는 관계도 구조 B로 사상되는 두 대상들 사이에서 발생한다. 그리하여 구조들 사이의 대응관계가 일치한다.

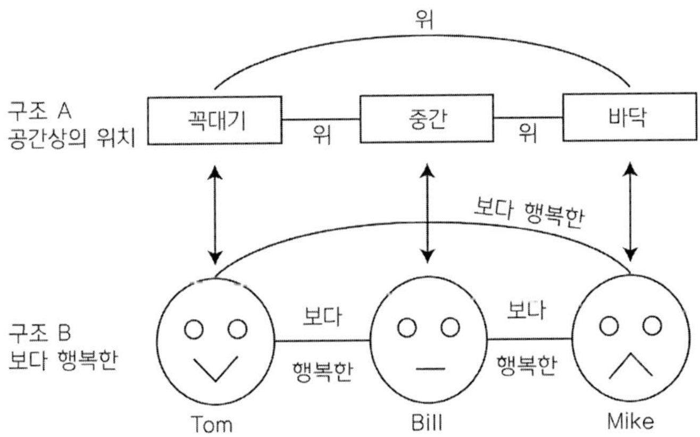

[그림 V-2] 하향식 순서 도식의 계통 사상 (English & Halford, 1995)

계통 사상에서는 적어도 구조 A에 있는 대상들의 세 집합이 구조 B에 있는 대상들의 세 집합으로 사상되어야 한다. 구조적 대응 관계의 판별은 한 구조 안에 있는 적어도 세 개의 대상들이 다른 구조의 대상들과의 관계로 사상될 때만 의미가 있다. 계통 사상의 근거가 되는 구조 대응 규칙은 각 구조에서 세 가지 대상 집합을 조사하는 것에 해당하기 때문에 관계 사상보다 고차적이라 할 수 있다.

1.3 정신 모델로서 유추

정신 모델이라는 용어는 개개인이 다양한 학습 상황에서 구성하는 인지 표상을 묘사하기 위해 심리학 문헌에서 광범위하게 사용되어 왔다(English & Halford, 1995). 특별한 문제를 해결하는 동안 작용하는 표상이자 추론과 정신 활동에 대한 작업 공간을 제공하는 표상이 정신 모델이다. 정신 모델 개념은 사람들이 이해와 추론에서 사용하는 관계에 대한 심리적이고 실제적인 모습이기 때문에, 학생의 수학 지식과 이해를 나타내는 유용한 구조를 제공한다(English & Halford, 1995).

특히, 수학 학습에서 정신 모델을 정의할 때 강조되어야 하는 것은 관계적인 구조로서, 학생들에게 도움이 되는 정신 모델은 그 안에서 본질적인 관계와 수학적 영역의 원리가 표현되는 것이라 할 수 있다. 예를 들어, 수에 대한 이해는 적어도 그 영역 안에서 사용되는 개념들과 수에 관한 모든 본질적인 관계를 포함한 정신 모델을 요구한다(English, 1997).

문장제를 해결할 때 학생은 특별한 용어를 이해하고 서술된 상황을 해석하며 적당한 연산을 찾아내고 답을 계산할 필요가 있다. 문장제를 개념화하고 해결하기 위해 이러한 기술을 설명하려고 하는 많은 정신 모델 체계가 있는데, 그 중에서 특별히 English & Halford (1995)가 제안한 체계를 살펴보고자 한다. 이 체계는 [그림 V-3]과 같이 문제 내용 모델 (problem-text model), 문제 상황 모델(problem-situation model), 수학적 모델(mathematical model)의 세 요소를 갖고 있다. 이 요소들 사이의 적당한 사상은 학생이 문장제를 해석하고 이후 문제 해결에 활용할 때 중요한 역할을 한다(English, 1997).

문제-내용 모델은 학생이 주어진 문제의 언어적 형식화의 초기 분석으로부터 구성하는 정신 모델을 말한다. 잘 구조화된 문제를 구성하고 있는 논리적 조건과 의미론적 관계를 아는 것을 포함한다고 할 수 있다(Nesher, 1992). 문제-상황 모델은 문제-내용 모델을 이미 알려져 있는 구조적인 성질을 갖는 유사한 상황으로 사상함으로써 학생이 형성하는 정신 모델이다. 수학적 모델은 해를 만들기 위해 요구되는 수학적 연산을 문제-상황 모델로 사상하여 형성되는데, 학생은 이러한 수학적 모델을 초기의 문제 내용 모델로 사상해야 한다. 이 세 모델은 상호 의존적이기 때문에, 어떤 한 모델이 부정확하거나 불완전하면 문제를 해결할 때 어려움을 가지게 된다. 예를 들어, 어떤 학생이 문제 내용을 해석하는 데 어려움을 가지고 있다면 문제 상황에 대한 적절한 정신 모델을 형성하는 데 어려움을 가지게 될 것이고, 결과적으로 학생은 원하는 수학적 모델을 형성할 수 없거나 잘못된 모델의 적용으로 끝나게 된다.

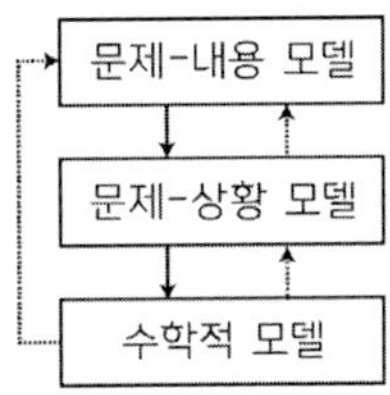

[그림 V-3] 문제 해결을 위한 정신 모델 체계 (English & Halford, 1995)

1.4 수학 지식 구성에서 유추의 역할

문제 해결뿐 아니라 지식 구성에서 수학자들은 종종 유추를 활용한다. 서로 다른 대상 사이의 유사성을 찾아 연결함으로써 대상 사이의 관계성을 확보할 수 있고 이로 인해 낱낱의 지식은 이론으로 발전할 수 있다.

이경화(2009b)는 수학자들이 안정된 지식 체계를 그대로 유지하지 않고 내부 구조의 변형 또는 확장의 성향을 가지고 있으며, 이 과정에서 유추에 의해 표현 도구를 발견하거나 새로운 관계 또는 성질에 대한 가설을 생성하면서 모호성이 극대화되고 이를 해결하면서 다시 안정을 찾는다고 하였다. 그 결과 수학자들은 새로운 지식을 구성하거나 기존 지식의 엄밀성을 획득하는 것이다. 이 과정에서 유추의 역할을 [그림 V-4]와 같이 제안하였다.

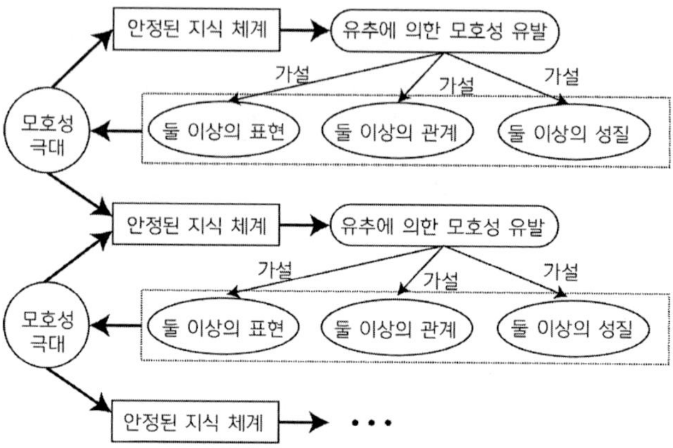

[그림 V-4] 수학 지식의 구성 과정에서 유추의 역할 (이경화, 2009b, p.365)

하나의 대상에 대한 둘 이상의 표현, 관계, 성질은 유추를 유발하고 그에 따라 모호성이 증대되며, 그 모호성이 해결되면 안정된 지식 체계가 되지만 그렇지 않으면 새로운 유추를 유발하게 된다. 수학자들의 유추는 의도적인 개념과 관계, 표현의 변형을 통한 모호성의 유발, 이를 통한 지식 체계의 불안정화, 모호성의 해결을 통한 지식 체계의 안정화로 특정지어진다(이경화, 2009b).

2 유추의 유형

이 절에서는 유추를 개념에 대한 사상에 초점을 둔 비율적 유추와 문제 해결에 초점을 둔 유추적 전이의 유형으로 나누어 살펴본다.

2.1 비율적 유추

유추는 바탕과 목표의 유사성에 근거하여 어떤 대상에 대하여 성립하는 성질로부터 그와 유사한 대상의 성질을 추측하는 것이다. 즉 '어떤 사상 A에 대해 그 성질 또는 법칙을 알고 싶다. 그러나 그것을 모른다고 할 때 A와 닮은 기지의 사상 A'을 생각해 낸다. A'에 대해서는 성질 또는 법칙 P'이 성립한다고 가정한다. 그리고 A에 대해서도 P'과 동일한 성질 또는 규칙 P가 성립하지 않을까라는 방식으로 추론하는 것이다(류성림, 1995). 이러한 유추는 A : P :: A' : P'라는 비례식으로 표현될 수 있다. 비율적 유추는 비례식의 형태에서 네 개의 구체적인 항이 비율 관계로 표현된다.

Piaget와 정보-처리 이론의 관점에서 비율적 유추에 접근해보자. Piaget (1952)는 유추 문제의 해결책을 형성하는 두 수준의 관계를 강조하였다(Alexander, White, Daugherty, 1997, 재인용). 먼저, 낮은 차원의 관계는 일반적으로 밀접하게 짝지어진 개념들 사이에서 야기되는 단순한 관계로서, A : B :: C : D 형태의 고전적인 유추 문제에서 A와 B 또는 C와 D 사이의 관계는 낮은 차원의 관계를 형성한다. '나무 : 가지 :: 몸 : 팔'과 같은 유추를 생각해 볼 때, 가지는 나무의 부분이고 팔은 인간 몸의 부속 기관이라고 추론하는 것은 낮은 차원 관계의 예라고 할 수 있다. 이와는 반대로, 높은 차원은 더 먼 또는 떨어져 있는 개념들 사이에서 생겨나는 것으로, 더 먼 개념들 사이의 관계적인 유사성을 알아내는 것을 말한다. 관계적인 유사성에 기초해서 A : B의 쌍을 C : D의 쌍으로 연결하는 것은 고차원의 관계에 해당한다. 예를 들어, '나무 : 가지'와 '몸 : 팔'을 연결하는 관계를 일반화하기 전에 나무와 인간 몸에 공유된 유사성이 무엇인지, 즉 나무와 몸은 둘 다 살아있고 어떤 물리적이거나 생물학적인 기능을 제공하는 부산물인 팔과 가지를 가진, 설 수 있는 구조물이라고 인식하는 것은 고차원 관계의 예라고 할 수 있다.

Piaget는 항목 사이의 관계에 관심이 있었지만, 정보-처리 이론에서는 유추의 본질을 인지 또는 메타인지 과정이나 기능으로 이해한다. 정보-처리 이론은 인간의 정신을 컴퓨터에 비유한다. 정보가 컴퓨터 시스템으로 입력되면 다양한 메커니즘이 적용되고 나서 그 시스템 밖으로 나오게 된다. 정보-처리 체계에 의존하여 인간의 인지 과정을 생각하는 가정 중 하나는 '인지 과정이 자극과 반응 사이를 중재하는 정신 과정과 표상의 용어로 기술될 수 있다'는 것이다. Sternberg(1981)는 유추의 과정을 약호화(encoding), 추리(inferring), 사상(mapping), 적용(applying)의 네 단계로 언급하고 있는데, 이를 간략하게 고찰해 보면 다음과 같다.

약호화는 주어진 대상이나 개념과 관련하여 어떤 속성이나 특징의 개별적인 연관성을 언급하는 것으로, 대상, 사건, 사람들이 어떻게 보이는지 또는 어떤 기능을 하는지를 기술하는 것이다. 약호화가 유추 문제의 모든 항목에서 일어나는 반면에, 추리는 서술된 문제에서 첫 번째 쌍 사이에서 관계가 구성되었을 때 일어난다. 예를 들어, 개 : 멍멍 :: 고양이 : ?와 같은 문제가 주어졌을 때, '개 : 멍멍'에 대해, 멍멍 소리는 개에 의해 야기된 소리라는 것을 암시하는 것으로 개가 짖는다고 생각하는 것에 해당한다고 할 수 있다. 이것은 Piaget 이론의 낮은 차원의 관계에 대응된다고 할 수 있는데, 정보-처리 이론가들은 이 과정 동안 처음 쌍 사이의 관계가 여러 가지 면에서 추리되어야 하며, 유추가 효과적으로 수행되도록 하는 본질적인 요소 중의 하나라고 여긴다. 또한 각각의 항목을 철저하게 약호화하는 데 실패하는 것은 유추에 성공하지 못하게 할 수 있으며, 각 요소들이 적절히 수행되지 못하는 것도 유추의 성공을 어렵게 만든다고 생각한다.

사상은 높은 차원의 관계에 대한 Piaget 이론과 유사한 것으로, 고전적인 유추 문제에서 두 개의 분리되어 있는 서로 다른 쌍의 연결을 포함하는 구성 과정이다. 예를 들어, 개 : 멍멍 :: 고양이 : ? 문제에서 개와 고양이를 구별되는 소리를 내는 경쟁 상대인 애완동물로 인식하여 개의 속성과 고양이의 속성을 연결하는 것은 사상이라 할 수 있다.

마지막으로, 적용은 개념적인 균형[39]을 주는 적당한 항목을 선택하는 것으로, 서술된 문제에서 적당한 다양한 항목들로 '그르렁, 야옹, 쉿'이 제시될 때, 첫 번째 쌍(A : B)과 두 번째 쌍(C : D) 사이에서 더 나은 반응을 선택하는 것이다. 과제에 대한 충분한 이해, 이용해야 하는 항목에 대한 적당한 개념적 지식, 해결하고자 하는 의지가 있다면, 개 : 멍멍 :: 고양이 : ? 문제의 답으로 멍멍이 개와 연결되었듯이 고양이와 관련된 소리로서 야옹을 고를 것이다.

만약 표상이 정확하지 않다면, 표상은 부정확한 정보에 대해 작동하게 되고, 그 출력 또한 부정확하게 된다. 유추 상황에서 만약 바탕 영역과 목표 영역의 표상이 불완전하거나 잘못 형성되었다면, 유추에 의한 사고는 어려워진다. 정보-처리 이론에 따르면 유추에 의한 문제 해결이 잘 이루어지기 위해 각각의 정보 처리 과정이 제대로 작동되이야 하며 각각의 과정에서 어디서 오류가 발생하는지를 파악하여 교정해 주어야 문제 해결에 성공할 수 있다.

2.2 유추적 전이

유추적 전이는 비율적 유추보다 넓은 시각의 유추적 비교를 다루며 유추적 문제 해결 또는 영역 간 유추라고도 한다. 유추적 전이는 한 지식 영역에 있는 개념이나 관계에 대한 지식을 사용하여 다른 영역에 있는 문제를 해결하는 것이다(김영채, 1995). 어떤 새로운 문제(목표)를 해결해야 할 때 사람들은 전에 풀었던 비슷한 문제(바탕)를 생각해내고 그 해법(구조적 정보)을 새 문제의 해결에 맞도록 변화시켜 유

39) 고전적인 유추 문제가 비례 문제라는 것을 나타내기 위해 balance(균형)이라는 용어를 사용하였다.

추를 사용한다. 예를 들어, 어떤 원리를 사용해서 풀어야 하는 수학 문제의 경우, 이미 푼 적이 있는 예제를 생각해내고, 그 예제를 풀 때 사용했던 공식을 생각해내어 새 문제를 푼다면 바로 유추가 사용된 것이다. 즉, 낯익은 문제의 인출, 이 낯익은 문제와 낯선 문제의 사상, 이를 바탕으로 하는 추측, 낯선 문제를 유추에 의해 성공적으로 풀었을 때 형성되는 도식 학습 등의 과정이 모두 유추에 포함된다(이영애, 1997).

유추를 사용하여 문제를 해결할 때 포함된 여러 과정들이 있지만, Rattermann(1997)은 다음의 5가지 과정에 초점을 맞추었다. 문제가 제시되면 해결자는 주어진 문제와 문제 영역에 관한 표상을 해야 하고, 현재 문제와 관련이 있을 수도 있는 저장된 상황의 어떤 표상 혹은 문제를 인출하려고 해야 한다. 일단 바탕 문제가 인출되면 문제 해결자는 바탕 문제와 목표 문제에서 요소들 사이의 관계를 사상해야 한다. 만약 정확한 해가 인출되면 그 때 문제 해결자는 그것을 주어진 문제에 사용하기 위해 적합 시켜야 한다. 마지막으로 문제 해결자는 주어진 문제의 해로부터 새로운 규칙이나 기법을 획득하거나 지식에 대한 개념적인 표상을 획득하게 된다. 이상에서 설명된 유추에 의한 추론 과정은 표상 형성, 인출, 사상, 적합, 도식 형성으로 정리할 수 있다.

3 학교수학에서 유추의 적용

3.1 문장제 해결 전략

수학교육의 주요한 목표 중 하나는 학생이 수학적 아이디어와 새로운 문제 해결의 이해에 이것을 수정하는 것 사이의 연결과 관계를 보는 것이다(NCTM, 1989). 학습이 기존의 아이디어와 새로운 것 사이의 유사성을 인식하는 것에 근거한 능동적인 구성 과정이라고 한다면, 학생은 처음부터 의미 있는 정신 표상을 발달시켜야 한다(English, 1997). 즉 피상적이고 표면적인 내용이 아니라 아이디어 사이의 구조적인 관계를 구성해야 한다(English & Halford, 1995). 이러한 관계의 구성은 유추를 포함하고 있는데, 유추 과정에서 새로운 어떤 것은 알려진 어떤 것과 유사한 것으로 이해된다고 할 수 있다. 이러한 추론은 인간 사고의 기초가 되는 가장 중요한 메커니즘 중 하나라고 할 수 있다(Gentner, 1983, 1989).

계산 문장제 해결에서 유추를 하는 학생의 능력은 문제 상황에 대해 적당한 정신 모델을 구성하는지 아닌지에 주로 달려 있다. 즉, 학생은 문제에 주어진 수치가 무엇인지보다는 어떻게 서로 관련되어 있는지에 초점을 두어야 한다(Novick, 1988). 그렇지 않은 경우 학생은 문제 상황과 그것을 해결하는 데 요구되는 연산 사이에 분명한 사상이 존재하지 않는 문제에서 어려움을 경험하게 된다. 예를 들어, “Sally는 $24를 저축했다. 이것은 Peter가 저축한 양의 3배이다. 그러면, Peter는 얼마나 많이 저축했는가?”라는 문제에서 학생은 $24와 3배 때문에 $72라고 답하기가 쉽다. 이와 같이 문제 상황과 이를 해결하는 데 요구되는 연산 사이의 분명한 사상이 존재하지 않는 문제에서 학생들은 어려움을 겪을 수 있다(English & Halford, 1995).

수학 지식의 어떤 면이 주어진 문장제로 나타내어지고 주어진 현상의 어떤 면이 모델링 되는지를 알지 못한다면, 문장제에 묘사된 상황과 관련된 수학적 개념과 규칙들 사이를 사상하는 것은 쉽지가 않다. 예를 들어, 분수는 피자 조각과 같은 것이지만, 어떤 토핑을 피자 위에 뿌릴 것인지는 분수와 상관이 없다. 학생들은 이러한 일치하지 않는 메시지에 혼돈스러워 하고 문장제에서 내용과 구조 사이의 관계를 이해하려고 하지 않으며 이로 인해 학교에서 실세계의 지식을 완전히 무시해야 한다는 것을 배우게 될 수도 있다. 이러한 학생들은 문제를 해결하는 데 어떤 해결 절차가 필요한지를 결정하기 위해 구문론적 실마리나 키워드를 사용하여 문제 내용을 식으로 변형하는데, 예를 들어, '모두'는 덧셈을 사용해야 함을 암시하는 것으로, '덜'은 뺄셈을 사용해야 함을 암시하는 것으로, 또는 '배'는 나눗셈보다는 곱셈을 암시하는 것이라고 암시를 받는다. 결국 학생들을 태우는 데 1.37대의 버스가 필요하다는 것과 같은 의미 없는 답을 생각해내게 된다(English, 1997). 그러나 수학적 지식과 의미를 관련 짓는 규칙을 성공적으로 배우는 학생들도 있는데, 이러한 학생들은 내용에 의해 암시되는 의미론적 정보에 주의 깊게 관심을 가지고, 해는 수학적으로 정확해야 할 뿐만 아니라 의미도 있어야 한다고 생각한다(Bassok, 1997).

3.2 인수분해 개념 발달과 유추

수학은 다른 교과보다 학생들의 사고력 신장에 많은 관련이 있으며, 수학에서 사용된 추론 방식은 다른 학문이나 실생활에서 적용될 수 있다. 그러나 추론 과정이 동일하다고 해서 추론 능력이 영역마다 동일하지는 않다. Brown(2000)은 학생들이 유추를 할 때, 내용에 해당하는 지식이 높을수록 더 성공적인 유추를 할 수 있다고 하였다. 이에 김선희·이종희(2002)는 인수분해라는 개념의 발달 수준과 학생들의 성공적인 유추의 관계를 살펴보았다.

Sfard(1991)의 개념 발달[40]을 기초로 김선희·이종희(2002)는 학생들의 인수분해 개념 수준을 구분하였다. 인수분해 문제를 해결하는 데 풀이 과정을 시도하지 못하고 무응답으로 남아 있거나 방정식을

40) 대수 개념의 발달은 과정에서 대상으로의 변화를 통해 이루어지며, Sfard(1991)는 이 과정을 내면화, 압축, 대상화(reification)의 세 단계로 구분하였다.

세워 푸는 등 인수분해를 하기 위한 내면화 수준에 이르지 못한 학생들은 0수준으로 보았다. 음수의 개념을 알기 위해 뺄셈 연산이 내면화 수준에서 수행되어야 하는 것처럼, 인수분해를 하기 위해서는 식의 곱셈과 동류항 정리 등이 자동화되어야 한다. 이들의 연구에서 식을 전개하고 정리하여 간단히 하려는 시도를 보이는 학생들은 내면화 수준에 있는 것으로 보고 1수준으로 분류하였다. 인수분해를 하기 위해 전체적인 식의 구조를 파악하고 공식을 적용하기 위해 치환하거나 다항식의 공통인수로 묶고, 낮은 차수의 문자로 정리하여 a^2-b^2 공식을 이용하는 학생들은 압축 수준인 3수준에 있는 것으로 보았다. 인수분해 문제에서 일관적으로 1수준이나 3수준으로 인수분해를 해결하지 못하고 문제에 따라 두 가지 접근을 함께 사용한 학생들이 있었다. 이러한 과도기에 속한 학생들은 내면화에 있으나 완전한 압축에는 이르지 못한 것으로 2수준에 분류하였다.

학생들이 인수분해를 대상으로 다룰 때 그 구조적 특징을 어떻게 파악하는가를 통해 대상의 무엇에 초점을 두는지를 알 수 있다. 이때 표면적인 특성에 초점을 두는지, 내적인 구조에 초점을 두는지에 따라 다항식을 구조적 대상으로 다루는 수준이 나뉠 수 있다.

이를 정리하면 [그림 V-5]와 같다. 대수 개념이 과정에서 대상으로 내면화(1수준), 압축(3수준), 대상화의 세 단계를 거치고, 구조적 대상으로서 인식된 개념은 표면적 특징과 내면적 특징에 의한 유추에 의해 대상으로 인식된다.

유추가 인수분해 개념 발달의 수단이라면 인수분해 문제를 푸는 데에도 긍정적인 영향을 줄 것이라는 가정 하에, 김선희·이종희(2002)는 인수분해를 학습한 지 5개월이 지난 중학생을 연구대상으로 인수분해 개념 수준과 유추 능력을 조사하였다. 추론은 지식 내용과 관련이 있기 때문에(Brown, 2000), 표면적 특징보다 내면적 특징을 파악하는 유추가 인수분해 문제 해결 성공과도 상관관계가 있을 것으로 보았다. 교과서의 인수분해 문제를 학생들에게 제시하여 인수분해 개념 발달 수준을 나누었고, 유추 능력 검사로 인수분해 문항을 같은 유형끼리 분류하게 하였다. 같은 유형이라고 생각한 이유나 근거를 크게 표면적 특징과 내면적인 특징으로 파악한 것으로 구분하였다. 표면적 특징으로 인수분해 식을 분류한 학생들은 '괄호가 있다, 제곱이 한개 있다, 제곱이 없다, 비슷하게 생겼다, x와 y가 사용되었다, 식이 짧다' 등으로 답했고, 내면적 특징으로 대상을 분류한 학생들은 '공통 인수로 묶을 수 있다, 이차식의 인수분해 공식을 사용할 수 있다, 차수가 낮은 문자로 먼저 정리해야 한다'는 등의 답을 하였다.

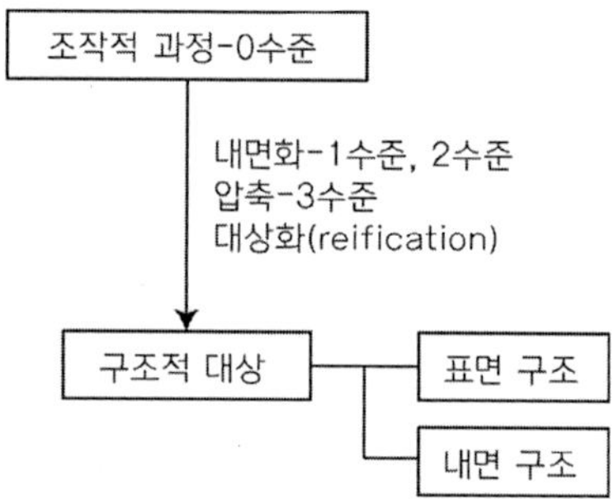

[그림 V-5] 대수적 개념의 이중적 본질 (김선희·이종희, 2002)

학생들의 응답을 분석한 결과, 표면적 특징에 의해 식을 분류한 학생은 60명 중에서 10명이 있었고, 내면적 특징에 따라 식을 분류한 학생은 54명이 있었다. 표면적 특징이나 관계적 특징을 식마다 다르게 적용한 학생이 4명 중복되었다. 결과적으로 표면적 특징으로 식을 분류하는 것은 인수분해 문제를 해결하는 데 도움이 되지 않고, 유추 수준도 낮았다. 또한 개념 발달 수준에 따라 내면적 특징에 근거한 유추 능력에 차이가 있었는데, 사후 분석 결과 0수준과 3수준의 학생들이 내면적 구조를 분류하는 인수분해 유추 검사에 차이가 있었다. 또한 인수분해 유추 과제에서 내면 구조를 파악하여 유추를 한 것과 인수분해 문제 해결과는 상관관계가 있었다.

김선희·이종희(2002)는 대수 개념 발달 수준을 기초로 학생들의 인수분해 과정을 분류하고, 학생들의 인수분해 해결 성공과 인수분해 유추 과제에서 관계적 구조 사용을 조사하였다. 인수분해를 대상으로 인식하여 분류하는 유추 과제는 학생들의 인수분해 문제 풀이 성공을 향상시켰다. 유추가 대수 개념 발달의 수단으로서 인수분해 문제 풀이를 더 성공적으로 이끈 것이다. 그리고 인수분해 개념 발달 수준이 높을수록 인수분해의 내면적 구조를 찾아 분류하는 유추 과제의 해결에 더 성공적인 것으로 나타났다. 개념이 발달하면서 내면적 특징을 근거로 사상시키는 유추에 영향을 주는 것으로 나타났다.

유추는 대수 개념의 발달에서 개념을 대상으로 파악하게 할 수 있게 하는 새로운 과제로 제시될 수 있음이 밝혀졌다. 이것은 수학 학습 지도에서 발견의 맥락으로서 강조되는 유추가 개념 발달을 촉진시키는 수단이 될 수도 있음을 보여주었다.

3.3 유추 과제의 유형

유추 과제를 비율적 유추와 유추적 전이로 나누어 살펴본다.

먼저, 비율적 유추의 기본은 A : B :: C : ?이다. 이를 확장하여 이경화(2009a)는 의도적으로 주목해야 하는 내용이 무엇인가에 따라 그리고 제시하는 조건이 어떤 것인가에 따라 <표 V-2> 형식의 유추 과제를 제안하였다. Polya(1954)의 삼각형과 사면체 유추의 아이디어를 이용하여 예시를 개발하고 학생들에게 적용하였는데, A : B :: ? : ?의 유형의 예시는 학생들에게 시간이 많이 소요되어 생략하였다고 한다.

〈표 V-2〉 유추 과제 유형 (이경화, 2009a)

과제 유형	예시
A : ? :: ? : ?	삼각형과 유사한 도형을 3개 제시하고, 그 이유를 각각 제시하시오. 평행사변형과 유사한 도형을 3개 제시하고, 그 이유를 각각 제시하시오.
A : B :: ? : ?	–
A : ? :: C : ?	삼각형과 사면체가 유사하다고 할 때, 그 이유로 가능한 것을 3가지 제시하시오.
A : B :: C : ?	모든 삼각형에 외심이 존재한다는 명제는 참인가? 자신의 주장에 대한 이유를 제시하시오. 사면체에 대해 이와 유사한 성질을 구성하고, 유사한 이유를 제시하시오.

이경화(2009a)는 수학자들이 새로운 내용을 발견할 때 새로운 대상으로 주의를 옮기는 과정이 필요할 것으로 추측되므로 A : ? :: ? : ? 유형이 유추 과제에서도 활용될 것으로 보았다. 이 유형에서 학생들은 피상적인 속성에 주목하여 유추를 완성하려 하면서, 어느 정도 시간이 흐른 후 삼각형의 요소와 성질, 특징 등을 분석하여 유용한 관계를 형성하고 이를 토대로 여러 도형을 재분류하였고 수학적 발견을 하였다. 이런 과제 유형은 바탕이 되는 대상을 충분하게 분석하고 조명할 기회를 제공하여, 바탕 영역의 지식을 확고히 하는 데 역할을 한 것으로 보인다.

A : ? :: C : ? 형태는 두 대상을 각각의 대상이 속한 체계에 비추어 분석하도록 하는 의도의 과제이다. 이경화(2009a)는 이 과제에서 두 대상에 공통적으로 적용할 수 있는 성질을 이용하여 유추가 이루어지는 경향이 학생들에게서 나타났다고 하였다. 즉 두 대상 A와 C의 개념이나 성질을 이용하여 A : B :: C : B와 같은 성질이 도출되었다고 한다. 이 과제는 추측을 제기하고 스스로 정당화하는 탐구 학습을 자극하였으며, 두 대상을 비교하고 확장하는 가운데 독창성과 논리성을 키우는 기회를 제공하였다고 한다.

A : B :: C : ? 형태는 학생들이 쉽게 유추를 완성할 수 있는 과제이다. 이 과제는 A에 대한 성질 B의 관계가 이미 주어져 있으므로, 대상 C에 대해 그 관계를 사상하면 유추를 완성할 수 있다. 따라서 학생들이 어떤 방향으로 사고를 진행해야 하는지 분명하지만, 대상 A와 C를 왜 연결해서 생각해야 하는지, 대상 A의 성질 중 왜 B를 택해 그 관계를 파악해야 하는지 설명하기는 어렵다. 그리고 A, B, C에 대한 지식이 충분하지 않으면 유추를 완성하는 데 어려움이 있었다(이경화, 2009a, p.57).

유추적 전이는 유사한 문제 해결에 근거하여 새로운 문제 해결의 실마리, 아이디어를 얻는 것이다. 이종희, 김진화, 김선희(2003)는 유추적 전이 과제 유형으로 동치 문제, 동형 문제, 유사 문제를 구분하였다. 동치 문제는 이야기 맥락과 해결 절차가 바탕 문제와 모두 같고, 동형 문제는 이야기 맥락은 다르지만 바탕 문제와 해결 절차가 같은 문제이다. 유사 문제는 이야기 맥락은 같지만 해결 절차가 바탕 문제 해결에서 다소 수정이 필요한 문제이다. [그림 V-6]의 바탕 문제의 예시에서 동치문제, 동형문제, 유사문제를 제시하면 [그림 V-7]과 같다.

3%의 설탕물과 6%의 설탕물을 섞어서 4%의 설탕물 300g을 만들었다. 각각 필요한 설탕물은 몇 g인가?

〈모범풀이〉

(i) 3%의 설탕물을 x(g)라 하면 6%의 설탕물은 $300-x$(g)이 된다.

(ii) 3%의 설탕물 x(g)에 들어있는 설탕의 양은 $x\times\frac{3}{100}$(g)이고, 6%의 설탕물 $300-x$(g)에 들어있는 설탕의 양은 $(300-x)\times\frac{6}{100}$(g)이다.

(iii) 혼합 전·후의 설탕의 양은 같으므로 이 정보를 방정식으로 나타내면 다음과 같다.

$$x\times\frac{3}{100}+(300-x)\times\frac{6}{100}=300\times\frac{4}{100}$$

(iv) x를 구하기 위해 이 방정식을 푼다. 먼저 양변에 100을 곱하면

$$3x+1800-6x=1200$$
$$-3x=-600$$
$$x=200$$

∴ 3%의 설탕물 200g, 6%의 설탕물 100g.

[그림 V-6] 바탕 문제 (이종희·김진화·김선희, 2003)

동치문제	(문제1) 한 화학자가 12% 붕산 용액과 4% 붕산 용액을 섞어서 5% 붕산 용액 40L를 만들려고 한다. 각각 필요한 붕산 용액은 몇 L인가? (문제2) 한 간호사가 8%의 알콜 용액 50L에 4%의 알콜 용액을 섞어서 5%의 알콜 용액을 만들고자 한다. 4%의 알콜 용액 몇 L가 필요한가?
동형문제	(문제1) 1g에 10원하는 쵸코렛과 1g에 20원 하는 아몬드를 혼합하여 1g에 15원하는 혼합물 150g을 만들었다. 각각 필요한 과자의 무게는 얼마인가? (문제2) 한 우유 회사에서 1g에 20원하는 우유 60g과 1g에 30원하는 바나나를 혼합하여 1g에 25원하는 바나나 우유를 만들었다. 1g에 30원하는 바나나 몇 g이 필요한가?
유사문제	(문제1) 12%의 소금물과 20%의 소금물을 섞어서 10g의 소금을 함유한 소금물 60g를 만들었다. 각각 필요한 소금물의 양은 얼마인가? (문제2) 12%의 소금물300g과 5%의 소금물 400g을 섞어 만든 소금물이 있다. 여기에 소금을 넣어 10%의 소금물이 되게 하려면 얼마의 소금을 넣어야 하는가?

[그림 V-7] 동치, 동형, 유사 문제 (이종희·김진화·김선희, 2003)

이종희·김진화·김선희(2003)는 중학교 1학년 학생들을 대상으로 [그림 V-6]과 [그림 V-7]의 문제를 제시하고 해결하게 하였다. 그 결과, 바탕 문제와 그 정교한 풀이 과정은 유사 문제를 해결하는 데에는 도움이 되지 않고 동치 문제 해결에만 도움이 되었다. 그리고 학생들

은 동치 문제를 동형 문제보다 더 잘 해결하였다. 또한 바탕 문제의 해결 경험이 증가하였을 때, 동치/동형 문제와 유사 문제의 해결이 유의하게 향상되었다. 이에 따라 유추적 전이에서는 바탕 문제의 학습량이 증가되어야 목표 문제로 전이가 가능하다고 볼 수 있다. 바탕 문제에 대한 학습량이 증가함에 따라 개념적 이해뿐만 아니라 구조적인 유사성을 더 주목하게 됨으로써 문제 해결이 촉진되는 것이다. 따라서 교과서나 수업 상황에서 다양한 보기 문제를 제시하는 것은 개념적 이해뿐 아니라 유추적 전이 또한 향상시킬 수 있으며, 학생들의 유추 능력 향상을 위해 교사는 바탕문제를 토대로 동치/동형/유사문제를 개발하여 다루는 활동을 할 수 있을 것이다.

4 요약

이 장에서는 유추에 대해 살펴보았다. 유추는 바탕 영역에 근거하여 목표 영역에 대한 추측을 하는 추론으로서, 바탕 영역의 지식을 갖고 이를 인출하여 목표 영역과 유사성을 기초로 목표 영역의 지식을 발견하는 것이다. 따라서 결론을 도출하는 목적으로 행해지는 추론이라 할 수 있다.

유추에서 중요한 요소는 바탕 영역의 지식, 바탕과 목표 영역 사이의 유사성 인식, 사상의 명료성, 적합, 도식 형성이다. 유추에 작용하는 기본 원리로 유추에 부정적인 영향을 미치는 해석 가설과 간섭 가설, 고차적인 관계를 선호하여 유추한다는 계통성의 원리를 살펴보았고, 유추의 역할로 정신 모델과 수학 지식의 구성에 대해 알아보았다.

유추의 유형은 비율적 유추와 유추적 전이의 두 가지로 살펴보았는데, 이는 개념 학습과 문제 해결에서의 유추를 구분한 것이었다. 정보 처리 이론에 따르면 유추적 전이는 표상 형성, 인출, 사상, 적합, 도식 형성의 과정을 거치는 것으로 볼 수 있었다.

학교수학에서 유추는 문제 해결의 전략으로서 적용될 수 있으며, 개념 발달과도 관련이 있음을 인수분해의 예로 살펴보았다. 그리고 학생들에게 제시할 수 있는 유추 과제의 유형에 대해서도 제안하였다.

참고문헌

김선희·이종희(2002). 인수분해 문제해결과 유추. 학교수학 4(4), 581-590

김영채(1995). 사고와 문제해결 심리학. 서울 : 박영사.

류성림(1995). 중등학교에서의 수학적 추론의 지도. 청람수학교육, 5(2), 47-64.

이경화(2009a). 영재아들의 세 유형의 유추 과제 해결. 수학교육학연구 19(1), 45-61.

이경화(2009b). 수학적 지식의 구성에서 유추적 사고의 역할. 수학교육학연구 19(3), 355-369.

이영애(1997). 유비사고. 인지과학 8, 19-36.

이종희·김진화·김선희(2003). 중학생을 대상으로 한 대수 문장제 해결에서의 유추적 전이. 수학교육, 42(3), 353-368.

Alexander, P. A., White, C. S. ,& Daugherty, M. (1997). Analogical Reasoning and Early Mathematics Learning. In L. D. English(ed), Mathematical Reasoning-Analogies, Metaphors, and Images (pp.117-147). Lawrence Erlbaum Associates.

Bassok, M. (1997). Two Types of Reliance on Correlation Between Content and Structure in reasoning About Word Problems. In L. D. English(ed), Mathematical Reasoning-Analogies, Metaphors, and Images (pp. 221-246). Lawrence Erlbaum Associates.

Brown, V. E. (2000). Analogical reasoning : constraint preference among third grade students (a concept revisited). Doctorial dissertation. Univ. of Florida.

English, L. D,. & Halford, G. S. (1995). Mathematics Education. Lawrence, Erlbaum Associates, Publishers.

English, L. D. (1997). Children's Reasoning Process in Classifying and Solving Computational Word Problems. In L. D. English(ed), Mathematical Reasoning-Analogies, Metaphors, and Images (pp.191-220), Lawrence Erlbaum Associates.

Gentner, D. (1983). Structure mapping : A theoretical framework for analogy. Cognitive Science, 7(2), 155-170.

Gentner, D. (1989). The mechanisms of analogical learning. In S. Vosniadou & A. Ortony(eds.), Similarity and analogical reasoning (pp.199-241). Cambridge, England : Cambridge University Press.

Gholson, B., Smither, D., Buhrman, A., Duncan, M. K. & Pierce , K. A. (1997). Children Development of Analogical Problem-Solving Skill. In L. D. English(ed), Mathematical Reasoning-Analogies, Metaphors, and Images(pp. 149-189). Lawrence Erlbaum Associates, Publishers.

Gick, M. L., & Holyoak, K. J. (1983). Schema induction and analogical transfer. Cognitive Psychology, 15, 1-38.

NCTM(1989). Curriculum and evaluation standard for school mathematics. VA : NCTM.

Nesher, P. (1992). Solving multiplication word problems. In G. Leinhardt, R. T. Putnam, & R. Hattrup(eds.), Analysis of arithemetic for mathematics teaching(pp.189-219). Hillsdale, NJ : Lawrence Erlbaum Associates.

Novick, L. R. (1988). Analogical transfer problem similarity, and expertise. Journal of Experimental Psychology : Learning, Memory, and Cognition, 14, 510-520

Novick, L. R., & Holyoak, K. J. (1991). Mathematical problem solving by analogy. Journal of Experimental Psychology : Learning, Memory, and Cognition, 17, 398-415.

Polya, G. (1954). Induction and analogy in mathematics. Princeton University Press.

Rattermann, M. J. (1997) Mathematical Reasoning and Analogy. In L. D. English(ed), Mathematical Reasoning-Analogies, Metaphors, and Images(pp. 247-264). Lawrence Erlbaum Associates, Publishers.

Reed, S. K. (1989). Constraints on the abstraction of solutions. Journal of Educational Psychology, 81, 532-540.

Sfard, A. (1991). On the dual nature of mathematical conceptions : reflections on processes and objects as different sides of the same coin. Educational Studies in Mathematic, 22, 1-36.

Skemp, R. (2000). 수학학습심리학. 황우형 역. 서울 : 사이언스북스.(원서 출판, 1987)

Sternberg, R. J. (1981). Intelligence and nonentrenchment. Journal of Educational Psychology, 73, 1-16.

CHAPTER VI

은유

새로운 수학 개념을 표현하고 전달하기 위해서 우리는 이미 알고 있는 지식이나 언어를 사용할 수밖에 없다. 이미 존재하는 개념을 바탕으로 새로운 추리를 가능하게 하는 추론의 한 형태로서 은유는 'A 영역은 B 영역이다'라는 한 가지 특별한 형식의 유추이다.

이 장에서는 은유의 의미, 은유의 유형, 은유의 기능, 학교수학에서의 은유적 표현을 살펴볼 것이다.

새로운 수학적 아이디어를 표현하고 전달하는 것은 일상생활 언어나 기존의 수학 언어에 의존할 수밖에 없으며, 이러한 과정은 은유적이다. Lakoff Johnson(1980/2006), Pimm(1987), Lakoff & Nunez(1997) 등은 인간의 사고 체계는 기본적으로 은유적이며 수학도 은유를 통해 이해되고 표현된다고 했다. 예를 들어, 정수를 수직선 위의 점이라 생각하고, 방정식을 대칭저울로 생각하는 것은 은유이다. 이처럼 수학 교육에서 은유에 대한 연구는 문학적인 해석보다 더 넓은 의미로 은유 개념을 해석한다(Sfard, 1997). 새로운 개념이나 기호를 도입할 때는 이미 존재하는 개념에서 새로운 목표 개념으로 은유적 투사가 암묵적으로 이루어진다.

유비 추론과 마찬가지로 은유적 추론은 바탕 영역(source domain)과 목표 영역(target domain)이 공유하는 관계적 구조에 기초한 정신적 모델을 구성하게 한다. 하지만, 함수를 자동판매기로 생각하거나, 점의 움직임을 따라 극한 개념을 제시하는 것과 같은 예 등에서 볼 수 있듯이 은유는 유사한 구체물로 표현하기 어려운 추상적인 수학적 개념에 대한 이해를 발달시키는 데 도움이 된다. 즉, 은유는 유추의 일종으로 볼 수도 있지만 새로운 추리를 가능하게 하는 추론의 한 형태로서 가치가 높으므로, 본서에서는 별도의 장으로 구성하여 은유의 의미, 은유의 유형, 은유의 기능, 학교수학에서의 은유적 표현을 살펴보려 한다.

1 은유의 의미

옥스퍼드 사전(2017)에서 은유는 '문자 그대로 적용될 수 없는 대상에 대한 이름이나 서술적 용어의 적용'으로 정의된다. Lakoff & Johnson (1980/2006)은 언어적 증거를 주된 바탕으로 일상적 개념 체계[41]의 대부분이 그 본성에 있어서 은유적이라고 본다. 은유의 본질은 한 종류의 사물을 다른 종류의 사물의 관점에서 이해하고 경험하는 것이다(Lakoff & Johnson, 1980/2006, p.24). 즉, 은유를 이해하는 것은 목표 영역과 바탕 영역 사이의 사상을 발견함으로써 이루어진다(Holyoak & Thagard, 1995). 그러나 두 영역 사이의 연결은 대개 암묵적이다.

Lakoff(1994, p.206)에 의하면, 은유의 힘은 '어떤 하나의 정신적 영역을 다른 정신적 영역에 의하여 개념화하는 방식'에 있고, 따라서 은유적으로 추론하는 것은 영역을 가로지르는 사상(cross-domain mapping)이라고 규정할 수 있다. 함수를 자동판매기, 벡터를 화살표, 수 체계를 직선 위의 점들에 비유할 때(van Dormolen, 1991), 이러한 예들은 추상적인 수학적 아이디어(목표 영역)가 구체적이고 친숙한 영역(바탕 영역)에 의해 이해되는 '영역을 가로지르는 사상'을 수반한다.

은유는 A와는 개념적으로 매우 멀거나 다른 영역인 C라는 목표 영역에서 나타날 수 있는 특성을 짐작하기 위해 이미 친숙하게 이해하고 있는 바탕 영역 A의 B라는 특성을 사상하는 추론이다. 즉, 은유는 유추의 일종으로 볼 수 있으며, 이를 Toulmin의 틀에 따라 나타내보면 [그림 VI-1]과 같다.

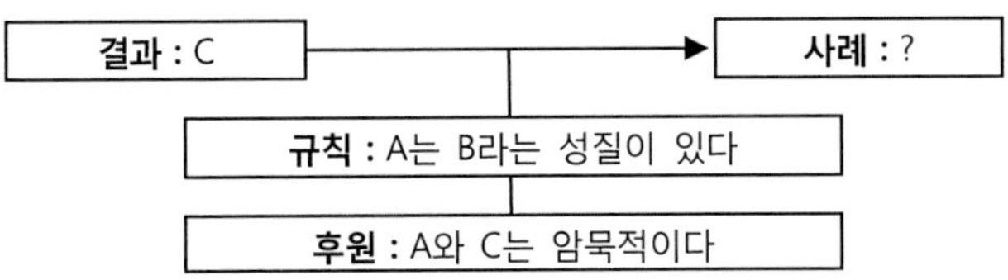

[그림 Ⅵ-1] 은유의 의미에 대한 Toulmin의 틀

41) 개념은 우리가 지각하는 것, 우리가 이 세계 안에서 살아가는 방식, 그리고 다른 사람과 관계를 맺는 방식 등을 구조화한다. 따라서 개념 체계는 우리의 일상적인 실재를 규정하는데 핵심적인 역할을 한다(Lakoff & Johnson, 1980/2006, p.21).

수 체계를 표현하기 위해 직선 은유를 사용하는 것처럼, 은유는 유사한 구체물로 표현하기 어려운 추상적인 수학적 개념과 절차에 대한 이해를 발달시키는 데 도움이 된다. 다만, 수직선 위에 명시적으로 나타나는 표시만을 정수에 연결시키고, 정수 표시 사이의 공간에 함축되어 있는 정수와 분수 사이의 관계를 무시하는 학생이 있을 수도 있다. 이 학생은 바탕 영역과 목표 영역 사이에서 명백하게 눈에 보이는 관계들만을 사상한 것이다. 이처럼 은유를 잘못 사용하면 오개념을 유발할 수도 있다.

이 절에서는 개념적 은유 이론과 은유의 특징에 대해 살펴본다.

1.1 개념적 은유

인간의 모든 사고와 이해의 뿌리는 신체적 활동에 있으며 보다 복잡하고 추상적인 사고는 신체적 활동을 토대로 하는 은유적 확장을 통해 이루어진다(Lakoff & Johnson, 1980/2006, p.8). Lakoff(1987, 1994)는 인간의 개념 체계는 본질적으로 은유적이며 일상 언어의 은유는 일탈된 표현이 아니라 자연스럽고 정상적이라고 본다. 이 때, 은유는 목표 영역을 바탕 영역으로 사상하여 그 목표 영역을 이해하고 경험하는 것이다. 이러한 은유 이론을 인지적 은유 이론 또는 개념적 은유 이론이라고 부른다. 개념적 은유는 문학에서의 비유법인 은유적 표현과는 다르며 범주나 인지 모형 사이를 연결하는 비대칭인 사상으로 'A는 B이다'와 같이 표현된다(Lakoff & Núñez, 1997, p.35).

Lakoff & Núñez(1997)는 수학적 아이디어가 인간의 마음과 독립적으로 존재하기보다는 은유에 의해 존재하는 것으로 본다. 은유는 인간의 신체, 정신 활동, 일상적인 경험을 반영하여 개념을 그와 유사한 대상을 사용하여 기술하는 과정과 그 결과를 의미한다. 이러한 철학적 입장을 체험주의(experientialism)라고 부르는데, 체험주의에서 지식은 결코 명제적인 속성으로만 이루어진 것이 아니라 경험과 활동에 근거하며 그에 따른 형태(gestalt)와 다양한 이미지-스키마[42]를 포함한다(이승우·우정호, 2002). 개념 구조도 근본적으로 신체적 경험과 결부되어 있으므로 수학 지식을 구성하는 것도 그러하며 수학의 추상적인 사고는 이미지-스키마와 은유적 사고에 기초한다.

수학은 인간의 활동을 바탕으로 하고 인간의 활동은 일반적인 스키마 구조를 가지고 있으므로, 수학의 기본적인 아이디어인 대응, 연속성, 순서, 유계 등은 이미지-스키마인 연결, (이동의) 경로, 방향, (용기의) 경계 등에 각각 대응되며 이러한 이미지-스키마는 추론 구조의 바탕이 된다. 또한 대부분의 추론이 개념망을 이루는 수학적 아이디어를 사상하는 개념적 은유를 통해 무의식적으로 발생하게 된다(이승우·우정호, 2002).

수학적 지식의 구성을 가능하게 하는 것은 여러 은유의 상호작용이라고 볼 수 있다. Sfard(1997)는 학생들의 유리수 개념 형성 과정에서 은유가 어떻게 기능하고, 수학 개념은 여러 은유의 상호 작용에 의해 발전된다고 주장한다. 예를 들어, $\frac{2}{5}$가 답이 되는 문제를 만들어 보도록 했을 때, 학생이 '파이 하나를 똑같은 크기의 5조각으로 만들어 세 사람이 한 조각씩 먹었다. 그러면 파이는 몇 조각이 남았을까?'라고 문제를 만들었다. 이 학생은 '분할'과 '조각'의 은유뿐만 아니라 분할 과정과 조각 사이의 관계를 $\frac{2}{5}$라는 기호로 표현하고 있는 것을 볼 때 여러 은유 사이의 관계를 알고 있음을 알 수 있다. 다른 학생은 '$5x=2$의 해를 구하여라'와 같이 문제를 만들 수도 있다. 이 학생은 '해'라는

42) 이미지-스키마는 공간 추론을 특징짓는 기초 역학적이고 위상적인 방향 구조로, 시각-운동 경험에 언어를 연결시키는 역할을 하며, 언어와 즉각적인 몸짓, 특히 공간적 관계에 대한 언어 표현을 통해 경험적으로 연구될 수 있다(Lakoff & Núñez, 2000).

수학 내적인 은유에 의해 $\frac{2}{5}$를 개념화하고 있다. 이와 같이 수학적 개념에 대한 은유는 유일하게 존재하는 것이 아니며, 분할과 조각 은유의 연결, 기호 표현, 해라는 은유의 상호 작용이 유리수 개념의 형성을 가능하게 한다.

한편, 은유와 유추는 영역 간의 사상이라는 점에서 비슷하다. Vosniadou & Ortony(1989)는 유추가 바탕 영역과 목표 영역 간의 유사성을 인식하고 개발해 내는 것이라 하면서, 두 영역 사이에 관련된 항목들이 개념적으로 매우 멀거나 혹은 다른 영역에서 도출될 때를 영역간의(between-domain) 유추라 했다. 이것은 다른 말로 은유적 유추라고 할 수도 있으며 따라서 은유는 유추에 속한다. Sfard(1997)도 은유가 두 개념 구조 사이의 비교를 통해 목표 영역에 대한 새로운 정보를 바탕 영역의 도움으로 얻어낸다는 점에서 유추에 속한다고 했다. 'A는 B와 같다'는 형태로 표현되는 직유는 외적 유추, 'A는 B이다'라는 형태의 은유는 내적 은유에 해당하는 것으로 직유와 은유는 유추에 포함된다. 은유는 유추의 특별한 경우이며, 유사한 것으로 분류된 대상들 사이의 거리에 의해 직유와 구별된다.

예를 들어, 기존의 수직선 개념을 통해 음의 정수를 도입한다고 하자. 우리는 수직선에서 0을 중심으로 기본 단위만큼씩 오른쪽으로 이동하여 점을 찍어 지금까지 자연수 즉 양의 정수를 표기해 왔다. 자연수는 바로 0으로부터의 거리, 절댓값에 대응한다고 볼 수 있다. 그렇다면 0을 중심으로 왼쪽으로 기본 단위만큼씩 이동할 때는 어떻게 할까? 0에서부터의 거리를 나타내는 수에 양의 정수와 다른 부호를 가진 -1, -2, -3, …이라고 쓰고 이를 음의 정수라 한다. 이때, 학습자는 음의 정수에 대한 개념이 전혀 없이도 수직선 개념에 비추어 음수라는 것이 존재한다는 것을 받아들인다. 유추적 사고를 통해 이제 음의 정수를 포함한 정수는 수직선에 표현된다. 즉, 음수라는 새로운 대상을 존재하게 하는 행동이 있은 후에 유추적 사고가 역할을 하고 있다. 물론, 여기서 음수 개념이 모두 파악된 것은 아니지만, 새로운 개념이나 기호를 도입할 때 이처럼 기존 개념의 도움을 받는 은유적 투사가 일어난다. 이렇듯 은유는 새로운 개념이나 기호를 구성하는 힘을 갖고 있으며, 개념화 과정 즉 새로운 개념 구조의 창조 과정과 관련되어 있고, 유추는 추론의 맥락 즉 존재하는 개념을 조사하여 적용되는 사고 과정으로 제한된다(Sfard, 1997).

이상을 정리하면, 은유는 'A 영역은 B 영역이다'라는 특별한 형식의 유추이며 종종 수학적 추론 과정에서 의미를 구성하는 데 중심적인 역할을 한다(Presmeg, 1992). 은유에서 A의 도움으로 B를 제시하는 것은 유추와 비슷하다. 그러나 유추가 이미 알려진 두 개념 사이의 유사성을 우리가 지각하여 관계를 사상 짓는 것과 달리, 은유는 목표 영역의 구조에 대해 알지 못하는 상태에서도 구조를 연결한다는 것이 다른 점이다(Lakoff & Nunes, 1997; Presmeg, 1997; Sfard, 1997). 따라서 은유는 이미 존재하는 개념을 바탕으로 새로운 개념이나 기호를 구성하는 힘을 갖고 있으며 새로운 개념 구조의 창조 과정과 관련된다(Sfard, 1997).

1.2 은유의 특징

은유는 기존의 것을 이용하여 새로운 경험을 구조화하는 특별한 힘을 실어주는 동시에 수학 기호 체계의 피할 수 없는 요소인 모호성을 허용한다. 이것은 유사성과 상이성을 동시에 인식함으로써 가능하다(Goldin, 1992). 예를 들어, 대수식 $3(x+5)+1$이 상황이나 개인적 구성에 따라서 계산 절차, 어떤 수, 함수, 함수족의 특별한 원소, 단순한 기호의 나열과 같이 이해될 수 있는데, 이것은 모든 수학

기호에 존재하는 모호성을 보여 준다(Sfard & Linchevski, 1994). 즉, 서로 다른 상황에서 다양한 것을 의미하는 수학 기호를 해석하는 미묘함은 은유를 통하여 어떤 수학적 구성물을 이질적인 영역의 어떤 것과 비교할 때 기반(유사성)과 긴장(상이성)[43] 상태가 무엇인지를 아는 것의 미묘함에 비교될 수 있다.

이러한 은유의 특징은 다음과 같이 요약할 수 있다.

첫째, 편재(遍在)성이다(Sfard, 1997). 일상생활에서 그리고 수학 학습에서 은유는 너무 깊이 숨겨져 있어 그 존재를 깨닫지 못하는 경우가 많다. 그러나 은유는 집합을 벤다이어그램으로 바꾸어 표현하고, 방정식의 풀이에서 이항으로 수를 물건처럼 움직이게 하고, 괄호를 그릇처럼 생각해서 공통 인수를 괄호 밖으로 꺼낸다는 표현에서 알 수 있듯이 너무나 많이 등장한다. Bruner(1986)는 은유를 '추상의 산에 오르도록 돕는 버팀목'이라 하면서 우리는 산의 정상에 오르자마자 이를 제거하려 한다고 했다(Sfard, 1997, pp.339-371, 재인용). 즉, 우리는 은유에 의해 개념을 이해하지만 최종적으로 개념을 형식적으로 나타낼 때에는 은유를 사용하지 않는다.

둘째, 체계적인 개념을 사상한다(Sfard, 1997). 은유는 문제 해결 전략 이후에 요구되는 재개념화의 수단이 될 수도 있고, 문화적으로 구현되기도 한다. 예를 들어, Presmeg(1992)의 연구에서 한 학생은 예각, 둔각의 삼각함수 값을 구할 때, $90°$보다는 $180°$를 이용하는 것을 선호하면서, x축에서 시작하여 각을 움직여 사인 값을 구하였다. 그리고 x축을 '수면'이라고 은유적인 표현을 하면서 삼각함수 값을 구하는 방법을 재개념화 하였다.

---

43) Presmeg(1997)는 은유가 두 개념, 즉 설명의 대상인 '원관념'과 이것을 도와주는 '보조 관념' 사이의 함수로 제시되어 왔다고 본다. 이때, 원관념과 보조 관념의 공통된 특징인 '기반'은 비교의 기초가 된다. 비교를 하는 두 요소가 비록 유사하지만 같은 것이 아니므로 서로 다르게 하는 특징이 있는데 이것을 긴장이라고 한다.

셋째, 은유는 지각적 기원을 갖고 있다(Sfard, 1997). 은유적 추론을 할 때 인간은 지각적으로 경험될 수 없는 수학 개념을 '마치 ~인 것으로' 생각한다. $\frac{1}{2}+\frac{1}{3}$을 계산할 때도, 피자의 $\frac{1}{2}$조각과 $\frac{1}{3}$조각이 합쳐질 때 어느 정도의 양이 되는지 눈으로 보려고 한다. Johnson(1987/2000)은 이미지-스키마가 공간 추론을 특징짓고 시각-운동 경험에 언어를 연결시키는 역할을 하고, 개념 체계는 궁극적으로 이미지-스키마로 분해될 수 있다고 하면서, 추론 구조가 은유적 사상 아래서 보존될 수 있다고 하였다.

넷째, 은유는 개성적이다(Presmeg, 1997). Presmeg(1992)의 연구에 참여한 학생처럼 모든 학생이 사인값을 구할 때 '수면'을 생각하지는 않는다. 따라서 은유적 추론은 주관적인 추론이라 할 수 있다.

다섯째, 은유와 개념은 다대다 대응이다. 하나의 개념에 대해서 사람마다 다른 은유를 생각할 수 있고, 다른 개념에 대해 같은 은유를 생각할 수 있다. 예를 들어, 유리수 개념은 '분할로서의 분수, 조각으로서의 분수'와 같은 구체적인 은유와 '수로서의 분수'라는 순수한 수학적 은유의 상호작용에서 나올 수 있다. 그리고 복소수나 벡터 개념을 생각할 때 좌표평면이 은유적으로 사용될 수 있다. 이런 점에서 Sfard(1997)는 은유적 개념화를 은유와 개념의 변증법적 과정이라고 하였다.

그러나 은유는 개념 학습 과정에서 어려움을 일으키기도 한다. 이 어려움을 Sfard(1997)는 세 가지로 언급하고 있다. 첫째는 여러 은유를 통합하는 어려움이다. 개념과 은유의 다대다 대응이 이루어지고 하나의 개념이 성립하기 위해 여러 은유가 상호작용할 때, 하나의 개념이 세워지기 위해 필요한 여러 은유 중 하나가 부족하다거나 다른 은유로 대체되지 않고 남아 사라지기 거부하기도 한다. 예를 들어, 피자 조각으로 분수를 은유적으로 표현한 것이 분수끼리의 나눗셈에서 사라지지 않을 때 분수 계산을 힘들게 한다.

두 번째, 지나친 은유적 투사를 들 수 있다. 예를 들어, x가 1에 가까이 갈 때 함숫값 $f(x)$는 -3에 가까이 간다. 이것을 $\lim_{x\to1}f(x)=-3$이라는 기호로 나타낸다. 여기에서 은유적으로 투사된 무한대 ∞는 $\lim_{x\to1}f(x)=\infty$에 사용되고 마치 수인 것처럼 여겨질 수 있으나, 지나친 은유적 투사로 인해 $\frac{\infty}{\infty}=1$이라는 오류를 범할 수도 있다. 또, 양립될 수 없는 은유를 통합하려는 시도를 할 때 지나친 은유적 투사가 일어난다. 복소수의 구성 과정에서 지금까지 수의 개념에 기본이 되었던 양으로서의 수 은유는 포기되어야 하는 것이었다.

셋째, 은유적 감금으로 인해 상상이 제약될 수 있다. 어떤 직선 밖의 점을 지나는 하나 이상의 평행선이 있을 수 있다는 것은 유클리드 기하의 지각적 은유와 조화될 수 없는 것으로, 이러한 은유적 제약은 추상적인 수학의 발달을 저해할 수 있었다.

2 은유의 유형

은유는 바탕 영역과 목표 영역을 넘나드는 개념적 사상이다. Lakoff & Núñez(1997, p.34)에 의하면, 수학적 아이디어를 형성하는 데 있어 은유는 두 가지 기본적인 형태로 구분할 수 있다. 첫째, 기반 은유(grounding metaphor)는 수학 개념을 목표 영역으로 하고 우리의 일상 경험을 바탕 영역으로 하는 사상이다. 예를 들면, 덧셈을 물건을 모아 놓은 것으로 말하는 것 등에서 사용된다. 둘째, 연결 은유(linking metaphor)는 한 분야의 수학을 다른 분야와 관련짓게 한다. 예를 들어, 수를 직선 위의 점으로 이해할 때 산술과 기하를 연결 짓고 있다. 이때, 우리는 기하에 대한 지식을 은유를 통해 정확한 방식으로 산술에 투사한다.

이밖에 교수 영역에 속하는 은유로서 교육적 은유가 있다. 교사는 새로운 수학 주제를 도입할 때 기반 은유를 사용할 수 있고, 학생들이 수학의 한 분야에 대한 이해를 바탕으로 다른 분야를 이해하도록 연결 은유를 사용할 수 있다. 그리고 특별한 점을 강조하기 위해서 자연스러운 기반 은유를 혼합하고 새롭게 확장하는 인공적인 교육적 은유를 사용할 수 있다.

이 절에서는 은유의 유형을 기반 은유, 연결 은유, 교육적 은유로 구분하여 살펴본다.

2.1 기반 은유

기반 은유는 수학적 아이디어의 기초를 일상적인 경험에 두는 것이며, 친근하게 알고 이해하고 있는 일상적인 영역으로부터 얻은 이미지 양식과 일상적인 체계에 대한 추론을 수학에 투영한다. Lakoff & Núñez(1997)가 이끌어낸 기반 은유인 '산술은 물건의 모임이다[44]'는 바탕 영역에서 목표 영역으로 옮겨지는 관계 구조의 사상을 보여준다. 물건을 모으고 무게를 재며 다양한 물건의 모임을 만드는 등의 활동이 양, 등식, 산술의 덧셈, 뺄셈, 곱셈, 나눗셈 등의 산술을 개념화[45]하고 사용할 수 있도록 하는 근거라고 본다. 또한 '일조는 큰 수',

44) Lakoff & Núñez(1997)가 수집한 영어 표현을 바탕으로 분석한 것을 단순 번역한 것이다.

45) Lakoff & Núñez(1997)는 산술을 개념화하는 기반 은유로 위에서 제시한 은유 외에도 '산술은 물건의 구성이다', '산술은 이동이다'라는 기반 은유를 제시하고 있다.

‘20 안에는 5가 몇 개 들어 있는가?’, ‘12(개)에서 5(개)를 빼면 7(개)이 남는다’, ‘8은 5보다 3만큼 많다’ 등의 문장에서 알 수 있듯이, ‘산술은 물건의 모임이다’라는 기반 은유는 수를 물건으로 생각하고 표현하게 한다. 즉, 이 기반 은유는 수에 대해 ‘크다’, ‘안’, ‘남는다’, ‘들어 있다’, ‘더 많다’ 등의 사용된 단어가 바탕 영역인 물건의 모임에서 공급하는 추론 패턴을 일반화 시키고 수에 대해 추론을 할 때 그 추론 패턴이 사용되도록 작용한다(Lakoff & Núñez, 1997).

〈표 Ⅵ-1〉 기반 은유 ‘산술은 물건의 모임이다’에 의한 사상(Lakoff & Núñez, 1997, pp.35-36)

바탕 영역(물건의 모임)		목표 영역(산술)
균일한 크기의 물리적 물건의 모임	→	수
물건을 모으는 것	→	수학적 대리인[46]
물건의 모임을 만드는 것	→	산술 조작
물건의 모임	→	산술 조작의 결과
가장 작은 모임	→	단위(일)
모임의 무게	→	수로 측정된 양
물건의 무게를 재는 저울의 균형이 맞음	→	등식
어떤 모임을 다른 모임과 합쳐서 더 큰 모임을 만드는 것	→	덧셈
큰 모임에서 작은 모임을 덜어내어 새로운 모임을 만드는 것	→	뺄셈
각 행동을 수행할 때마다 단위를 더하는 것	→	행동이 수행된 횟수
주어진 횟수와 동일하게 덧셈을 반복하는 것	→	곱셈
모임을 제시된 작은 크기의 모임으로 나누어 놓는 것	→	나눗셈
아무것도 없는 모임	→	0

46) 수학적 대리인(mathematical agent)은 바탕 영역에서 수학의 어떤 측면을 특징짓는 역할을 하는 것으로 가정되는 이상적인 배우이다. 예를 들어 덧셈을 물건을 모아 놓은 것으로 개념화하는 경우 수학적 대리인은 그것을 모으는 역할을 한다(이승우·우정호, 2002).

앞에서 살펴본 '산술은 물건의 모임이다' 은유는 개념적 대응 관계를 통해 경험적 지식의 이면에 존재하는 이미지-스키마의 추론 구조를 추상적 개념의 영역으로 전이한 것이다. 즉, 수집(collection)의 논리를 구성하는 용기(container) 스키마는 '산술은 물건의 모임이다'라는 은유를 통해 용기 스키마의 추론 구조가 산술의 영역으로 전이된 것이다(Lakoff & Núñez, 1997).

2.2 연결 은유

연결 은유는 수학의 한 분야를 그와는 다른 수학 분야와 연결시키는 은유이다. Lakoff & Núñez(1997)가 제시한 연결 은유 중 '산술은 기하이다'[47]의 사상은 <표 VI-2>와 같다.

〈표 VI-2〉 연결 은유 '산술은 기하이다'의 사상(Lakoff & Núñez, 1997, p.49)

바탕 영역(기하)		목표 영역(산술)
직선 위의 점	→	수
원점	→	0
(원점으로부터의) 거리	→	양
(수직 방향의 직선에 대해) 위	→	더 크다
(수직 방향의 직선에 대해) 오른쪽	→	더 크다

<표 VI-2>의 은유는 유클리드 기하를 산술 위로 사상하여 기하 영역과 산술 영역을 연결한다. 수직선은 '산술은 기하이다'라는 은유의 바탕 영역(기하)을 목표 영역(산술)에 부과하는 것으로부터 형성된 개념적 혼합(blend)이다. 이 혼합에서 실체는 수점(number-points)[48]이다. 이 혼합은 목표 영역인 산술에 대한 새로운 추론을 산출하

47) Lakoff & Núñez(1997)가 제시한 연결 은유는 '산술은 기하이다' 외에도 '함수는 산술이다', '집합론은 그래프이론이다' 등이 있다.

기 위해 기하의 진리를 산술의 진리와 결합한다. 수직선의 은유적 개념을 이용하면 훨씬 더 복잡한 은유적 개념인 데카르트 평면을 구성할 수 있다. 특히, Lakoff & Núñez(2000)는 여러 인지적 기제 가운데 개념적 은유와 개념적 혼합을 수학의 인지 발달에서 가장 핵심적인 것으로 본다.

은유적 정의는 하나 이상의 은유를 가정하는 정의이다. 예를 들어 'x축은 수직선이다', 'y축은 x축에 수직인 수직선이다', 'x축과 y축의 교점은 양축 모두에서 원점이다', '좌표 점은 축 위의 점이다', '데카르트 좌표계는 x좌표 직선과 y좌표 직선의 모음이다'와 같은 은유적 정의는 모두 '산술은 기하이다'라는 은유를 가정한다.

Lakoff & Núñez의 은유 이론을 정리하면, 은유는 질적으로 다른 두 영역 사이의 추론 구조를 전이시킴으로써 경험적 지식 체계의 추론 구조에 의거하여 은유적으로 수반되는 필연적 결과에 대한 명제를 산출한다. 그리고 바로 이 은유적으로 수반되는 명제들이 수학적 법칙들을 이룬다. 이러한 관점에서 은유 이론은 전통적으로 경이의 대상이 되어온 수학의 일관성, 보편성, 초월성을 Plato가 주장한 바와 같이 형이상학적인 것이 아니라 바로 인간에게 자연스러움과 익숙함을 연상시키는 이미지-스키마의 추론 구조에서 비롯된 것이라고 본다(주미경, 2001).

2.3 교육적 은유

우리의 경험에 기초하는 기반 은유는 수학의 개념을 부분적으로만 이해 가능하게 하므로 기반 은유를 혼합하거나 새롭게 확장하여 인공적인 은유를 만들어 특정한 교수 목적을 위해 사용할 수 있다(이승우,

48) Lakoff & Núñez(1997)에 의하면, 수점은 수(number)가 은유적으로 직선 위의 점과 혼합된 것이다.

2001). 예를 들어, '산술은 물건의 모임이다'라는 은유를 어떤 상황을 통해 음수의 범위까지 확장할 수 있다. 이렇게 도입된 상황은 음수에 대해 부분적인 이해만을 가능하게 하고 인위적인 면을 가질 수 있다. 또한 기반 은유가 수학 개념에 대응하여 모순 없이 자연스럽게 확장되기 어렵기 때문에 교사와 학생들은 여러 가지 은유를 동시에 사용할 수 있다. 예를 들어, 기반 은유 '산술은 이동이다'와 공간을 통한 '이동'이라는 동일한 바탕 영역을 가진 '변수는 여행자이다'와 같은 은유를 사용하여 변수와 산술을 연결할 수 있다(Chiu, 1996, p.137). 그리고 산술을 이해하기 위해 산술에 대한 여러 기반 은유를 동시에 사용할 수 있다. 이와 같이, 교수 영역에 속하는 은유로서 자연스러운 기반 은유를 혼합하고 새롭게 확장하는 인공적인 은유를 교육적 은유라고 정의한다(이승우, 2001).

학생들은 여러 가지 다른 바탕 영역을 가진 다중 은유를 사용함으로써 각각의 은유가 갖는 한계와 바탕 영역과 목표 영역 사이에 존재하는 모순을 뛰어 넘어 수학적 사고를 의미 있게 할 수 있다. 따라서 학교 수업에서 교육적 은유를 도입할 때는 목표인 수학 개념과 도입되는 바탕 영역의 구조적 동형성, 바탕 영역 구조의 단순 명료성, 학생들에게 친숙한 일상 경험 구조와 이미 학습된 지식 구조의 반영 정도 등을 고려해야 한다. 이러한 교육적 은유를 특정한 교수 목적을 위해 사용할 때 수학 개념에 대한 학생들의 자연스러운 이해와 수학적 사고의 발달이 가능할 것이다.

교육적 은유는 학교에서 실제로 많이 사용되는 인공적인 은유로, 특정한 교수 측면에서 유용하도록 비유, 교구나 상황을 통한 활동, Dienes 자료나 Cuisenaire 색 막대, 수나 도형이 그림 표현 등과 같은 Fischbein의 수학 외적인 유추 모델 등을 도입하는 것과 관련된다(이승우·우정호, 2002). 그러나 개념과 직관적 모델이 완전한 동형을 이루지는 못하므로 교사와 학생 모두 이러한 한계점을 파악하는 것이 필요하다. 교사는 사용된 은유의 결과로 학생들이 획득하는 개념이 어떤 것인지 확인해야 하고 개념적 사상을 수행하는 과정에서 교사의 역할이 무엇인지 알아야 한다. 이러한 측면에서 방정식의 풀이나 인수분해 모델로 Dienes가 제시하는 블록이나 점판을 이용한 활동은 그 구조가 수학 개념과 동형이 되기는 하지만, 그 구조가 복잡하고 학생들에게 친숙한 일상 경험 구조나 지식 구조를 반영하지 않으며, 학생들의 은유적 사상을 위한 교사의 역할이 분명하지 않다는 점에서 그 한계가 있는 것으로 보인다. 적절하지 못한 은유의 도입은 학생들에게 혼란과 어려움을 야기할 수 있으므로 교육적 은유의 선택과 사용에 있어 교사의 세심한 주의가 요구된다.

3 은유의 기능

수학의 발전은 많은 사람들이 오랜 시간에 걸쳐 현상을 주의 깊고 통찰력 있게 관찰하고 현상을 보통의 일상적인 언어로 모순 없이 이해한 다음 그에 대응하는 수학 용어로 번역하는 과정에서 은유와 같은 추론을 사용함으로써 이루어진 것이다(Lakoff, 1987).

이 절에서는 은유의 기능을 설명 기능, 정교화 기능, 표상 기능으로 나누어 살펴보고, 서로 다른 은유 사이의 연결에 대해 살펴본다.

3.1 설명 기능

Petrie(1979)는 아주 새로운 것을 학습할 수 있는 가능성은 오직 은유와 유사한 작용을 가정함으로써만 설명이 가능하다고 하면서, 은유가 이미 알고 있는 지식과 새로운 지식 사이의 인식론적 간격을 극복하게 하는 핵심 도구라고 하였다(김지연, 2011, 재인용). 특히, 수학에서 사용되는 개념과 기호는 대부분 추상적이기 때문에 은유를 통해서 설명되는 경우가 많다. 예를 들어, 영어 표현으로 'Foot of perpendicular'인 '수선의 발'이나 '두 부등식을 동시에 만족시키는 x의 값을~'이라는 표현에서 '만족시키는'과 같은 표현은 대상을 의인화하여 개념을 설명하는 은유적 표현이다. 그래프를 물건처럼 이동할 수 있는 대상으로 보거나 도형을 접는 활동을 수학적 대리인이 수행하고 있다고 생각하는 것 역시 개념을 설명하기 위한 은유의 기능이다.

수학 수업에서 새로운 수학적 아이디어와 개념을 학습하기 위해서는 은유에 의해 연결된 바탕 영역과 목표 영역 사이의 구조적 유사성을 파악해 교수학적 변환을 거치게 된다. 또한, 교수학적 변환에서 은유는 교사와 학생들 공통의 경험에 토대를 두고 있으며, 수업에서 학생들은 교사의 적절한 안내에 의해 은유로 연결된 구조적인 유사성에 주목하게 된다. 그러므로 은유를 사용하는 수학적 아이디어는 대부분 일상 용어의 관점에서 이해할 수 있다. 즉, 'A는 B이다'로 이루어지는 은유는 생소한 개념인 A를 친숙한 개념인 B를 통하여 보고 이해하는 것이다. 예를 들어 '변수는 수가 들어있는 상자이다'(Chiu, 1994)라는 은유는 덜 친숙한 목표 영역(변수)을 친숙한 바탕 영역(상자)을 통해 보고 이해하는 것이다. 따라서 은유는 새로운 수학적 개념을 친숙한 개념이나 경험의 범주 안에서 이해할 수 있도록 설명해주는 기능을 수행한다. 즉, 은유는 설명의 기능을 수행한다고 할 수 있다.

3.2 정교화 기능

앞서 살펴본 개념적 은유 'A는 B이다'의 형식을 보면 우리에게 친숙한 B라는 개념을 새로운 개념 A에 사상하는 것으로서, 친숙한 개념 B와 새로운 개념 A를 연결하여 생각하게 하는 것이다. 이에 대해 김지연(2011)은 학습하려는 재료를 서로 멀리 떨어져 있는 것으로 내버려 두지 않고 서로 간에 연결을 형성시키는 과정으로 정교화를 정의하고, 은유가 정교화 기능을 수행하고 있다고 보았다. 즉, 은유는 새로운 정보에 다른 것을 더하거나 또는 그것을 이미 알고 있는 다른 것에 관련시킴으로써 기억하려고 하는 것의 정보를 확대시키는 것이다.

예를 들어, '산술은 기하이다' 은유에서 점의 위치를 통한 수의 이해는 일상생활에서 움직임으로의 산술을 통해서 획득되며 이것은 어릴 때부터의 경험에 의해 체화된 결과이다. 이 은유를 통해서 얻어진 수의 개념은 이후 음수 확장과 연산 법칙 이해에 도움을 주며, 일상생활의 '두 수는 얼마나 가까운가?'와 같은 표현의 토대가 되기도 한다. 이처럼 은유는 정교화 기능을 통하여 수학적 지식들을 서로 통합하여 주고 학생이 그것을 내면화할 수 있게 한다.

또한 수학적 연결성을 강화하는 방법 중의 하나로 은유를 활용할 수 있다. 대수식 $|a-b|$를 구하는 것은 두 점 a, b 사이의 거리를 구하는 것이나 함수의 극댓값을 구하는 것은 함수의 그래프에서 극대점을 찾는 것과 같은 예에서 볼 수 있듯이, 기하와 대수를 연결하는 해석기하학의 기초가 되는 은유이기도 하다. 또한 'n이 한없이 커짐에 따라 제 n항 a_n은 어떻게 변하는지 살펴보자'라는 문제는 '수열은 함수이다'라는 은유를 통하여 수열을 함수와 연결시켜 생각하게 한다.

수학적 연결성을 강화하는 은유의 정교화 기능을 수학사에서도 찾아볼 수 있다. 실진법을 활용하여 포물선과 현으로 둘러싸인 영역의 면적을 구하는 문제에 대하여 Archimedes는 부분과 전체의 관계에서 부분의 비를 반복적으로 비교하여 전체의 비를 이끌어 내는 시도를 함으로써 극한 개념을 사용하지 않고 등비급수의 합을 구하였다. 이러한 기하적 관점의 Archimedes의 아이디어는 대수적으로 재귀적

분배 상황을 무한히 반복하도록 은유적 확장이 가능하다. 등비급수의 합에 대한 Archimedes의 아이디어의 은유적 확장은 극한 개념을 학습하지 않은 중학생들도 등비급수의 합을 계산할 수 있는 개념적 도구를 제공할 수도 있을 것이다.

3.3 표상 기능

은유는 표상(representation)과도 관련지어 생각할 수 있다. 이종희(1998)는 표상을 불특정 대상이 아니라 특정 대상을 따라 떠오른 내적인 생각, 그리고 그러한 생각이 담긴 외적인 표현을 모두 의미한다고 보았다. 일반적으로 표상은 내적 표상과 외적 표상으로 구분하여 생각한다(장혜원, 1997). 학습자가 가지고 있는 사전 지식이나 경험에 비추어 정신적으로 이미지를 형성하는 내적 입장을 내적 표상이라 정의하고, 내적 표상에 대하여 그림을 그려보거나 목록을 작성해 나가거나 상징기호나 방정식을 세움으로써 내적 표상을 도와주는 외적 입장을 외적 표상이라고 정의한다. 숫자나 데카르트 좌표, 대수적 표현과 방정식, 함수의 그래프 등은 우리가 수학에서 외적 표상이라고 부르는 대표적인 예이다. 내적 표상은 학생이 수학적 기호의 의미를 이해하는 것, 문제 해결 전략과 발견법, 수학적 관계에 대한 사고작용, 정보를 부호화하고 저장, 복구하는 정신적 구조 등을 말한다(김지연, 2011).

이러한 표상 활동을 위한 방법의 하나가 은유가 될 수 있다. 앞서 예를 든 '변수는 수가 들어있는 상자이다'(Chiu, 1994) 은유를 수학적 표상의 관점에서 보면 '상자'는 '변수'에 대한 표상이 된다(김지연, 2011). Goldin(1992)은 수학을 학습하는 활동에서 내적 표상과 외적 표상의 역할을 설명하면서 모호함은 필수적이라고 하였다. 그러나 모호함은 주어진 문맥을 실행하면서 해결되고, 이는 다양한 상황에서 사용가능한 유연성과 응용력을 표상 체계에 제공한다고 하였다. 이때, 은유, 환유, 심상, 기호는 개인의 표상에 포함된 본질적인 모호성 사이에서 구조화할 수 있도록 돕는 필수적인 요소라고 보았다. 특히, 은유는 원개념을 생략하고 비유할 목적을 숨기면서 표면에 직접 그 형상만 꺼내어, 읽는 이의 상상력으로써 그 본질적인 유사성을 알게 해 나간다 (Goldin, 1992). 김지연(2011)은 은유를 활용한 외적 표상과 내적 표상의 연결의 예를 '무대의 좌석 배치도' 은유를 활용한 행렬과 '도미노 넘어뜨리기' 은유를 활용한 수학적 귀납법으로 제시하였다.

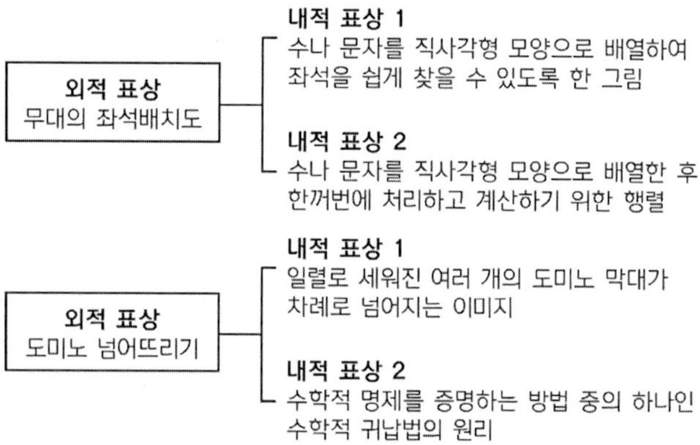

[그림 VI-2] 은유와 수학적 표상 (김지연, 2011, p.576)

이처럼 은유는 하나의 개념과 관련된 정보들을 표상하는 기능을 수행하므로, 수학적 개념을 표상하는 활동이나 문제 해결의 표상 활동에 활용될 수 있다.

3.4 서로 다른 은유 사이의 연결

확률을 '질량 또는 무게'로 은유하는 것은 질량이나 무게, 부피 등 양에 대한 측정 사이의 유추와는 다른 추론이다. 또 확률을 '질량 또는 무게'로 은유한 후, 유리수, 백분율 등 여러 수학적 대상에 적용하는 것은 다시 은유와는 구분되는 새로운 추론으로서의 유추이다. 즉, 유추는 은유의 바탕 영역 내의 요소들 그리고 목표 영역 내의 요소들 사이의 연결을 위한 것이므로, 은유와는 독립적인 추론이다(이경화, 2010).

그러나 Soto-Andrade(2007)는 자연수의 곱셈에 대한 두 가지 은유, '점을 직사각형 모양으로 배열하는 것'과 '수형도를 그려서 경우의 수를 구하는 것' 사이의 유사성을 교환법칙이라는 보다 일반적인 의미에서 파악하는 예를 통하여, 유추에 의해 은유와 은유 사이의 연결을 시도하는 교수학적 변환이 일어난다고 제안하였다(이경화, 2010). 예를 들어, $2 \times 3 = 3 \times 2$에 대한 설명을 살펴보자. 직사각형 모양으로 배열된 원소의 개수의 총합은 가로 방향에 놓인 원소와 세로 방향에 놓인 원소의 개수를 각각 구한 후 이를 곱할 수 있다. 이때 배열을 회전이동하면 원소의 개수의 총합은 변하지 않으며 $2 \times 3 = 3 \times 2$임을 확인할 수 있다. 또한 수형도에서도 [그림 VI-3]과 같이 $2 \times 3 = 3 \times 2$임을 확인할 수 있다. 이 예로부터 동일한 바탕 영역에 있는 자연수의 곱셈에 대하여 서로 다른 은유에 의해 서로 다른 목표 영역이 발생하였으며, 목표 영역 사이의 구조적 유사성을 드러냄으로써 보다 일반적인 지식을 구성하는 것이 가능함을 알 수 있다.

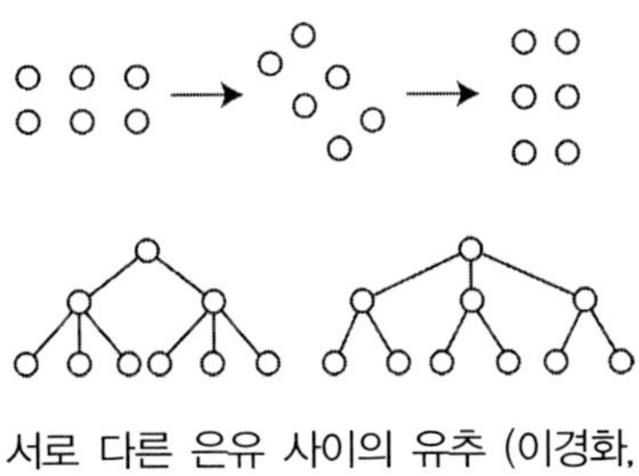

[그림 VI-3] 서로 다른 은유 사이의 유추 (이경화, 2010, p.62)

위의 예를 통하여, 이경화(2010)는 다양한 은유를 활용하여 수학적 지식을 교수학적으로 변환하였을 때, 여러 은유 사이의 구조적 유사성에 주목하도록 유추를 도입하면 지식의 구조적 일반성을 획득하는 것을 촉진할 수 있다고 하였다. 이는 은유에 의한 수학적 지식의 구성을 여러 은유 사이의 상호 작용으로 설명한 Sfard(1997)의 관점을 좀 더 구체적으로 설명하는 것이다. 그러나 실수의 수직선 은유와 점의 집합 은유는 그 배경에 들어 있는 가무한과 실무한이 전혀 다른 수준의 개념적 이해를 요구하기 때문에(홍진곤, 2009), 서로 연결되기 어려운 경우이다. 특히 대부분의 학생들은 실무한을 이해하지 못하기 때문에 유추에 의한 두 은유의 연결은 불가능하다. 그러므로 유추가 은유와 은유를 연결하는 도구로 항상 사용되는 것은 아니며, 교수학적 변환 과정에서 유추가 은유와 은유를 연결하는 도구로 활용되려면 두 은유에 의해 생성된 맥락에 대한 충분한 탐구가 선행되어야 할 것이다.

4 학교수학에서 은유의 적용

새로운 개념을 가르칠 때 학생의 이해를 돕기 위해 교사는 은유를 사용하여 설명한다. 예를 들어, 교사는 정수의 연산을 처음 가르칠 때 수는 수직선 위의 위치이고 0은 출발점이며 산술 연산은 수직선을 따라 움직이는 것이라는 '움직임' 은유를 사용한다. 그리고 고등학생들에게 수학적 귀납법을 '도미노 넘어뜨리기' 은유를 이용해 설명한다. 학생 역시 어떤 수학 개념을 이해하거나 문제를 이해하고 추론하여 문제를 해결하는 과정에서 은유를 사용한다. 학생들은 '함수는 기계이다'라는 은유를 사용하여 문제를 해결하고, 기하 영역에서 도형을 종이와 같은 물질로 만들어졌다고 생각하는 것도 은유적 표현이다. 대학생들은 미분방정식을 이해할 때 '기계 은유', '가상적 운동 은유'를 사용한다(주미경·권오남, 2003). 이와 같이 은유는 수학 교수·학습에 사적으로나 공적으로 영향을 준다.

학교수학에서 많이 사용되는 은유적 표현을 살펴보면, 수, 동류항, 식 등을 물건처럼 모으거나, 묶고, 옮기며, 연결하고, 간단하게 만들고, 분해할 수도 있는 대상으로 생각하며, 근호를 안과 밖이 있는 용기로 다루고 있음을 알 수 있다.

- $3x-6=4$의 좌변이 -6이 부호가 바뀌어서 $+6$이 되어 우변으로 *옮겨짐*을 알 수 있다.
- 수를 *소인수분해한다.*
- 동류항이 있으면 *모아서 간단히 한다.*
- … 근호 밖의 수 2를 근호 *안에 넣어* $\sqrt{a}$꼴로 만들 수 있다.

그리고 수직선 위의 점을 수로 보는 은유적 표현도 대부분의 수학 교과서에서 발견할 수 있다. Lakoff & Núñez(2000)는 이것을 연결 은유 '산술은 기호이다'에서 바탕 영역과 목표 영역이 합성되는 은유적 혼합(metaphorical blend)이라 정의한다. 이때 은유적 혼합은 수와 수직선으로 알려진 직선 위의 점의 합성으로, 수직선 위에서 주어진 수보다 얼마만큼 더 큰 수나 더 작은 수를 구할 수 있다.

함수 교수·학습 영역에서 '$a>0$이면 이 함수의 그래프는 오른쪽 위로 향하는 직선이다', '$x=5$의 그래프는 오른쪽 그림과 같이 점 $(5,\ 0)$을 지나며'와 같이 함수의 그래프가 방향을 잡아 스스로 움직이는 것으로 보거나 '이차함수 $y=x^2+2$의 그래프는 오른쪽 그림과 같이 $y = x^2$의 그래프를 y축의 양의 방향으로 2만큼 평행이동시켜 그린다'와 같이 그래프를 물건처럼 이동할 수 있는 대상으로 보는 것 역시 은유적 표현이다. Lakoff & Núñez(1997)의 '함수는 기계이다'라는 은유에서는 함수의 정의역은 입력물의 집합, 치역은 출력물의 집합이며, 함수의 조작은 각 입력물에서 유일한 출력물을 만드는 것으로 표현한다(<표 VI-3> 참조).

〈표 VI-3〉 '함수는 기계이다' 은유의 사상 (Lakoff & Núñez, 1997, pp.47-48)

바탕 영역(기계)		목표 영역(함수)
각 입력물에서 출력물을 만드는 것	→	함수의 행동
물리적으로 기계에 알맞은 입력물	→	정의역의 원소
가능한 입력물의 모임	→	정의역
출력물은 기계에 의하여 특정한 입력물로부터 일관되게 생산된다.	→	치역의 원소는 함수에 의하여 특정한 정의역의 원소로부터 일관되게 생산된다.
가능한 출력물의 모임	→	치역
공학적인 부분들은 관련된 기계와 공통적이다.	→	절차적 구성 요소들은 관련된 함수와 공통적이다.
기계 G는 다른 기계 F의 출력물을 다시 각각 원래 입력물로 되돌리는 것이다.	→	함수 F의 역함수 G
각 입력물로부터 유일한 출력물을 만드는 기계	→	일대일 함수
모든 가능한 출력물을 만드는 기계	→	전사함수
가능한 입력물로부터 나온 실제적인 출력물의 모임	→	상

은유는 다이어그램의 이용과 연결될 수 있다. Lakoff(1987)에 따르면 원형은 인간이 지식을 조직하는 데 사용하는 근본적인 요소이다. 원형의 개념은 은유와 수학적 다이어그램 사이의 관계를 통찰하도록 해준다. Presmeg(1992)는 원형 이미지가 은유로 기능할 수 있다고

말한다. 왜냐하면 학생들이 다이어그램으로 표현된 것을 이해하는 동안 구체적 이미지를 확인할 수 있어야하기 때문이다. 예를 들어, '수는 직선 위의 점이다'를 확장하면 '수는 좌표평면 위의 점이다'라는 은유가 된다. 또한, [그림 VI-4]와 같이 '수는 좌표평면 위의 점이다' 은유를 토대로 좌표평면 위를 따라가는 점의 움직임을 통해서 극한 개념을 제시할 수 있다.

다음과 같은 두 수열 $\{a_n\}$, $\{b_n\}$이 있다.

$$\{a_n\}: \frac{1}{2}, \frac{2}{3}, \frac{3}{4}, \cdots, \frac{n}{n+1}, \cdots$$

$$\{b_n\}: 1, -\frac{1}{2}, \frac{1}{4}, -\frac{1}{8}, \cdots, \left(-\frac{1}{2}\right)^{n-1}, \cdots$$

두 수열 $\{a_n\}$, $\{b_n\}$에서 n이 커짐에 따라 이들 수열의 항의 값이 변하는 상태를 그림으로 나타내면 다음과 같다.

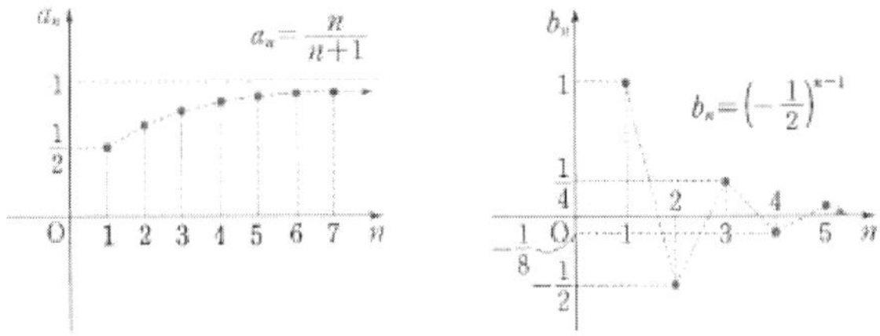

[그림 1] [그림 2]

[그림 Ⅵ-4] '수는 좌표평면 위의 점이다'의 시각적 은유 (황선욱 외, 2012, p.12)

학생은 원형 이미지와 일치하지 않는 다이어그램을 사용할 수도 있다. 이때, 교육적 효과가 전혀 없다고는 할 수 없다. 원형 이미지와 일치하지 않는 다이어그램의 사용은 학생들이 이미 알고 있는 정리를 인식하는 능력에 영향을 줄 수도 있기 때문이다.

교과서의 기하 영역에서 흔하게 사용되는 은유는 설명의 기능을 하고 있었다. 예를 들어, '$\overline{AB} = \overline{AC}$인 이등변삼각형 ABC를 오른쪽 그림과 같이 $\overline{AB}$가 $\overline{AC}$에 겹쳐지도록 접으면…', '원 O에 중심각 $\angle AOB$와 크기가 같은 중심각 $\angle A'OB'$를 오른쪽 그림과 같이 회전시키면'과 같이 도형을 접는 활동을 수학적 대리인이 하고 있다고 생각하는 은유적 표현으로 학생의 이해를 돕고 있었다. 이 외에도 '두 수직선이 원점에서 서로 수직으로 만나도록 긋는다', '주어진 이차방정식은 한 개의 근만을 가진다' 등과 같이 대상을 의인화하는 은유적 표현도 등장한다.

김상미·신인선(2007)의 초등학교 4학년 도형 영역의 수학 수업에서 나타난 은유에 대한 사례 연구를 통해 은유의 정교화 기능이 나타나고 있음을 알 수 있다. 학생들은 이등변삼각형을 두 선분의 이동으로 은유하는 표현을 사용하거나, 이등변삼각형을 '부부 삼각형, 짝궁 삼각형, 쌍둥이 삼각형'이라는 표현을 사용하면서 색종이를 오려서 두 직각삼각형을 합성하는 활동을 빗대어 나타냈다(<표 VI-4> 참조). 특히, 교사는 학생들에게 밑각의 개념을 설명하기 위하여 겹침을 이용하였는데, 이를 통하여 학생들은 이등변삼각형의 시각적 이미지를 이등변삼각형을 합동인 두 직각삼각형의 합성으로 형성하고 있음을 알 수 있다.

〈표 VI-4〉 '이등변삼각형은 두 선분의 이동이다'와 '이등변삼각형은 두 직각삼각형의 합성이다' 은유의 사상(김상미·신인선, 2007, p.35)

바탕 영역(선분의 이동)		목표 영역(이등변삼각형)
길이가 같은 긴 사물	→	길이가 같은 두 변
두 선분을 만나는 곳	→	꼭짓점
선분의 벌려진 정도	→	꼭지각
추와 같은 움직임	→	꼭지각의 이등분
선분의 겹쳐짐	→	두 변의 합동
합동인 두 각	→	두 밑각

바탕 영역(두 직각삼각형의 합성)		목표 영역(이등변삼각형)
두 각의 겹침	→	두 밑각의 합동
두 변의 겹침	→	두 변의 합동
접는 선	→	꼭짓점에서 내린 수직이등분선

이처럼 수학적인 은유는 다른 내용 사이의 연결을 만들어 주고 학생들의 수학적 개념의 이해를 넓혀줄 수 있다. 이는 수학적 연결성과 관련된다. 수학적 연결성이란 수학의 영역 사이, 영역 내의 개념을 서로 연결 짓고, 수학적 개념을 일상생활이나 다른 교과와 연결하는 모든 상황을 말한다.

Chiu(1996)에 따르면 아는 것이 많은 학생일수록 은유를 더 많이 사용하는데, 학생들은 수학 개념과 알고리즘을 이해하기 위해 이전의 지식으로부터 은유를 구성하고 문제를 해결하기 위해 은유를 추이적으로 적용하며, 효율성을 향상시키기 위해 은유를 자동화시키는 등 수학 학습에 있어 은유는 매우 중요한 역할을 하고 있다.

교사가 은유를 사용하는 이유를 정리해보면 다음과 같다. 첫째, 은유는 학생들이 정리를 기억하는 데 도움이 된다. 즉 학습 과제에 대한 학생의 인지적 부담을 줄여준다. 둘째, 은유는 정리의 적용과 관련된 과정을 기억하는 데 도움이 된다. 따라서 교과서의 형식적 표현뿐만 아니라 교사가 구사하는 표현에 대한 연구를 통해 교사가 갖고 있는 개념적 은유가 학생들에게 어떻게 전달되고 해석되는가하는 것은 매우 중요한 문제이다. 학생들에게 기본적으로 형성되어 있는 개념적 은유와 교사가 구사하는 은유가 어떤 방식으로 통합되며 발전되어 가는지, 또한 그것이 학생들의 수학 개념 형성에 구체적으로 어떤 도움과 한계를 줄 수 있는지를 밝혀야 한다. Núñez(2000)에 따르면 언어적 표현에 기초하여 학생들의 개념 구조를 연구하는 것은 수학 학습에 방해가 되는 어려움, 동기 부족, 불안 등의 근원을 밝혀 줄 수 있다고 한다. 이처럼 은유 이론은 수학교육에서 새로운 연구 방향과 방법의 가능성을 보여주고 있다.

5 요약

새로운 수학 개념을 표현하고 전달하기 위해서 우리는 이미 알고 있는 지식이나 언어를 사용할 수밖에 없다. 은유는 인간 사고의 문제이며 인간의 개념 체계를 구축하는 인지적 도구이다.

은유는 'A 영역은 B 영역이다'라는 한 가지 특별한 형식의 유추이며, 이미 존재하는 개념을 바탕으로 새로운 개념이나 기호를 구성하는 추론이다. 은유는 편재(遍在)성과 개성이 있으며, 체계적인 개념을 사상하고, 지각적 기원을 갖고 있고, 은유와 개념은 다대다 대응을 한다는 특징이 있다.

이 장에서는 은유의 의미와 특징을 살펴보고 Lakoff & Núñez(1997, 2000)의 은유 이론에 근거하여 은유에 의한 수학적 지식의 구성 과정을 살펴보았다. 그리고 수학적 아이디어를 형성하는 은유의 유형을 기반 은유, 연결 은유, 교육적 은유로 구분하고, 은유의 기능을 설명 기능, 정교화 기능, 표상 기능으로 구분하여 설명하였다. 또한 학교수학에서 적용되는 다양한 은유의 사례를 제시하였다.

참고문헌

김상미·신인선(2007). 초등 4학년 도형 영역의 수학 수업에 나타난 은유 사례 연구. 초등수학교육, 10(1), 29-39.

김지연(2011). 은유를 활용한 수학 학습 지도 방안 연구. 학교수학, 13(4), 563-580.

옥스퍼드 사전(2017). the Oxford English Dictionary. Retrieved from https://en.oxforddictionaries. com/definition/metaphor

이경화(2010). 교수학적 변환 과정에서의 은유와 유추의 활용. 수학교육학연구, 20(1), 57-71.

이승우(2001). 학교 수학에서의 유추와 은유. 서울대학교 대학원 석사학위논문.

이승우·우정호(2002). 학교수학에서의 유추와 은유. 수학교육학연구, 12(4), 523-542.

이종희(1998). 표상의 개념 : 상징, 이미지, 모방과의 관계. 아동교육연구, 19(1), 55-68.

장혜원(1997). 수학학습에서의 표현 및 표상에 관한 연구-표상 모델 개발을 중심으로. 서울대학교 대학원 박사학위논문.

주미경(2001). 수학적 은유의 사회 문화적 분석. 수학교육학연구, 11(2), 239-256.

주미경·권오남(2003). 학생들의 미분방정식 개념에 대한 수학적 은유의 분석 : 개념적 모델의 이중성에 대한 사회문화적 관점. 학교수학, 5(1), 135-149.

황선욱·강병개·김영록·윤갑진·김수영·송미현·이성원·도종훈·이문호·박효정·박진호(2012). 고등학교 미적분I. 서울 : 좋은책신사고.

홍진곤(2009). 무한 개념의 이해에 관하여. 수학교육학연구, 18(4), 469-482.

Chiu, M. M.(1994). Metaphorical reasoning in mathematics : Experts and novices solving negative number problems. Paper presented at the Annual Meeting of the American Education Association, April, p.4-8. LA : New Orleans (ERIC Document Reproduction Service No. ED 374-988).

Chiu, M. M.(1996). Building mathematics understanding during collaboration : Students Learning Functions and Graps in an Urban, Public High School. Ph. D. Dissertation. Univ of California, Berkeley.

Goldin, G. A. (1992). On developing a unified model for the psycchology of mathematical learning and problem solving. Plenary address, Proceedings of the 16th Annual Meeting of the International Group for the Psychology of Mathematics Education (Vol. 3, pp. 235-261). Durham, NH.

Holyoak, K. J., & Thagard, P. (1995). Mental leaps : Analogy in creative thought. Cambridge, MA : MIT Press.

Johnson, M.(2000). 마음 속의 몸. 노양진 역. 서울 : 철학과 현실사.(원서출판, 1987)

Lakoff, G. ,& Johnson, M. (2006). 삶으로서의 은유(수정판). 노양진·나익주 공역. 서울 : 서광사.(원서출판, 1980)

Lakoff, G. (1987). Women, fire, and dangerous thing. chicago : The University of Chicago Press.

Lakoff, G. (1994). What is metaphor? In J. A. Barnden & K. J. Holyoak (Eds.), Advances in connectionist and neural computation theory (Vol. 3, pp.203-258). Norwood, NJ : Ablex.

Lakoff, G., & Núñez, R. E. (1997). The metaphorical structure of mathematics : sketching out cognitive foundations for a Mind-based Mathematics. In English, L.(Ed.), Mathematical Reasoning(pp.21-89). Mahwah, NJ; Lawrence Erlbaum Associactes Publishers.

Lakoff, G., & Núñez, R. E. (2000). Where mathematics comes from. NJ; Basic Books.

Núñez, R. E. (2000). Mathematical idea analysis : What Embodied Cognitive Science Can Say About The Human Nature of Mathematics. PME, Vol.1, 3-22.

Pimm, D. (1987). Speaking mathematically. NY : Routledge and Kegan.

Presmeg, N. C. (1992). Prototype, Metaphors, Metonymies and Imaginative Rationality in High School Mathematics. Educational Studies in Mathematics, 23, 595-610.

Presmeg, N. C. (1997). Reasoning with metaphors and metonymies in mathematics learning. In L. D. English(Ed.), Mathematical reasoning : Analogies, metaphors and images(pp.267-279). Lawrence Erlbaum Associates.

Sfard, A. (1997). Commentary : on metaphorical roots of conceptual growth. In L. D. English(Ed.), Mathematical reasoning : Analogies, metaphors and images(pp.339-371). Lawrence Erlbaum Associates.

Sfard, A., & Linchevski, L. (1994). The gains and the pitfalls of reification : The case of algebra. Educational Studies in Mathematics, 26(2-3), 191-224.

Soto-Andrade, J. (2007). Metaphors and Cognitive modes in the teaching learning of mathematics. CERME 5. Working group 1 발표자료. http://ermeweb.free.fr/CERNE5b/.

Van Dormolen, J. (1991). Metaphors mediating the teaching and undestanding of mathematics. In A. J. Bell, S. Mellin-Olsen, & J. Van Dormolen (Eds.), Mathematical knowledge; Its growth through teaching (pp. 89-106). Dordrecht:Kluwer.

Vosniadou, S. & Ortony, A. (1989). Similarity and Analogical Reasoning. Cambridge University Press.

CHAPTER VII

시각적 추론

본서에서는 시각적 추론을 연역, 귀납, 가추와 함께 사용될 수 있는 비언어적 추론으로 볼 것인데 수학에서의 시각적 추론에는 반드시 수학적 시각화가 수반된다.

시각적 추론은 앞서 다룬 추론의 유형과는 구별되는 것으로 체계적인 사고의 틀이 무엇인지 알아보려면 시각화, 시각적 추론의 과정에서 어떤 요소들이 포함될 것인지를 먼저 생각해 보아야 한다.

시각적 추론은 별개의 추론 유형으로서 독립적으로 적용되기 보다는 귀납, 연역, 유추 등의 추론 과정에 함께 적용되어 사고를 유연하게 하거나 정교하게 하는 데에 도움을 줄 수 있으며 문제 이해 및 해결의 단서를 제공하는 데에도 기여할 수 있다.

이 장에서는 시각적 추론에 관련된 여러 가지 용어의 의미를 살펴보고 시각적 추론의 요소와 추론을 제시할 것이다.

1 시각적 추론의 의미

시각적 추론은 앞서 다룬 추론의 유형과는 그 성격이 구분되는 것으로 사례, 결과, 규칙을 다루는 Toulmin의 논증 모델로 그 틀을 삼는 연역, 귀납, 가추 등의 추론 과정에서 어떤 시각적 장치를 도입하거나 활용하는 동안의 사고 활동을 기반으로 하여 결론 도출에 이르도록 하기 때문에, 체계적인 틀로서 시각적 추론의 과정을 1.3절에서 제시할 것이다. 또한 시각화에 관련하여서는 시각화, 시각적 사고, 시각적 이해, 시각화 능력 등 매우 다양한 용어들이 사용되고 있기 때문에 수학적 시각화를 논의하기에 앞서 선행연구를 통해 시각화와 관련된 용어가 어떻게 정의되고 있는지 정리해 보고 수학에서의 시각적 추론이 나타나는 추론이나 문제 해결의 사례를 제시할 것이다.

일반적으로 시각적 추론은 사고를 할 때 시각적 이미지를 동반하는 것으로 수학적 개념 형성이나 문제 해결에서 시각적 정보에 근거해 상상하고 사용하고, 표현하고, 음미하는 것을 포함한다. 수학에서의 시각적 추론이라는 용어는 시각화, 시각적 사고 등의 용어와 함께 모호하게 사용되었으며 그 정의도 연구자마다 다르다. 이에 수학적 시각화와 시각적 추론의 의미에 대한 다양한 선행연구를 살펴 볼 것이다.

1.1 수학적 시각화

수학적 시각화에 대하여 시각화(visualization), 시각적 사고(visual thinking), 시각적 이해(visual comprehension) 등의 다양한 용어를 사용하고 있지만 공통적으로 시각적 대상, 도구나 장치, 과정을 포함하며 이를 바탕으로 한 사고과정에 대해 논의하고 있다. 이에 본서에서 다룰 시각적 추론의 의미에서도 이러한 공통 요소들을 고려하여 그 의미를 정의할 것이다.

Mckim(1980/1989)는 시각적 사고는 추상적이고 이론적인 것에서부터 현실적이고 일상적인 것에 이르기까지 모든 인간의 활동에서 나타나는 것으로, 세 종류의 심상, 즉 바라보기(seeing), 상상하기(imaging), 그리기(drawing)에 의해 수행되며 이 세 심상이 활동적인 상호작용을 할 때 시각적 사고가 가장 잘 일어난다고 하였다. 장경윤(1992)은 시각화를 공간 능력의 하부 요인의 하나로, 넓게는 시각적인 정보를 표현하고, 변형시키고, 전달하며, 실증하고, 음미하는 능력이라고 하고, 이에 반해 시각적 사고는 보다 넓은 의미로 어떤 종류의 상징이건 이를 인식하고 다룰 때 하게 되는 모든 것이라고 하였다. 류희찬·이지요(1993)는 수학적 시각화가 발견과 이해를 위해 수학적 이미지를 형성하고 효과적으로 그 이미지를 사용하는 과정이라고 하였다. Presmeg(1986)는 시각화를 도형이나 다이어그램을 그린다거나 컴퓨터 스크린에서 이런 그림들을 구성하거나 조작하는 데 사용되는 것뿐 아니라 시각적인 정신 이미지를 구성하고 변형하는 데 포함된 과정으로 보았다. 이는 내적 심상과 외적 심상 모두 시각화에 포함되는 것으로 여긴 것이며, 그것은 개인에 의해 구성되어야 하는 것으로 본 것이다.

Presmeg(1986)는 수학교육에서 사용되는 시각화와 관련하여 시각적 이미지, 시각적 이미저리, 수학적 문제 해결에서의 시각적 방법 등 여러 가지 용어들을 정리하였는데 그 내용은 다음과 같다.

시각적 이미지(visual image)란 시각적 정보나 공간적 정보를 그림으로 그려내거나 묘사하는 정신적 인지구조(mental scheme)를 말한다.

시각적 이미저리[49](visual imagery)는 시각적 이미지의 통합체라고 할 수 있는데, 단순히 감각기관에 의해 파악되는 것이 아닌 어떤 대상을 지각하기 위한 정신활동이 일어나는 것을 뜻한다. 이는 Clements(1982 : Presmeg, 1986, 재인용)가 말한 '마음 속의 그림(심상)'이라는 개념을 따르지 않더라도 모양, 패턴, 형태 등을 그려내는 여러 종류의 이미지를 아우르고 통합하는 것이다. 분명하고 명확한 그림은 물론이고 Paivio(1971 : Presmeg, 1986, 재인용)가 말한 "숫자의 형태(number forms)"와 같이 언어적, 수치나 수학적 기호들이 공간적으로 배열된 형태를 갖추는 것도 포함된다. 다시 말해 감각기관에 의해 파악되는 어떤 대상의 형태를 시각적인 이미지로 나타내는 것에서 더 나아가 의미, 다른 대상과의 관계, 역동적 움직임의 변화 등 그 대상을 다양한 측면으로 파악하고 지각하기 위한 정신활동을 바탕으로 형상화한 이미지의 통합체라고 할 수 있다.

수학적 문제 해결에서 시각적 방법(visual method of solution of mathematical problems)은 다이어그램의 포함 여부에 상관없이 시각적 이미저리가 해법의 중요한 부분을 차지하는 것으로 추론이나 대수적인 방법에서도 활용될 수 있는 것이다.

시각적 표현(visual presentation)이란 교사나 학생, 또는 둘 모두에 의한 시각적 이미저리 형성과 활용을 포함하는 교수-학습 방법을 의미한다.

또한 Presmeg(1986)는 시각화를 이용한 문제 해결 전략을 선호하는 학생들이 기하, 대수, 확률 등 다양한 분야의 수학적 문제를 해결할 때 관찰되는 시각적 이미저리를 5가지의 카테고리로 분류하였는

49) 이미지(image)가 인간의 정신경험의 하나로 마음을 표상한다면 심상(imagery)은 듣거나 맛보기, 운동감각 등 지각 영역의 경험까지 포함한 것을 말한다(한국교육심리학회, 2000).

데, 그 의미와 활용 사례를 살펴보면 <표 VII-1>과 같다.

〈표 VII-1〉 시각적 이미저리의 종류 (Presmeg, 1986)

이미저리	의미와 활용사례
구상적[50] 이미저리 concrete imagery	'마음 속의 그림(Clements,1982. p.36)'이라는 개념에 속하는 이미지로서 분명하고 명확한 그림으로 나타내는 이미지도 포함된다. 예) 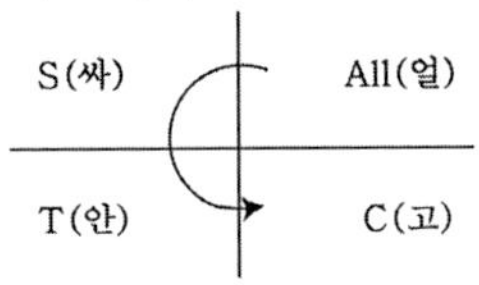 삼각함수 값의 부호를 기억하기 위해 실제 좌표평면(또는 좌표평면 이미지)과 관련시켜 다음과 같은 이미지를 그려서 활용하는 경우 : 얼 싸 안 고
패턴 이미저리 pattern imagery	시-공간적 인지구조 안에서 추상적인 수학적 관계를 시각적 으로 표현하는 것이다. 구체적 이미저리처럼 직접 사분면 그림을 그리지는 않지만 각 사분면에서 삼각함수의 부호를 순서대로 패턴화시켜서 활용하는 경우가 여기에 포함된다. 예) 사분면에서 제 2사분면에 있는 $\cos\theta$의 값은 음수(-)임을 알아내기 위해 패턴을 떠 올리는 경우 : $\sin\theta$의 부호 : ++--, $\cos\theta$: +--+, $\tan\theta$: +-+-
공식에 대한 기억 이미지 memory imagery of formulae	공식에 대한 기억 이미지는 학생들이 기억 속에, 또는 칠판이나 공책에 적혀 있는 식의 형태를 시각화한 이미지로, 식을 유도하거나 과정을 떠올려 기억하는 것이 아니라 식 자체를 하나의 그림처럼 인식하여 사용하는 경우가 여기에 속한다. 예) 두 점 $A(x,0)$, $B(0,y)$ 사이의 거리를 $\lvert AB\rvert = \sqrt{x^2+y^2}$ 등의 공식 이미지로 기억하는 경우

50) 구상적(具象的)이미저리 : 구체적 이미저리로 번역되기도 한다.

<table>
<tr><th>이미지리</th><th>의미와 활용사례</th></tr>
<tr><td>운동감각 이미저리

kinesthetic imagery</td><td>학습자가 직접 신체적인 행동을 함으로써 생기는 이미지를 말한다.
예) 타원이나 쌍곡선을 그려놓고(또는 이미지를 떠올리며) 손가락으로 그 곡선을 따라 움직이면서 도형의 성질을 설명하거나 문제해결에 활용하는 경우</td></tr>
<tr><td>역동적 이미저리

dynamic imagery</td><td>마음 속에서 이미지를 움직이는 경우
예) 그림과 같이 정사각형 ABCD 의 두 변 $\overline{DC}$, $\overline{AB}$ 의 중점을 각각 F, E 라 하고 사각형 ABCD 의 넓이가 4일 때, 사각형 AFCE 의 넓이를 구하는 문제에서 직사각형 FCBE 의 한 변을 밀어 올려 같은 넓이의 평행사변형이 됨을 발견하는 경우가 여기에 속한다.
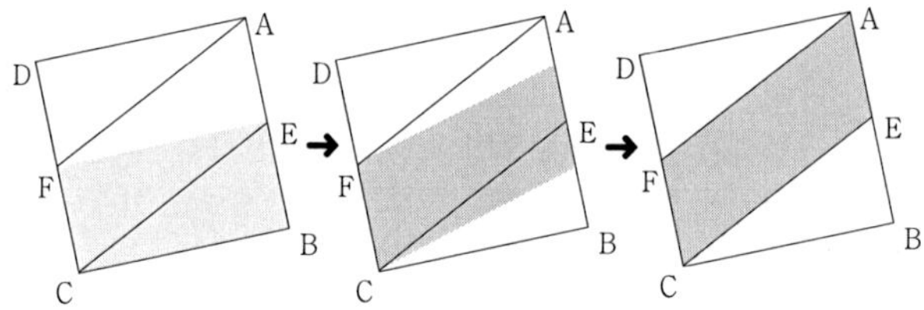</td></tr>
</table>

Souto, B. & Gómez-Chacón, I.(2011)는 Arcavi와 Duval의 수학적 시각화에 대한 견해를 비교하며 시각적 이해의 의미를 정의하기도 하였다.

Souto & Gómez(2011)는 Arcavi의 입장에서 본다면 시각화의 의미는 형상(figures)이나 이미지, 다이어그램 등을 활용하는 것에 제한이 되어 있으며 이는 그래픽 장치(register) 안에서 생성되는 것이므로 시각화의 의미를 제한하게 된다는 한계가 있으며, Duval의 연구는 시각화에 대한 의미를 너무 넓게 정의하기는 했으나 시각(vision)과 시각화(visualization)를 구분할 수 있는 특징을 강조한 것은 의미 있는 것이라고 보고 시각적 이해를 그래픽 장치에만 제한하는 이전의 정의보다는 보다 넓은 개념으로 정의하였다. 즉, 시각적 이해란 어떤 대상이 도식화 장치 안에서 그 개념에 대한 표상을 요구하는 과정이고 수학적 사고와 같은 다른 장치로 변환하거나 다룰 수 있는 과정으로 보았다.

〈표 VII-2〉 수학적 시각화에 대한 Arcavi와 Duval의 입장 비교 (Souto & Gómez, 2011)

Arcavi(2003)	Duval(1999)
• 심화된(advancing) 이해, 아직 알려지지 않은 아이디어를 개발하거나 생각해 내고, 정보에 대한 의사소통과 묘사 등을 하기 위한 목적을 가지고, 마음 속에 존재하거나 종이 위에 또는 테크놀로지 도구를 이용하여 나타낸 그림, 이미지, 다이어그램 등의 상을 만들거나 활용하거나 해석 또는 창조해 내는 과정과 산물을 통칭하는 것	• 시각화는 단지 하나의 장치에만 제한되어 있는 것이 아니라, 시각적 인식(visual perception)과 연결된 과정이고 차후에 시각(vision)과 연결되는 것이므로 표상에 대한 어떠한 장치에서도 생성될 수 있는 것

Giaquinto(2005/2015, p.2)는 시각적 사고(visual thinking)를 '외적 다이어그램을 시각적으로 지각하거나 시각적으로 상상하는 것과 관련된 사고이며 이 사고는 수학에서 널리 사용되고 있으며 학년 수준, 주제, 그리고 수학적 활동의 여하를 막론하고 수학 전반에 걸쳐 스며들어 있는 것'이라고 정의한다.

이와 같은 선행연구의 용어 정의나 사용을 종합하여 본서에서 사용하는 수학적 시각화는 수학적 개념을 이해하거나 수학을 하는 데에 있어서 어떤 대상을 그림이나 다이어그램 등과 같은 시각적인 표현 방법을 사용하여 나타내거나 정신적으로 조작하여 이미지를 만들어 내는 활동이라고 할 것이다.

1.2 시각적 추론

일반적인 시각화와 시각적 사고에 대한 의미 정의뿐만 아니라 공간과 관련한 시각적 추론과 시각화의 입장에 따른 의미 정의도 다양한 견해에서 이루어져 왔다.

수학은 정의, 공리에 의해 정리를 증명하고 규칙을 학습하는 것이라 여겨지기 때문에 심상이 대부분의 수학에 중요한 역할을 하는 것으로 인식되지 않았지만, 의미 있는 활동을 강조하는 수학 학습에서 심상은 특별히 중요하다. 이러한 심상의 사용은 공간능력과도 깊이 관련되어 있다. 이미지를 구성하고, 표상하고, 표현하는 능력은 공간능력, 공간 감각, 심상의 구인들과 연결된 것이다(Wheatley, 1997).

공간 능력은 공간 속에 있는 대상을 마음 속으로 상상하여 변형하고 다른 대상이나 공간적 위치와 관계시키는 능력이다. 공간 능력의 요소에 대해서는 학자들마다 공간 능력의 정의에 따라 다르게 정의하고 있다. McGee(1979)는 공간 능력의 중요한 요소를 공간 시각화(visualization)와 공간 방향(spatial orientation)으로 들고 있으며, Lohman(1979)은 공간적 요소를 회전을 포함한 공간적 관계, 투시 관점을 달리 해서 형상을 보는 공간 방향, 시각화로 구분하기도 하였다. 또한 Lohman(1988)은 공간능력을 추상적 시각 이미지(abstract visual image)를 만들어 내고, 기억하고 조작하는 능력으로 정의하였다.

시각적 추론을 공간에 대한 추론으로 연결하는 견해도 있는데, 2차원이나 3차원의 대상을 다루는 기하에서의 시각적 추론 능력은 주로 공간 능력 또는 공간 기술로 여겨진다. Tartre(1990)는 공간 기술을 수행하는 데 사용되는 정신 과정에 따라 공간 과제를 측정하는 것으로 여러 과제를 분류하였다. 공간 시각화와 공간 방향에 따라 [그림 VII-1]과 같이 분류된 공간 기술은 여러 유형의 기술로 구성된다.

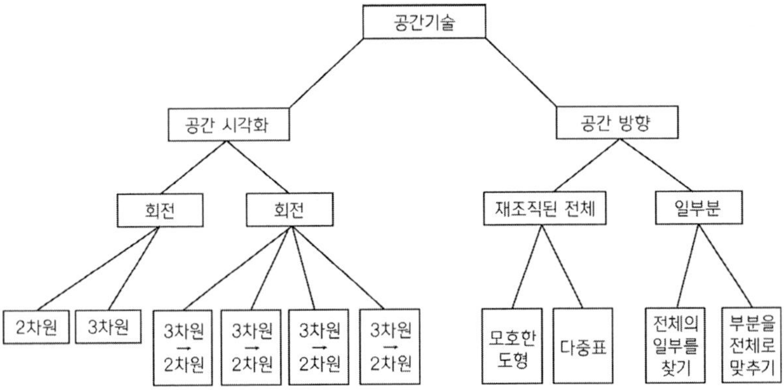

[그림 Ⅶ-1] 공간 기술 분류 도식 (Tatre, 1990)

공간 시각화는 대상의 일부나 전체를 정신적으로 조작하는 기술로 회전과 변환이 여기에 포함되며, 2차원의 도형과 3차원의 도형을 회전시키거나 변환하는 기술이 포함된다. 공간 방향은 시각적 표현을 이해하거나 두 표현 사이에서 일어난 변화를 해석할 것을 요구하는 것으로, 시각적으로 제시된 대상의 표현과 일치하도록 자신의 관점을 정신적으로 재조정해야 한다. 재조직된 전체는 전체 그림 표현의 조직과 이해 또는 하나의 표현에서 다른 것으로 지각적 변화를 포함한 과제들을 해결하는 것이며, 일부분에서는 숨은 그림 찾기나 시각적 표현의 일부를 어떻게 전체 그림에 끼워 맞출 수 있는지 인식하는 것들이 포함된다.

NRCCG(National Research Council Committe on Geograghy, 2006)는 '3차원 공간과 시간으로 이루어진 물리적 공간에서 이루어지는 이전의 경험과 활동으로부터 만들어져서 개념(concepts)을 포함하는 물리적 공간과 관련된 인지적 공간으로 나아가는 것'으로써 대개 시각적 요소, 상징적 요소, 추론적 요소를 가지고 거리와 측정의 관점에 대해 사고하는 것을 공간적 사고(spatial thinking)로 보았다

(Owens, 2015, 재인용). Owens(2015)는 이 개념을 공간적 사고의 개념을 아우르되 여기서 더 나아가 시각화와 공간지각의 관점을 통합하여 시공간적 추론(Visuospatial Reasoning)의 개념을 소개하였다. 그가 제시하는 시공간적 추론(Visuospatial Reasoning)이란 다음과 같다.

> 시공간적 추론은 공간 능력(spatial abilities)과 공간 기술(spatial skills), 시각적 이미저리, 표상과 과정 및 관련된 개념의 넓은 범위를 포함하는 것이다. 시공간적 추론은 이미지와 개념을 형식화하고 정신적으로 수정하며 이러한 시각적인 이미지를 분석하고 해석하는 정신적인 과정이다. 수학적인 맥락에서 시공간적 추론은 수학적 문제 해결 과정에서 시각적인 이미지를 창의적으로 활용하게 한다. 시공간적 이미저리는 이미지의 일부 또는 이미지의 배열(sequence)에 대한 그들의 관계(relationship), 위치(position), 이동을 포함한다. 이미저리의 공간적 요소는 시각적 지각(perception)뿐만 아니라 실질적인 움직임에서도 만들어질 수 있다(Owens, 2015, p.8).

이와 같은 정의를 바탕으로 그는 시공간적 추론이 일반화가 요구되는 상황을 관찰하거나 왜 일반화가 필요한지를 설명하는 새로운 방법을 제공할 수 있을 것이라고 보았다.

Owens(2015)가 정의한 바와 같이 시각적 추론을 논의할 때 공간능력을 함께 살펴보는 것은 공간능력이 시각적 이미지를 만들고 조작하는 데에 다양한 탐색과 사고의 확장을 가능하게 해 줄 수 있기 때문이다. 2차원, 3차원 공간에서의 이동과 변환, 회전, 관찰 등 다양한 관점에서 관찰하고 탐색할 수 있기 때문에 제시된 이미지로부터 문제 해결이나 추론에 적합한 이미저리를 만들어낸다거나, 주어진 정보를 다양한 방식으로 탐색하고 접근하여 해법을 모색하는 과정을 더욱 풍성하고 유창하게 만들어 줄 수 있다.

시각화와 시각적 추론에 대한 여러 연구자들의 정의를 고찰해 볼 때, 시각적 추론에는 추론의 대상과 방법, 그리고 추론이 이루어지는 시기나 그 과정의 목표 등에 관련된 몇 가지의 핵심적인 요소들이 포함되는 것을 알 수 있다. 이에 본서에서 정의할 시각적 추론에는 다음과 같은 요소를 포함할 것이다.

- 시기(목표) : 수학 개념 형성/문제 해결/증명과 정당화
- 대상과 장치 : 2차원·3차원의 그림 정보/그림이 아닌 정보
- 과정과 방법 : 상상하기/표현하기/사용하기/음미하기/조작하기

2차원이나 3차원의 그림 정보를 활용하는 것은 기하나 함수의 그래프, 집합의 벤다이어그램 등의 시각적 정보를 다루는 것으로 Bishop의 IFI[51]에 해당하는 추론 능력이다. 개념 형성 과정에서 학생들은 그림이 아닌 정보를 시각적으로 생각하기도 하며, 문제 해결 과정에서 그림을 그리고, 상상하고, 이미지를 사용하는 시각적 추론을 하기도 한다. 따라서 그림 정보에만 시각적 추론을 한정시켜서는 안 될 것이며, 이미지를 형성하여 그림이 아닌 추상적인 관계를 시각화하는 Bishop의 VP[52] 에 해당하는 추론 능력도 시각적 추론에서 다루어야 한다.

따라서 수학에서 시각적 추론은 개념 형성이나 문제 해결 과정에서 그림 정보나 그림이 아닌 정보를 상상하고, 표현하고, 사용하고, 음미하고 조작하는 추론으로 정의한다. 그러나 시각적 추론은 다른 개연적 추론과 독립적으로 존재하는 것으로 다루어져서는 안 된다. 학생들은 그림 정보를 보면서 유추 관계를 찾을 수 있고, 일반화를 하기 위해 패턴을 찾는 과정에서 시각적인 정보를 사용하기도 한다.

---

51) ability for Interpreting Figural Information.

52) ability for Visual Processing.

Dreyfus(1994)도 그림이나 다른 형태의 시각적 표현은 추론에 본질적인 것이라 하면서 수학교육에서 시각화는 단지 학습에 도움이 되는 정도를 벗어나 수학적 추론과 증명을 위한 도구로 인정될 수 있다고 주장하였다(정은실, 1997, 재인용).

Johnson(1987/2000)은 추상적인 명제 구조와 이미지 스키마, 구체적 이미지를 구분하였다. 추상적 명제는 비시각적이고 논리적 규칙이나 기호와 실재 대상 사이의 추상적인 관계를 보여준다. 한 예로 세 변의, 닫힌 평면 도형으로 정의된 삼각형을 들 수 있다. 그러나 '풍부한' 이미지는 '마음 속의 그림'이다. 이 두 가지 형식의 사고를 중재하는 것이 이미지 스키마이다. 이것은 추상적인 명제 구조와 특정한 마음속 그림 사이에서 어떤 일반성을 다룬다. 이미지 스키마는 관련된 명제들의 논리적 본질을 따르고, 논리를 부여하기 위한 규칙이면서 특정한 이미지와 감각을 추상적이고 일반적인 방법과 관련시키는 감각적 요소를 갖고 있다. 예를 들어 삼각형의 이미지 스키마는 추상적 개념에서 유용한 시각적 정보를 포함하지는 않지만 특정한 삼각형의 시각적 이미지의 특징과는 구별되며, 그런 특정한 삼각형의 이미지를 만드는 데 사용될 수 있다.

이렇게 해서 이미지 스키마는 추상적인 논리 구조와 특별한 구체적 이미지의 경험 사이에 다리를 형성한다. Johnson은 이미지 스키마가 인간 인지에서 보편적인 의미를 결정하고 이해를 제약하는 중심적인 역할을 하지만 대개 무의식적이거나 인지되지 않는다고 주장한다. Johnson은 또한 이미지 스키마가 상상을 위한 밑바탕을 제공하고, 분명히 자발적인 직관과 참신하고 창의적인 과정을 설명한다고 주장한다.

수학 문제를 해결하는 데 시각적인 방법을 선호한 시각주의자와 그렇지 않은 비시각주의자를 구별하는 심상 검사에서 수학적 선호도를 사용했던 Presmeg는 "패턴 이미저리"라는 추상적인 형식의 심상을 사용하는 것과 더 구체적이고 특정한 “마음 속의 그림” 유형의 이미저리를 하나의 카테고리에 두었다. Johnson의 풍부한 이미지를 전자에 이미지 스키마는 후자에 둔다면 두 가지를 명확하게 구분하는 것은 약간 임의적이지만, 시각적 심상이 수학적 사고에서 유용한 기능을 하고 구체적인 시각적 이미지와 결합하여 엄격함과 비유연성을 초월하게 되어 좀 더 추상적이 된다. 따라서 추상이 이미저리에서 필수적이기 때문에 이를 구분을 하고 그 차이를 살피는 것은 유용하다 (Campbell, Collis, & Watson, 1995).

2 시각적 추론의 과정

시각적 추론은 귀납, 연역, 가추 등과 같이 구분되는 추론의 한 형태보다는 다양한 방식의 추론이 이루어지는 과정에서 수반되는 추론으로 보아야 한다. 시각적 이미지나 도식, 도해 등을 활용하거나 기하적 개념이나 문제에 관련된 증명이나 정당화를 해결해 나가는 과정에서 시각화가 활용되었는가의 여부에 초점을 두어 그 의미를 정의할 필요가 있다. 즉, 추론의 대상(문제) 자체가 시각적 정보나 장치를 포함하고 있는 경우, 또는 추론의 과정에서 여러 가지 시각적 장치나 표상 체계를 포함하는 경우를 시각적 추론이라고 할 수 있는 것이다. 문제 해결 상황에서 주어진 시각적/비시각적인 대상으로부터 다양한 시각적 장치를 활용한 추론이 이루어 질 수 있는데, 이 과정을 시각적 추론의 과정이라고 할 것이다. [그림 VII-2]에서 제시한 바와 같이 시각적 추론을 거쳐 도달한 해결 과제는 처음에 제시된 문제 상황이나 조건에 의해 시각적/비시각적인 특성을 나타낼 수 있다.

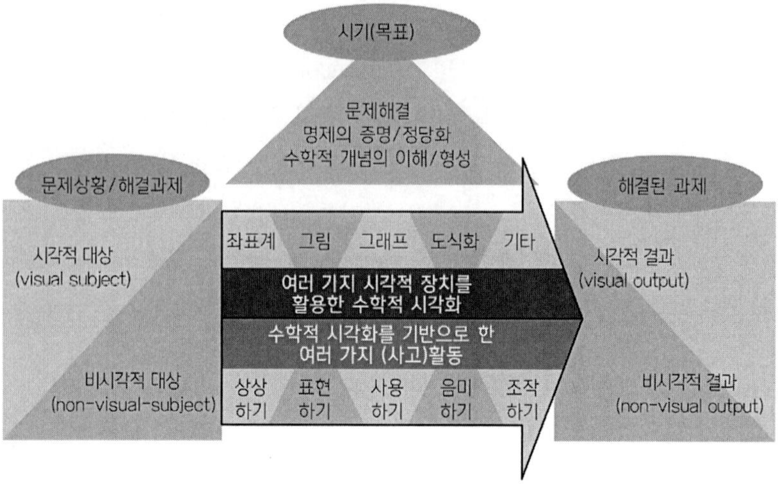

[그림 VII-2] 시각적 추론의 과정

이에 본서에서는 앞 서 제시한 수학적 추론의 요소들을 가지고 [그림 VII-2]와 같이 수학적 추론의 과정을 제시하고 이것을 틀로 삼아 수학에서의 시각적 추론을 정의한다.

[그림 VII-2]는 시각적 추론이 문제 해결이나 명제의 증명/정당화 또는 수학적 개념을 이해하거나 형성하고자 하는 목표 아래에서 어떤 대상들로부터 결과를 이끌어내는 과정에서 이루어진다는 것을 나타내고 있다. 주어진 문제 상황이나 해결 과제에 포함된 대상으로부터 결과를 도출하고자 할 때 좌표계, 그림, 그래프, 도식화된 다이어그램 등의 시각적 장치를 활용하여 추론의 대상을 시각화함으로써 시각적 추론의 대상을 구체화한다. 시각화된 대상에 대해 상상하기, 표현하기, 직접 조작해보거나 사용하기, 그 안에 내포된 의미를 음미하기 등의 활동을 통해 결론을 도출해 내게 되는데, 이때 그 결과물은 시각적인 것일 수도 있고 그렇지 않은 것일 수도 있다. 예를 들면 [그림 VII-3]과 같이 네 개의 그림이 주어졌을 때, 5번째에 어떤 그림이 나

올지를 추측할 수 있는데 이 경우에는 시각적 대상으로부터 시각적 결과를 도출한 것이며 그 과정에서 장치는 그림, 활동은 그림에서 행과 열별로 놓인 사각형의 배열형태를 관찰하여 심상으로 놓아 보거나 조작하기 등이 적용되었다고 할 수 있다.

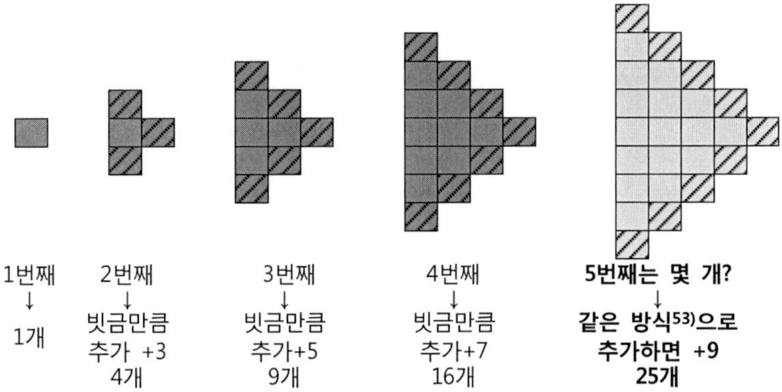

[그림 Ⅶ-3] 시각적 대상으로부터 시각적 결과 도출

같은 문제 상황이라 하더라도 해결하는 방식에 따라 결과 도출 방식과 제시방법이 달라질 수 있다. [그림 VII-4]를 보면 주어진 그림에서 색칠된 사각형의 수와 배열에 주의를 기울여 이를 수치로 나타내고 수의 배열에 어떤 배턴이 있는지를 찾아 수식으로 표현해 보거나 배열 방식을 음미하여 그 다음에 그려질 그림이 어떤 방식으로 그려져야 할 지 설명을 할 수도 있다. 이는 시각적 대상으로부터 비시각적인 결과를 도출하는 추론방식이라고 할 수 있다.

살펴본 바와 같이 시각적 추론의 과정에서 어떤 대상을 결과로 도출해 낼 때 학습자에 따라 사용하는 장치와 활동이 다를 수 있고 결과

---

53) 그림의 왼쪽에 개수가 2씩 늘어나는 사각형을 붙여 나갈 수도 있고 학습자에 따라 다양한 방식으로 조작하고 패턴을 찾을 수 있다.

도 시각적이거나 비시각적으로 도출될 수도 있다. 또한 학습자의 공간 능력은 시각적 대상을 관찰하고 탐색하여 이해하거나 비시각적 대상을 시각화할 때, 시각적 장치를 활용하는 여러 가지 사고 활동을 보다 유창하고 창의적으로 조직할 수 있게 해 준다.

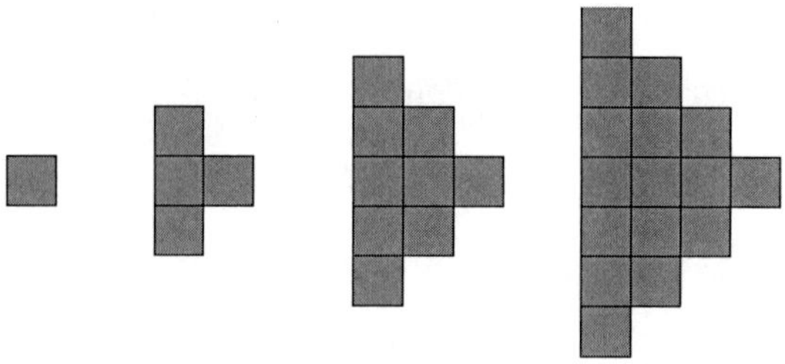

[그림 VII-4] 시각적 대상으로부터 비시각적 결과 도출

본 장에서는 수학적 추론을 다음과 같이 정의 한다.

수학적 시각화[54]가 주된 과정으로 포함되며 수학 개념 형성이나 문제 해결, 증명과 정당화 등, 수학을 할 때 시각적 대상과 장치 및 사고과정이 수반되는 추론을 시각적 추론이라고 한다.

---

54) 본서에서는 수학적 개념을 이해하거나 수학을 하는 데에 있어서 어떤 대상을 그림이나 다이어그램 등과 같은 시각적인 표현 방법을 사용하여 나타내거나 정신적으로 조작하여 이미지를 만들어 내는 활동을 수학적 시각화라 할 것이다.

3 학교수학에서 시각적 추론의 적용

수학학습에서의 시각적 추론은 학생들이 수학을 배우거나 주어진 과제를 해결할 때 보여주는 문제 해결 방식을 통해서도 살펴 볼 수 있는데 수학적 문제를 해결함에 있어서 학습자의 특성을 시각적 방법을 선호하는 것과 비시각적 방법을 선호하는 것으로 구분하기도 한다.

이 장에서는 학생들의 문제 해결 과제에서 나타나는 특성이나 의사소통의 형태 등을 통해 시각적 추론의 과정을 파악하고자 하는 연구를 살펴보고 이어 학교 수학에서 시각적 추론을 어떻게 지도할 것인지에 대해 논의해 보기로 한다.

3.1 학교수학에서의 시각적 추론

앞서 정의한 바와 같이 시각적 추론은 수학적 시각화를 수반하기 때문에 수학적 시각화 능력뿐만 아니라 수학 학습에 있어서 수학적 시각화를 활용하는 것은 시각적 추론 능력에도 영향을 주게 된다. 수학적 시각화를 학습에 활용하게 되면 학생들의 수학적 문제 해결 능력 신장이나 추론 수행, 수학 학습에 어떤 영향을 줄 수 있는지를 다룬 연구들을 살펴보자.

Booth & Thomas(2000)는 수학학습에 어려움을 겪고 있는 학생들을 대상으로 실시한 연구에서 학생들이 어려움을 겪는 데에는 공간, 시각적인 정보를 잘 이해하거나 해석하지 못하는 것에서 비롯되는 부분이 있음을 인지하고, 다양한 시각화를 활용하여 문제 해결에 접근하도록 하는 것이 그들의 어려움을 경감시키는 데에 긍정적인 역할을 한다는 것을 보여주었다.

시각적인 정보가 제공되었을 때 학생들의 문제 해결 수행이 높게 나타난다는 연구도 있는데, Holmes(1987)는 글로만 제시된 경우보다 그림이나 그림이 첨가된 글로 제시된 경우 추론 수행 능력이 높게 나타난다고 하였고, Reynolds & Wheatley(1992), Wheatley, Brown, & Solano (1994)도 일상적이지 않은 수학 문제의 해결에서 이미지를 사용한 학생들이 그렇지 않은 학생들보다 더 성공적임을 보여주었다 (Wheatley, 1997, 재인용). 수학적 시각화를 활용하면서 자연스럽게 시각적 추론 수행의 기회가 많아진다고 볼 수 있기 때문에 학생들의 문제 해결이나 추론 수행에 수학적 시각화를 다양하게 활용하는 것이 필요하다.

Inés & José(2000)는 수업 시간에 수업을 잘 따라오지 못하고 문제아로 인식되는 한 학생이 가지고 있는 시각적 능력을 개발하여 수학 과제를 해결하는 과정을 통해 대부분의 수학 교실에서 시각적 사고를 개발하는 교육에 대한 관심이 낮으며 일반적인 교수-학습 체계와 평가 방식은 시각적 능력이 주로 발달한 학생들을 발견하는 데에 적합하지 않음을 지적하였다. 그는 이 사례연구를 통해 시각적 사고를 중심으로 한 학습-지도 과정을 통해 상대적으로 차별받거나 잠재된 능력을 드러내지 못하는 학생들의 능력을 개발해 줄 수 있음을 강조하였다. 시각적 사고가 학생들 스스로 새로운 방식으로 사고하고 수학을 행하는 길을 알려줄 수 있으며 수학교육계에서도 지속적인 관심을 가져야 한다고 주장한 것이다.

Inés & José(2000)는 이 연구를 통해 시각적 사고 중심이고, 관찰력, 상상력과 창의성이 뛰어나며 자기 교수법이 적합한 학생들이 학교체제 안에서는 환영받지 못하지만 더 이상 진귀한 사례가 아니며 많은 교실에서 찾아볼 수 있는 사례가 될 것임을 지적하면서 이러한 학생들을 체계적으로 교육하고 인정할 수 있는 환경을 만들어 주어야 함을 주장하였다.

이와 같은 연구들은 학생들이 수학을 배우고 행하는 데에 어려움을 겪을 때 이를 해소하기 위한 처방으로서 수학적 시각화가 활용될 수 있음을 주장하고 있다. 또한 수학적 시각화가 학교수학의 교수-학습 과정에서 다양하게 활용됨으로써 학생들은 수학적 시각화의 과정을 직·간접적으로 경험하고 시도해 볼 수 있는 기회를 얻게 되고 이를 통해 시각적 추론을 시도하거나 배울 수 있는 기회도 함께 얻을 수 있게 된다.

Souto & Gómez(2011)는 대학교 1학년 학생들을 대상으로 비정형 문제 제시와 반구조화(semi-structred)된 인터뷰를 실시한 연구를 통해 적분의 개념을 어떤 방식으로 이해하고 있는지를 조사하였는데, 학생들이 적분의 개념을 기계적인 방식으로 사용하는 것은 면적 개념과 적분을 종합하는 능력이 부족하기 때문이라고 결론지었다. 이러한 능력의 부족은 결과적으로 함수를 이해하고 이를 적분하기 위해 그래프로 그리거나, 구간으로 분해하고 해석함에 있어서 분석적 장치와 그래픽 장치를 조직하는 능력의 부족으로 이어진다고 보았다. 학생들이 적분에 대해 어려움을 갖는 이유는 이를 이해하는 방식에서 찾아볼 수 있는데, 학생의 이해 방식에는 적분이 가지고 있는 개념과 표상을 선택하는 것의 연결성으로 이해하기, 분석적 장치와 그래픽 장치를 유연하게 조직하지 못하는 것, 이미지에 대한 영상적 기능(iconic function)과 발견적 기능(heuristic function) 활용에서 오는 어려움, 문제 진술에 사용되는 장치의 중요성과 전환의 문제로 분석하였다. 또한 학생들이 그래픽 장치를 활용하면서도 그 과정에서 시각화가 일어나지 않는 경우도 있음(시각적, 비시각적, 혼합적 방식이 있음)을 주목하고 시각화를 지도하는 방식에 있어서 이를 고려할 것을 주장하였다. 그러므로 수학적 시각화의 과정에서 학생들이 다양한 장치를 활용하고 능숙하게 조작할 수 있도록 하는 것과 함께 그 과정에서 시각화를 기반으로 한 활동이 실제로 일어나고 있는지가 함께 고려되어야 할 것이다.

실제 문제 해결 과정에서 다양한 이미저리가 활용되는 사례를 통해 학생들이 시각적 장치를 활용하고 이를 통해 수학적 추론을 할 수 있다. 문제 해결을 하는 데에 시각적 추론이 보조도구의 역할을 하는 사례를 살펴보자. [그림 VII-5]는 고등학교 3학년 학생들이 배우는 기하와 벡터 교과목의 평면벡터 문제이다.

삼각형 ABC의 내부의 한 점 P에 대하여
$4\overrightarrow{PA}+3\overrightarrow{PB}+5\overrightarrow{PC}=\vec{0}$가
성립할 때, 세 삼각형 PAB, PBC, PCA의
넓이의 비를 구하여라.

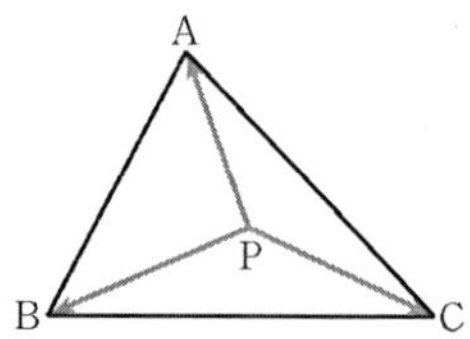

[그림 VII-5] 교과서에서 다루고 있는 벡터 문제 (류희찬 외, 2015b)

위의 [그림 VII-5]에서 주어진 문제는 $4\overrightarrow{PA}+3\overrightarrow{PB}+5\overrightarrow{PC}=\vec{0}$이라는 벡터식의 조작으로부터 문제 해결이 시작된다. 이 문제를 해결하는 과정에서 활용될 수 있는 이미저리는 <표 VII-3>과 같이 정리할 수 있다. 이 이미저리는 직접 그림으로 나타낼 수도 있지만 역동적 이미저리로서 학생들의 심상으로 활용될 수도 있다.

<표 VII-3>에서 보여주는 문제 해결 과정은 주어진 조건으로부터 분할된 삼각형의 넓이비를 추론해 가는 과정인데, 이때 삼각형과 벡터를 그림으로 나타내는 것뿐만 아니라 벡터의 합과 방향 사이의 관계를 시각화한 이미저리로 나타냄으로써 시각적 추론이 연역적 추론을 돕는 보조 수단이 되는 것을 보여주고 있다. 학생들이 심상을 활용하거나 직접 그림을 그려 증명하고자 하는 명제에 대해 성립하는 조

건들을 찾아내고 타당한 논리를 전개해 나갈 수 있도록 한다면 이는 학교수학에서 다루는 기하 증명 문제나 추론 능력을 필요로 하는 문제 해결에 대한 유용한 전략이 될 것이다. 이에, 학교수학에서 적용될 수 있는 시각적 추론을 연역과 귀납, 문제 해결에서의 적용 사례를 들어 더 자세히 살펴보기로 한다.

〈표 VII-3〉 추론 과정에서 활용되는 이미저리

<table>
<tr><th>추론의 과정</th><th>활용 가능한 이미저리</th></tr>
<tr><td>삼각형 ABC의 내부의 한 점 P에 대하여

$4\overrightarrow{PA}+3\overrightarrow{PB}+5\overrightarrow{PC}=\vec{0}$
$-4\overrightarrow{PA}=3\overrightarrow{PB}+5\overrightarrow{PC}$</td><td>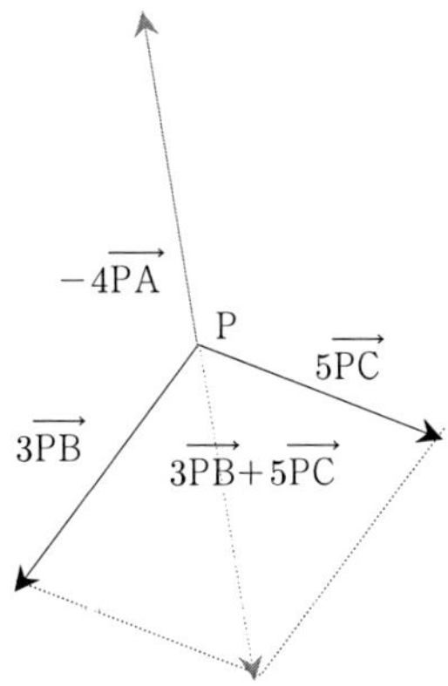
</td></tr>
<tr><td>양변을 8로 나누면
$-\frac{4}{8}\overrightarrow{PA}=\frac{3}{8}\overrightarrow{PB}+\frac{5}{8}\overrightarrow{PC}$이고
$\frac{3}{8}\overrightarrow{PB}+\frac{5}{8}\overrightarrow{PC}$는 변 BC를 5:3으로 내분하는 벡터이므로 변 BC를 5:3으로 내분하는 점 D에 대하여 점 P는 선분 AD 위에 있다</td><td>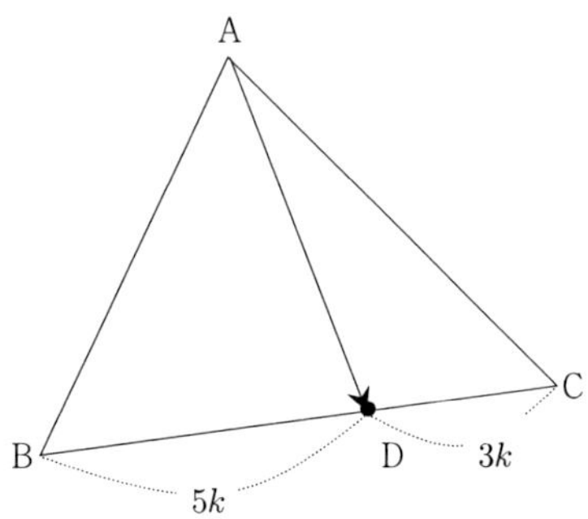
</td></tr>
</table>

또한 $-\frac{4}{8}\overrightarrow{PA}=\overrightarrow{PD}=\frac{3}{8}\overrightarrow{PB}+\frac{5}{8}\overrightarrow{PC}$

$-\frac{1}{2}\overrightarrow{PA}=\overrightarrow{PD}$

이므로 두 벡터 $\overrightarrow{PA}$, $\overrightarrow{PD}$는 크기의 비가 2:1이고 방향이 반대이다. 즉, 점 P는 선분 AD 를 2:1로 내분하는 점이다.

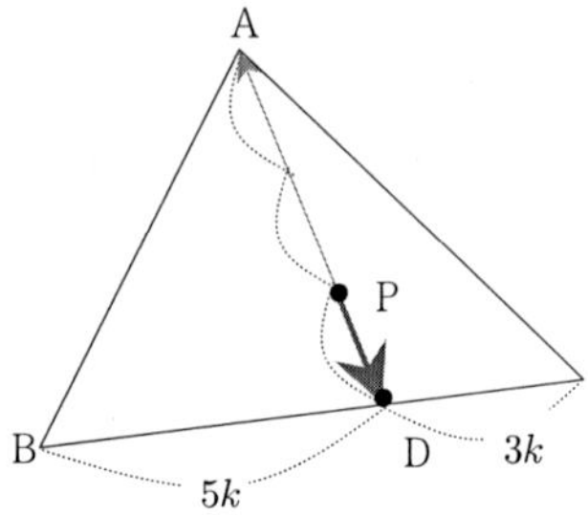

삼각형 ABC의 넓이를 S할 때,

$\triangle ABD=\frac{5}{8}S$ 이고 $\triangle ADC=\frac{3}{8}S$

$\triangle PAB=\frac{2}{3}\triangle ABD=\frac{2}{3}\times\frac{5}{8}S$
$=\frac{5}{12}S$

$\triangle PAC=\frac{2}{3}\triangle ADC=\frac{2}{3}\times\frac{3}{8}S$
$=\frac{3}{12}S$

$\triangle PBC=\triangle PBD+\triangle PDC$
$=\frac{5}{24}S+\frac{3}{24}S$
$=\frac{4}{12}S$

또는
$\triangle PBC=\triangle ABC-(\triangle PAB+\triangle PAC)$
$=\frac{4}{12}S$

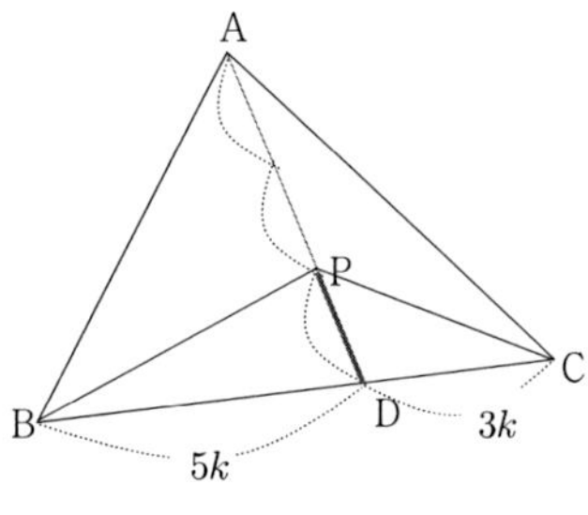

그러므로 $\triangle PAB:\triangle PBC:\triangle PCA$
$=\frac{5}{12}S:\frac{4}{12}S:\frac{3}{12}S$
$=5:4:3$

또는 $\triangle PAB:\triangle PBC:\triangle PCA$
$=10T:(5T+3T):6T$
$=5:4:3$

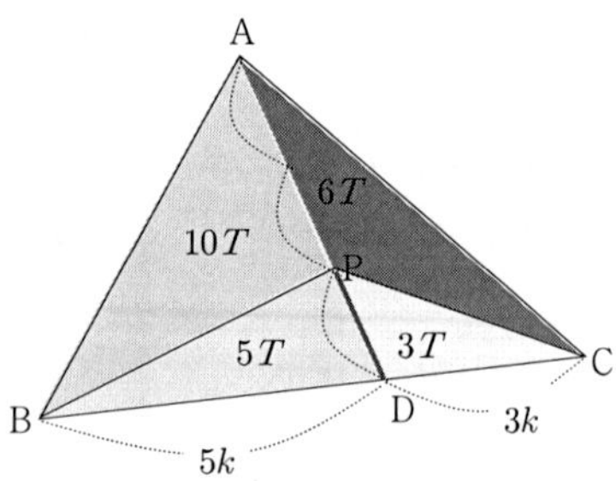

3.2 연역과 시각적 추론

학교수학에서 다루는 증명이나 정당화는 시각화된 정보나 개념을 제시함으로써 학생들의 직관과 통찰을 이끌어 낼 수 있다. 학생들이 수학적 개념이나 명제(또는 정리)를 이해하고 익히는 방식의 핵심에는 연역적 추론이 있지만 이를 이끌어 나가는 과정에 시각적 추론의 방식이 도입되면 학생들로 하여금 보다 명확하고 직관적인 이해를 도울 수 있다. 예를 들어 산술평균과 기하평균 사이의 대소관계를 증명하고자 할 때, 일반적으로 다음과 같은 대수적 증명을 지도할 수 있다.

(명제) 두 양수 a, b에 대하여 산술평균 $\frac{a+b}{2}$와 기하평균 $\sqrt{ab}$ 사이에 $\frac{a+b}{2} \geq \sqrt{ab}$ 가 성립한다.

(증명) $a+b = (\sqrt{a})^2 + (\sqrt{b})^2$ 이므로 $(a>0,\ b>0)$

$$(\sqrt{a}+\sqrt{b})^2 = (\sqrt{a})^2 + 2\sqrt{a}\sqrt{b} + (\sqrt{b})^2$$

$$= a + 2\sqrt{ab} + b \geq 0$$

$a+b \geq 2\sqrt{ab}$ 로부터 $\frac{a+b}{2} \geq \sqrt{ab}$

그러나 대수적 사고나 문제 해결을 선호하지 않거나 이에 익숙하지 않은 경우, 대수적 문제 해결에 어려움을 겪는 경우의 학생들에게는 이러한 증명 방식에 쉽게 접근하지 못할 수 있다. 같은 연역적 추론이라 하더라도 시각적 추론 방식을 도입하여 지도할 수 있다. [그림 VII-6]과 같은 방식으로 직관과 시각적인 이미지를 이용한 정당화를 시도하도록 하는 것이다.

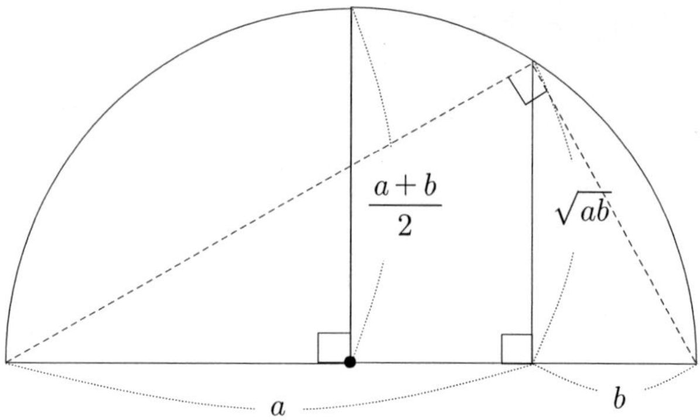

$$\frac{a+b}{2} \geq \sqrt{ab}$$

[그림 VII-6] 산술평균과 기하평균의 대소관계 (Nelsen, 1993/2010)

[그림 VII-6]은 학생들로 하여금 직관적으로 $\frac{a+b}{2} \geq \sqrt{ab}$ 가 타당한 명제라는 인상을 주기도 하지만, 이를 다시 분석하고 종합하는 과정에서도 시각적 추론을 사용하게 된다. 학생들은 주어진 반원의 반지름의 길이가 $\frac{a+b}{2}$이고 반원 안에 이 선분보다 긴 선분을 평행하게 그릴 수 없음을 알고 있기 때문에, 주어진 그림에서 보이는 두 개의 선분의 길이 비교만으로도 부등식 $\frac{a+b}{2} \geq \sqrt{ab}$ 의 관계를 인지할 수 있다. 그러나 지름의 길이를 $a : b$로 내분하는 점을 지나는 수선과 반원의 호가 만나 생기는 선분의 길이가 $\sqrt{ab}$가 될 것인가에 대해서는 다시 추론의 과정이 필요하다.

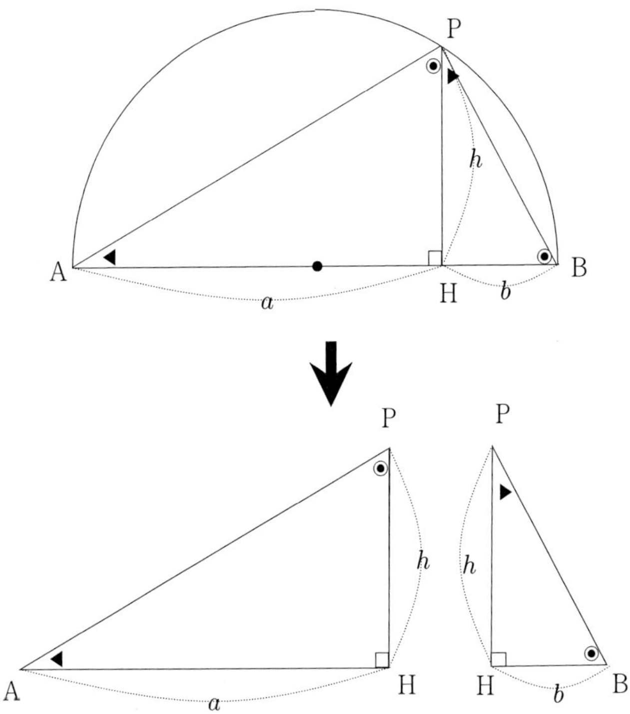

$$a : h = h : b$$

$$h^2 = ab\ ,\ \ h = \sqrt{ab}$$

[그림 VII-7] 기하평균을 나타내는 선분의 길이에 대한 시각적 추론

[그림 VII-7]은 지름의 길이를 $a : b$로 내분하는 점을 지나는 수선과 반원의 호가 만나 생기는 선분의 길이 h가 $\sqrt{ab}$가 되는지를 확인하기 위한 시각적 추론의 과정을 나타낸 것이다. 이 과정은 실제로 그림(구체적 이미저리)을 그려서 나타낼 수도 있고 학생들의 머릿 속에서 역동적인 이미저리(dynamic imagery)를 사용하거나 운동감각 이미저리(kinesthetic imagery)를 사용할 수도 있다. 어떤 이미저리를 사용하던지 학생들은 자신에게 맞는 이미저리를 활용하여 시각화를 시도할 것이

고, 두 직각삼각형 PAH와 BPH가 닮음임을 찾고 닮음비를 이용해 선분 PH의 길이가 $\sqrt{ab}$가 됨을 구할 수 있다. 그리고 반원(호) 위의 임의의 점 P에서 지름에 내린 수선의 발 H로 만들어지는 선분 PH는 이 반원의 반지름보다 크지 않음을 확인하게 된다.

이와 같이 이미저리를 활용한 시각적 추론은 학생들에게 연역적 증명이나 정당화를 요구하는 과제에 있어서 다양한 접근 방식을 시도해 볼 수 있게 할 수 있다. 이를 [그림 VII-2]에서 제시한 시각적 추론의 과정에 비추어 보면 다음과 같다.

- 시기(목표) : 명제의 증명
- 대상과 장치 : 비시각적인 대상 $\frac{a+b}{2} \geq \sqrt{ab}$ 시각적 장치 (그림 또는 이미저리)
- 과정과 방법 : 표현하기, 상상하기, 음미하기 등

해결하고자 하는 과제는 $\frac{a+b}{2} \geq \sqrt{ab}$ 이라는 대수식의 증명이지만 산술평균과 기하평균을 시각적으로 나타내고 직관적으로 대소관계를 확인할 수 있는 그림을 사용하여 증명을 시도한 것이다. 반원의 호 위의 한 점에서 지름에 수직인 선분을 그으면 어떤 선분도 반지름보다 길이가 길 수 없음을 시각적으로 확인하고 그것이 타당함을 검증하기 위해 직접 그림을 그리거나 이미저리를 활용하여 서로 닮음인 두 직각삼각형을 이끌어 냄으로써 주어진 부등식이 성립함을 시각적으로 보일 수 있게 된다. 이 증명의 경우에는 시각적 추론이 연역적 증명에서 핵심적인 역할을 수행하고 있는데 시각적 추론은 연역의 보조 수단으로 활용되기도 한다. 연역적 증명의 과정에서 시각적 추론이 보조 수단으로 활용되는 사례는 Ⅷ장에서 다루기로 한다.

3.3 귀납과 시각적 추론

시각적 추론은 귀납의 과정에서도 유용하게 활용될 수 있다. 어떤 수학적 개념의 속성을 확인하거나 이해하는 데에 시각화된 이미저리를 활용하고 이를 바탕으로 일반화를 도출해 내는 사례를 살펴보자.

[그림 VII-8]은 고등학교 미적분에서 입체도형의 부피를 구하고자 할 때, 구분구적법을 어떻게 적용할 것인가에 대한 아이디어를 제시하는 내용을 나타낸 것이다. 거의 모든 교과서에서 이 단원을 도입할 때 [그림 VII-8]과 같은 도식을 활용하는데, 추상적인 개념을 이해하기 위해 구체적인 조작이나 사고의 대상을 제공하기 위한 것이다. 곡면을 포함한 입체도형의 부피를 구하고자 할 때, 단면적의 합의 극한을 취하여 입체도형의 부피를 구하게 된다. 이때 극한을 취하기 이전 유한개의 단면으로 분해한 상황을 그림이나 구체물 등의 시각적인 모델로 제시하여 공통의 속성[55]으로 이루어진 입체도형의 모습을 제시하고 극한을 구해가는 과정을 통해 단계적으로 적분 개념에 접근하도록 하는 방식을 취한다.

밑면의 반지름의 길이가 r이고 높이가 h인 원뿔의 부피구하기 문제

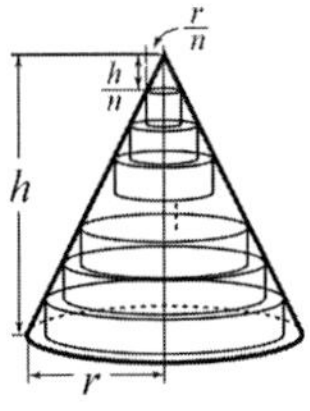

- 높이를 n등분하기
- 높이의 분점을 지나 밑면에 평행한 단면으로 분할하기
- 분할된 단면을 밑면으로 하는 원기둥으로 구성하기
- 원기둥의 공통 속성과 원기둥 합의 속성 찾기

[그림 Ⅶ-8] 시각화를 통한 속성의 일반화 과정 (류희찬외, 2015a)

55) 단면을 밑면으로 하고 높이가 일정한 원기둥.

학생들은 [그림 VII-8]과 같은 시각화를 통하여 원뿔을 분할하고, 분할된 단면을 밑면으로 하고 높이가 h인 원기둥으로 구성하는 과정에서 각 밑면의 반지름의 길이와 높이 사이의 관계식을 추론해 나가게 된다. 이 때 시각화를 통해 조작하기, 음미하기 등의 과정을 거치게 되고 이를 통해 직관적으로 극한 개념을 활용하여 원뿔의 부피를 구하는 과정을 일반화해 나가게 된다.

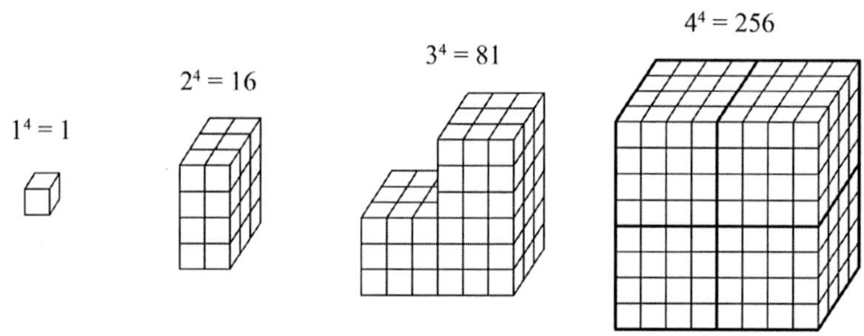

[그림 VII-9] 단순한 시각화를 통한 네제곱수의 관찰

시각적 추론은 학습자가 직접 이미저리를 생성하거나 주도적으로 이미저리를 조작하는 과정에서 촉발되기도 하지만 이미 만들어져 있거나 제시된 이미저리를 관찰하면서도 이루어질 수 있다. 예를 들어 III장에서 다루었던 일반화의 사례에서 실제로 학생들은 자연수의 거듭제곱수의 합공식을 일반화하기 위해 먼저 각 제곱수들의 합의 패턴을 찾으려고 하였는데, 이때 네제곱수들의 합의 패턴을 한 번에 알아볼 수 있는 도형이나 그림을 찾아내거나 생성하지는 않았지만 [그림 VII-9]와 같이 일반화된 패턴의 식을 찾아가는 과정에서 단순한 그림을 통해 수의 배열 패턴을 관찰하는 것도 시각화에 의한 추론과정이라고 할 수 있다.

학생들이 구하고자 하는 식을 도출하기 위해 귀납을 할 때, 가장 핵심적인 역할을 한 것은 대상을 시각화하는 것이었으며 이 과정은 시각적 추론에 해당된다. 학생들의 추론 과정에서 이루어진 시각화를 정리하면 [그림 VII-10]과 같다.

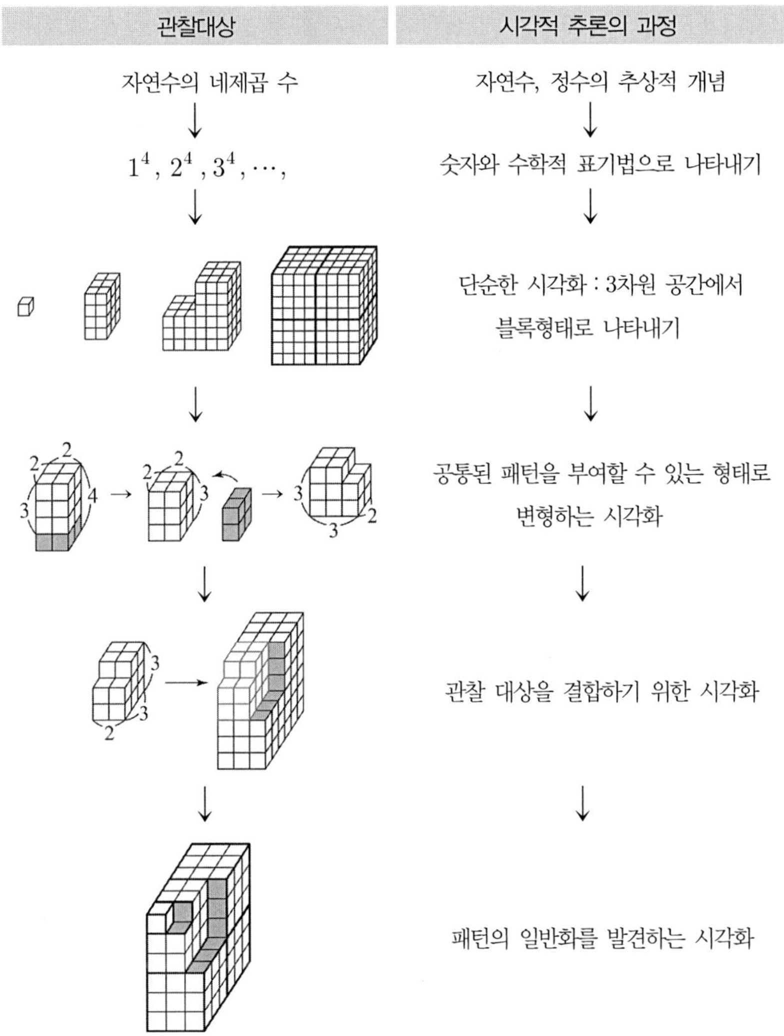

[그림 VII-10] 시각적 추론 : 관찰대상의 시각화를 통한 일반화 과정

학생들이 처음부터 일반화나 시각적 추론을 보여주지는 못했지만, 단순한 시각화를 통해 문제 상황을 이해하고 관찰함으로써 시각적 추론의 과정을 점진적으로 밟아가고 있다.

[그림 VII-10]과 같이 학생들이 시각화를 통해 점진적으로 자연수의 네제곱수의 합 공식을 표현할 수 있는 모델을 만들어가고 이를 바탕으로 패턴을 찾아 합공식을 도출해 나가는 과정을 살펴보면 시각적 추론에 의한 일반화의 과정에서 시각적 추론이 패턴찾기에 있어서도 중요한 역할을 수행해 낼 수 있음을 알 수 있다.

$1^4+2^4+3^4$를 나타내는 그림으로부터 찾아낸 패턴은 [그림 VII-11]에서 빗금으로 나타낸 부분과 같이 각 네제곱수를 나타내는 입체도형의 한 귀퉁이에 한 층씩 빈 층이 생긴다는 것이고, 학생들은 이 패턴을 확장하여 나타낸 그림을 그려 그것이 $1^4+2^4+3^4+4^4$이 될 것인지를 확인하였다.

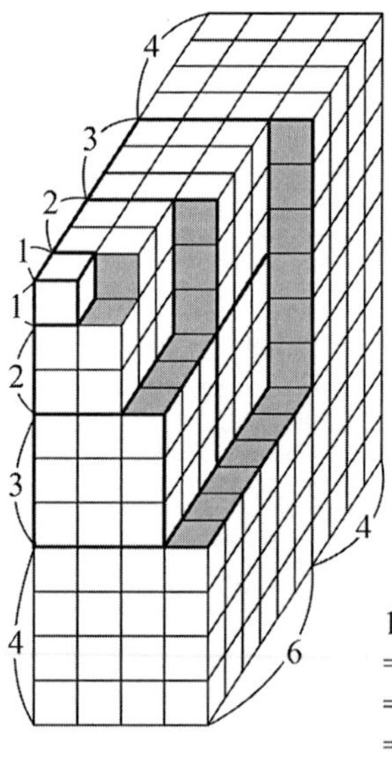

$$16\times6+16\times(1+2+3+4)$$
$$=16\times(1+2+3+4)$$
$$=16\times16$$
$$=4^4$$

[그림 VII-11] 시각화를 통한 네제곱수의 합을 구하는 패턴의 일반화 시도

즉, 4^4을 나타내는 도형을 변형하여 같은 패턴이 나오는 도형을 만든 것이 아니라 [그림 VII-11]에 붉은 선으로 그린 부분과 같이 발견한 패턴을 적용하여 도형을 그리고 그것이 4^4과 일치하는지를 확인하였다. 그리고 잠정적 일반화를 통해 어느 정도 확신을 갖게 된 학생들은 이를 $\sum_{k=1}^{n} k^4$으로 확장하고 공식 도출을 시도하였다.

그 후에도 학생들은 찾아낸 패턴의 일반화를 시도할 때, 엄밀한 대수식을 활용하기보다는 시각적 모델을 통해 일반화를 시도하는 모습을 보여 주었다. 아래의 [그림 VII-12]는 자연수의 네제곱수의 합을 구하는 공식을 구성해 가는 과정에서 학생들이 활용한 시각적 모델(직접 구성한 이미지리)이다.

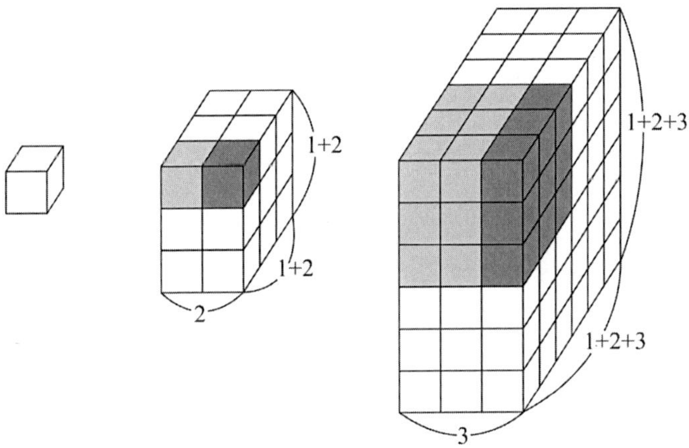

[그림 VII-12] 시각화를 통한 네제곱수의 합을 구하는 공식 구성하기

제한된 n의 값에 대해 모델을 구성해 본 후, 일반화가 가능하다고 판단이 되면 임의의 자연수 n에 대한 확장으로 통하여 일반화된 모델을 만들고, [그림 VII-13]과 같이 이를 표현할 수 있는 수열의 합 공식

을 구성함으로써 일반화를 완성해 나가게 된다.

이 사례를 보면 학생들이 어떤 문제를 해결하고자 할 때 또는 예상한 해법을 확인하고자 할 때에 시각적 모델을 구성하여 검증하고 정당화하는 것은 매우 효과적인 추론의 과정을 경험하게 할 수 있는 것으로 보인다. 그러나 학생들의 예상과 확인, 예측을 검증하는 시각적 모델 구성만으로 추론의 과정이 완성되는 것인가에 대해서는 고려해 볼 필요가 있다. 수학적 문제 해결이나 추론에 도식, 시각적 이미지를 사용하는 것에 대해서는 그 효율성을 인정하면서도 우려의 목소리 또한 적지 않은 것도 같은 이유이다.

Giaquinto(2005/2015, pp.82-83)는 '도해가 위험한 것은 도해를 보면서 과도한 일반화를 하게 되고, 우리의 사고가 너무나 쉽게 도해에 표현된 특징에 부지불식간에 의존하게 되는데, 그 특징은 우리가 다루는 대상 전체가 공유하고 있는 특징이 아니라는 것'을 지적하지만 무조건 도해적 사고가 불필요하다는 관점을 가지는 것에 대해서도 경계해야 한다고 주장하였다. 증명에서 일반화가 어떻게 일어나는지를 잘 살피고 수학적 논증에서 이야기하는 일반화는 대상 전체에 대한 결론을 이끌어내기 위해 임의의 대상에 대해 추론할 수 있어야 하므로 그 요건을 갖춘 도해를 활용할 것을 강조하였다.

학생들의 문제 해결 과정에서 시각화를 통해 패턴을 찾고 이를 일반화하여 공식을 도출했다 하더라도 그 도식이 추론에 합당한 것인지, 그로부터 이끌어 낸 일반화가 타당한 것인지에 대한 검증은 반드시 필요하다. 앞서 제시한 사례에서는 학생들이 가장 먼저 고민했던 것이 일반화된 식을 도출하기 위해 관찰 대상을 시각화하는 것이었다. 일반화를 하기 위해 패턴을 찾아야 하는데, 패턴을 인식하고 그들 사이의 공통성을 이끌어내는 데에는 시각화가 필요하다고 판단했기 때문이다. 학생들이 시도한 것은 [그림 VII-9]에서 제시한 바와 같이 관찰대상을 기하적으로 직접 시각화하는 것이다. 시각화나 시각적 추론이 반드시 그림이나 도형을 대상으로 하여 이루어지는 것은 아니지만 학생들은 시각적 이미저리를 이용하여 패턴을 찾고 이를 일반화하는 방법을 가장 먼저 시도하였다. 처음부터 패턴을 발견할 수 있는 이미저리를 찾아내는 데에 성공한 것은 아니지만 여러 차례의 시행착오 끝에 학생들은 패턴을 발견할 수 있는 이미저리로 변형하는 데에 성공하였고 이는 추론과정에 기여하였다.

학생들은 네제곱수를 그림으로 나타내고 패턴을 찾을 수 있는 형태의 네제곱수의 합 모델(결과)을 만들어 냈다. 이 결과로부터 자연수의 네제곱수의 합을 구하는 공식(규칙)

$$\sum_{k=1}^{n} k^4 = \frac{n(n+1)(2n+1)(3n^2+3n-1)}{30}$$

을 도출하였으며, $n=6$, $n=8$, $n=10$ 일 때의 사례를 적용하여 도출한 공식이 맞는지 검증하였고 이것은 특수화에 해당한다.

학생들은 네제곱수를 관찰의 대상으로 정한 후, 단순히 1^4, 2^4, 3^4, $\cdots$ 으로 얻어지는 수를 관찰하는 것이 아니라 이들 사이의 패턴을 관찰할 수 있는 형태로 자료를 변형하였다. 이 과정에서 시각적으로 아이디어를 얻을 수 있는 형태로의 변형이 시도되었는데, 학생들은 네제곱수를 그림으로 나타냄으로써 이 수들 사이의 공통된 패턴을 발견하고자 한 것이다. 여러 가지 방법으로 시각화를 시도하였고 그 중에서 패턴을 발견할 수 있는 형태를 결정하고 패턴의 일반화를 시도하였으며 이로부터 도출한 결과를 검증하는 과정까지 보여주었다. 위와 같은 문제 해결 과정의 특징은 자연스러운 사례 관찰로부터 얻는 통찰이나 발견을 통한 일반화가 아니라 일반화를 목표로 학생들이 관찰할 사례를 조작(operating)한다는 것이다. 일반화를 지도하고자 할 때 학생들이 자연스럽게 일반화를 도출해 낼 수 있는 자료를 제공할 수도 있지만, 일반화를 해결 과제로 삼고 정련되지 않은 데이터를 제공하여 학생들 스스로 패턴을 가지는 자료로 변형할 수 있도록 하는 방안도 고려해 보아야 할 것이다.

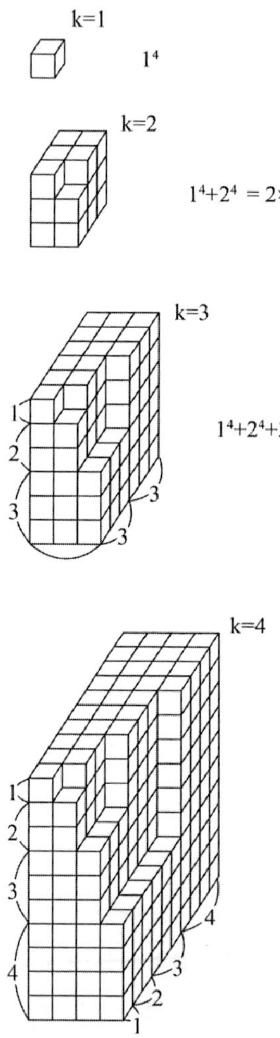

$$1^4$$

$$1^4+2^4 = 2\times(1+2)^2-1$$

$$1^4+2^4+3^4 = 2\times(1+2+3)^2-(1+(1+2)^2)$$

$$1^4+2^4+3^4+4^4 = 4\times(1+2+3+4)^2 -(1+(1+2)^2+(1+2+3)^2)$$

$$\therefore k=n$$

$$\sum_{k=1}^{n} k^4 = n\left(\sum_{k=1}^{n} k\right)^2 - \sum_{k=1}^{n-1}\left(\sum_{i=1}^{n} i\right)^2$$

$$\therefore \sum_{k=1}^{n} k^4 = \frac{n(n+1)(2n+1)(3n^2+3n-1)}{30}$$

[그림 VII-13] 시각화된 패턴으로부터 $\sum_{k=1}^{n} k^4$의 공식 도출하기

3.4 문제 해결과 시각적 추론

시각적 추론은 추론이 교수·학습의 직접적인 목표가 되는 상황보다는 다양한 문제를 해결하는 과정에서 여러 가지 방식으로 적용될 수 있다. 해결해야 할 문제의 유형이나 목표에 따라 문제 상황을 이해하고 해법을 모색하는 과정에서 다양한 시각적 장치를 함께 접하게 되기도 하고 학습자가 의도적으로 시각적 장치를 추가하거나 조작하며 표현 방식을 바꾸거나 사고 실험, 또는 상상, 예측, 조작 등의 사고 활동을 통해 문제 해결에 도움이 되는 방식으로 활용하게 되기 때문이다. 이 절에서는 학습자가 주어진 문제를 이해하는 과정에서 어떤 시각적 장치를 추가하거나 삭제, 변형함으로써 문제를 해결해가는 과정에서의 시각적 추론에 대해 생각해 보기로 한다.

다음의 두 문항은 학생들이 문제에서 주어진 그림을 활용하여 해결책을 모색하도록 하는 사례이다.

그림과 같이 반지름의 길이가 3이고 중심이 O인 구와 평면 α가 점 P에서 접하고, 점 P와 평면 α 위의 직선 l 사이의 거리는 4이다. 직선 l 위의 임의의 점을 Q라 할 때, 선분 OQ의 길인의 최솟값은?
(문항출처 : EBS 수능특강 『기하와 벡터』, p.68)

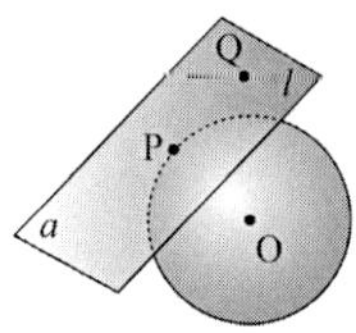

[그림 Ⅶ-14] 시각적 정보가 주어진 문제

[그림 VII-14]의 문항은 구와 접하는 평면에서 어떤 선분의 길이의 변화를 관찰해야 하는 문제인데, 문제에서 주어진 그림은 문제 해결의 단서가 될 수도 있지만 학습자의 사고에 장애가 되기도 한다. 이때 학생들은 주어진 시각적 정보를 문제 해결에 도움이 되는 정보로 다시 재구성하고 조작할 필요가 있다.

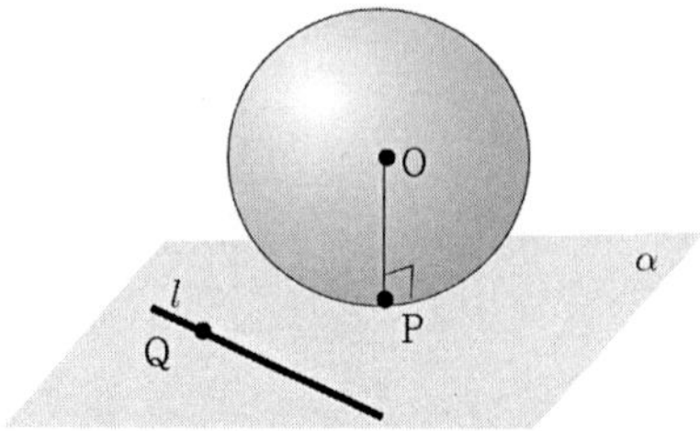

문제에서 주어진 시각적 정보를 변형하여 문제의 조건을 보다 명확하게 시각화하기 : 주어진 그림의 구체물을 가상하여 뒤집고 위치관계를 생각한다.

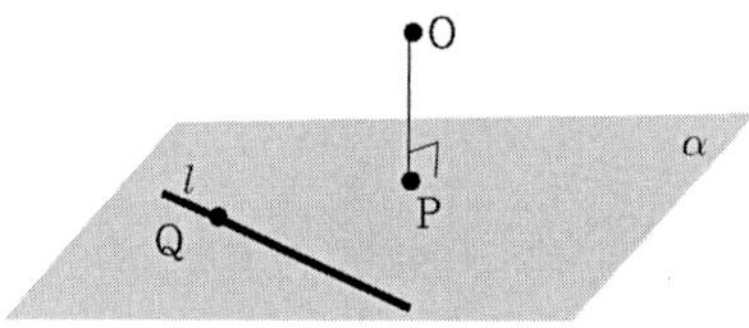

학습자가 1차 조작한 대상을 시각화한 그림에서 불필요한 정보와 필요한 정보를 구분하여 불필요한 정보를 제거한다.

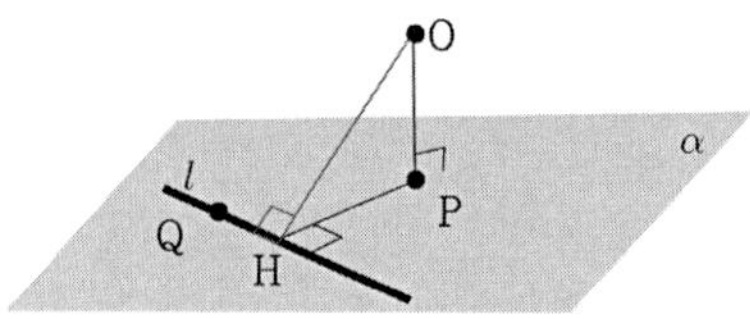

필요한 정보와 조건만으로 구성한 시각적 정보로부터 **수학적 개념을 도출**해 낸다. : **삼수선의 정리**

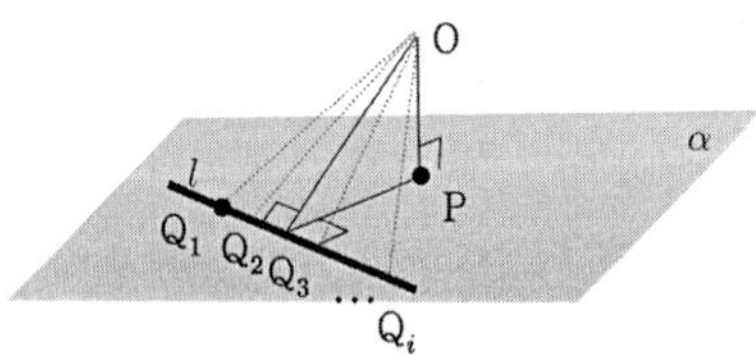

최종적으로 문제가 욕하는 해법을 찾기 위해 **점과 직선 사이의 거리 개념**을 활용하여 문제를 해결한다.

[그림 VII-15] 문제 해결 과정에서의 시각적 추론의 적용 : 시각적 장치(그림)를 조작하는 사고활동

[그림 VII-15]와 같이 주어진 그림을 문제 해결에 유용한 형태로 변형하고, 이를 해석하여 필요한 정보와 불필요한 정보를 구분하고 필요한 정보만을 활용하도록 그림을 삭제, 변형하여 문제 해결의 과정에 적용하게 되면 시각적 추론을 적용하여 문제 해결의 과정을 모니

터링하거나 핵심 개념을 도출해 내는 데에 매우 유용한 도구로 활용할 수 있다. 문제에서 주어진 그림(시각적 장치)을 그대로 활용하는 것이 아니라 이를 문제 해결에 필요한 장치로 변형하고 조작하는 시각적 추론의 과정을 통해 삼수선의 정리라는 문제 해결의 핵심 개념을 도출하고 다시 그림을 통해 여러 가지 선분을 만들고 조작하는 사고 실험 과정을 시각화함으로써 점과 직선 사이의 거리 개념을 적용하여 문제를 해결하게 되는 것이다.

4 요약

이 장에서는 시각적 추론의 의미 정의하기 위해 수학적 시각화, 시각적 문제 해결에 관련되어 있는 여러 가지 용어들이 어떤 의미로 사용되었는지를 살펴보고, 시각적 추론에 포함되어야 할 요소가 무엇인지를 제시하였다. 시각적 추론에는 추론의 대상과 방법, 그리고 추론이 이루어지는 시기나 그 과정의 목표 등에 관련된 몇 가지의 핵심적인 요소들이 포함되는 것을 알 수 있다. 이에 시각적 추론은 다음과 같은 요소가 포함된다.

- 시기(목표) : 수학 개념 형성/문제 해결/증명과 정당화
- 대상과 장치 : 2차원·3차원의 그림 정보/그림이 아닌 정보
- 과정과 방법 : 상상하기/표현하기/사용하기/음미하기/조작하기

본서에서는 시각적 추론을 수학적 시각화가 주된 과정으로 포함되며 수학 개념 형성이나 문제 해결, 증명과 정당화 등 수학을 할 때

시각적 대상과 장치 및 사고 과정이 수반되는 경우로 정의하였다.

이를 바탕으로 학교수학에서 활용되는 시각적 추론의 사례를 통해 연역과 귀납의 과정에서 시각적 추론이 어떤 방식으로 수반될 수 있는지를 살펴보고 학교수학에의 적용에 있어서의 함의점으로 수학적 문제 해결이나 학습 과정에서 시각적 추론을 활용할 때에 학습자가 구성한 시각적 모델이나 여러 가지 이미저리에 의한 시각적 추론은 반드시 그 타당성에 대해 검증의 과정을 거쳐야 함을 제시하였다.

참고문헌

장경윤.(1992).수학교육에 있어서의 시각화와 시각적 사고. 대한수학교육학회 논문집, 2(2), 53-63.

류희찬·이지요.(1993). 수학교육에서의 시각화의 중요성과 LOGO. 대한수학교육학회 논문집, 3(1), 75-85.

류희찬 외.(2015a). 고등학교 미적분Ⅱ. 서울 : 천재교육.

류희찬 외.(2015b). 고등학교 기하와 벡터. 서울 : 천재교육.

정은실.(1997). 초등학교 수학에서의 개연적 추리에 대한 연구. 대한수학교육학회 논문집, 7(1), 69-86.

한국교육심리학회(2000). 교육심리학용어사전. 서울 : 학지사

Booth, R. D. L. & Thomas, M. O. J. (2000). Visualization in Mathematics Learning : Arithmetic Problem-Solving and Student Difficulties. Journal of Mathematical Behavior, 18(2), 169-190.

Campbell, K. J., Collis, K. F. & Watson, J. M.(1995). Visual Processing During Mathematical Problem Solving. Educational Studies in Mathematics, 28, pp.177-194.

EBS(2017). EBS 수능특강 「기하와 백터」.

Giaquinto, M.(2015). 수학에서의 시각적 사고. 류성림,조정수, 김진환, 이광호, 박선용, 최재호 공역. 서울 : 경문사.(원서 출판, 2005)

Inés, C., Maria, F., & José, D. (2000). Kevin : a Visualiser Pupil. For the Learning of Mathematics, 20(2), 30-36.

Johnson, M.(2000). 마음 속의 몸. 노양진 역. 서울 : 철학과 현실사.(원서출판, 1987)

Lohman, D. F.(1979). Spatial ability : A review and reanalysis of the correlational Literature (Technical Report. No. 8). Stanford. CA : Aptitude Research Project. School of Education. Stanford University.

Lohman, D. F.(1988). Spatial abilities as traits, Processes, and Knowledge. In R. J. Sternberg(Ed.) Advances in the psychology of human intelligence, Lawrence Erlbaum Associates.

McGee, M.G. (1979). Human spatial abilities : Psychometric studies and environmental, genetic, hormonal, and neurological influences. Psychological Bulletin, 86, 889-918.

McKim(1989). 시각적 사고. 김이환 역. 서울 : 평민사.(원서출판, 1980)

Nelsen, R. B. (2010). 말이 필요 없는 증명 I . 조영주 역. 서울 : W미디어. (원서출판, 1993)

Owens, K. (2015). Visuospatial Reasoning, An Ecocultural Perspective for Space, Geometry and Measurement Education. Springer.

Presmeg. N. C. (1986). Visualisation in High School Mathematics. For the Learning of Mathematics. 6(3), 42-46.

Souto, B., & Gómez, C. (2011). Visualization at University Level. The Concept of Integral. Annales de Didactique et de Sciences Cognitives, 16. 217-246.

Tartre, L. (1990). Mathematics and Gender. NY : Teachers College, Columbia University.

Wheatley, G. H. (1997). Reasoning With Images in Mathematical Activity, In L. D. English(ed), Mathematical Reasoning-Analogies, Metaphors, and Images (pp.281-296), Lawrence Erlbaum Associates.

CHAPTER VIII

수학적 추론의 교육

본서에서 지금까지 살펴본 수학적 추론의 의미와 여러 유형은 수학 교육 상황에서 활용될 때 의미가 있다.

이 장에서는 앞서의 논의를 바탕으로 수학적 추론 교육의 방향, 교수·학습, 평가에 대해 논의할 것이다. 이미 제시된 추론 예시들을 활용할 것이며, 기존의 수학교육 방향과 교수·학습, 평가의 일반적인 견해를 추론에 입각하여 논의할 것이다.

1 수학적 추론 교육의 방향

학교수학에서 발생 과정이나 창조 과정에 있는 수학을 경험할 수 있도록 개연적 추론의 중요성이 부각되면서 연역적 추론뿐 아니라 귀납, 유추 등의 추론이 중요하게 인식되고 있다. 최근에는 가추와 시각적 추론이 문제 해결에서 통찰력을 만들어 내거나 새로운 수학적 사실을 추측하고 증명의 논리적 구조 등을 보게 한다는 점에서 많은 연구가 이루어졌고 학교수학에서 다루는 추론의 유형은 점점 더 세분화되고 있다.

수학 학습에서 학생들은 개념을 배우거나 문제를 이해하고 해결할 때, 개념과 관련 있는 여러 요소 간의 관계를 발견하거나 확장된 맥락으로 일반화할 때, 보다 세련된 형식의 수학으로 발전시켜 나갈 때 여러 수학적 추론 유형을 경험한다. 또 그러한 수학적 활동에서 근거를 찾거나 결론을 도출하기 위해 추론을 발휘해야 한다.

수학에서의 연역, 귀납, 가추, 유추, 은유, 시각적 추론 능력은 교육과정에서도 강조되고 있다. 우리나라 2015 개정 수학과 교육과정에서는 수학의 지식을 이해하고 기능을 습득하는 것과 더불어 문제 해결, 추론, 창의·융합, 의사소통, 정보처리, 태도 및 실천의 수학 교과 역량을 길러야 함을 강조하였고, 교과 역량으로서의 추론은 수학적 사실을 추측하고 논리적으로 분석하고 정당화하여 그 과정을 반성하는 능력이다(교육부, 2015, p.4). 즉, 학생들은 수학적 사실을 추측하고 자신의 수학적 추측을 조사하고 이를 적절한 근거에 따라 정당화하거나 수학의 개념, 원리, 법칙을 도출하는 과정과 수학적 절차를 논리적으로 수행하고 그 과정을 반성하는 능력을 길러야 한다. 또한 이 과정에서 수학적 추론의 여러 유형을 선택·사용하고 정당화와 논증을 개발하는 과정을 거친다. 한편

NCTM(2000)은 「학교수학을 위한 원리와 규준」에서 유치원 이전에서 12학년까지 모든 프로그램에서 추론과 증명을 위한 규준을 제안하고 있다. 수학의 기본적인 측면으로서 추론과 증명을 인식하기, 수학적인 추측을 하고 조사하기, 수학적 논증과 증명을 개발하고 평가하기, 추론의 여러 유형과 증명 방법들을 선택하고 사용하기가 구체적인 규준이다.

우리는 이미 수학적인 추론 유형을 연역, 귀납, 가추, 유추, 은유, 시각적 추론으로 구분하고 각 장의 마지막 절에서 사례를 살펴보았다. 각각의 추론 학습에서 공통적으로 중요한 것은 능동적인 지식의 구성자로서 학생 스스로 독립적 탐구의 기회를 놓치지 않도록 하는 것이었다. 그러나 학생의 수학적 추론은 학생의 수학적 지식 수준에 의존하고, 이는 교수학적 상황, 수학적 추론 과제와 무관하지 않다. 또한 추론 교수·학습에서 학생은 교수학적 상황을 구성하는 사회-수학적 규범들에 따라 인지적 행동을 함으로써 수학적 지식을 추론해 나갈 수도 있다. 이러한 사회-수학적 규범에 따른 인지적 행동들에는 복잡한 증명 문제를 보다 작은 부분 추측으로 나누는 행동, 제시된 수학 대상들로부터 관찰을 통해 새로운 특성을 발견하고 확인하는 행동, 주어진 문제를 해결하기 위해 기존의 지식이나 확실히 보증된 수학적 대상을 추론해 내려는 행동 등이 속한다.

더구나 교사와 학생, 학생과 학생의 상호작용의 관점에서 추론 수업을 볼 때 교사의 역할은 중요하다. 추론 과제를 다룰 때 교사는 학생의 수학적 수준과 서로 다른 수학적 수준에서 나타나는 다양한 수학적 추론 유형을 알아야 하고 이를 타당하게 추론 과제와 연결시킬 수 있어야 한다. 그리고 학생의 논쟁을 분석할 수 있고 학생의 추론 능력을 한층 더 높게 하는 발문을 할 수 있어야 한다. 뿐만 아니라 학생들이 추측을 하고 이를 정당화하고, 또 다른 추론으로 연결시키는 추론의 고리를 만드는 교실 환경을 만드는 방법적 지식을 갖추어야 한다.

이 장에서는 수학적 추론 교수·학습에 대한 연구 동향을 고려하여 중·고등학생이 수학적으로 추론하는 능력을 기르기 위한 교육의 실천적 측면을 살펴보고자 한다. 이를 위해 수학교육에서 추론의 방향을 크게 두 가지 방향으로 설정하였다. 하나는 수학적 추론이 단독으로 수업의 목표가 되는 경우이고, 다른 하나는 개념 학습, 문제 해결 등의 수업 목표 달성을 위해 수학적 추론이 도구로 이용되는 경우이다. 즉 첫째는 수학을 학습하는 방법인 추론에 핵심을 둔 것이고, 두 번째는 추론을 통해 수학 지식의 이해, 문제 해결 등이 이루어질 수 있다는 것이다. 이러한 방향에서 수학교육이 이루어진다면 학생들에게 다양한 추론을 경험하게 하고, 계속적인 추론을 유도하는 수업을 진행해야 할 것이다. 이에 따라 학생들이 도달해야 하는 교육 목표는 다음이 될 수 있다.

- 학생들은 수학적 사실을 발견할 수 있어야 한다.
- 학생들은 어떤 주장이나 진술의 내용이 왜 그러한지 근거를 찾고 설명할 수 있어야 한다.
- 학생들은 추론을 통해 합리적인 결론을 도출할 수 있어야 한다. 여기서 결론은 수학의 개념, 원리, 법칙이나 문제 해결이 해당된다.

이 장은 위에 제시된 방향을 구체화하여 추론의 교수·학습, 평가, 그에 따른 실제 사례를 다루고자 한다.

2 수학적 추론의 교수·학습

이 절에서는 교사가 수학적 추론을 지도할 때 무엇을 어떻게 해야 하는지에 대한 논의를 하고자 한다. 추론을 유도하는 과제는 어떤 것인지, 수학 수업에서 교사가 어떤 발문을 하는 것이 좋을지, 수학 수업 환경은 어떻게 조성하면 좋을지 생각해 본다.

2.1 추론을 유도하는 과제

수학 수업에서 교사는 추론 과제와 추론 유형을 결합시키는 교수학적 계약을 형성한다(Schwarz & Kaiser, 2009; Stylianides & Stylianides, 2009; Tabach et al., 2009). 추론을 유도하는 과제의 특징에 따라 학생들이 참여하는 수학적 활동과 추론은 달라질 수 있다. 수학 학습에서 학생들의 추론을 유도하고자 한다면 학생에게 주어지는 과제가 다음과 같은 특징을 가질 필요가 있다.

먼저, 추론을 유도하기 위해서는 학생들에게 인지적으로 도전적인 과제를 제시해야 한다. 알고 있는 지식으로 해결하기에 쉽고 단순하다면 그것을 해결하는 데 인지적 노력을 기울일 필요가 없고 여기에 추론은 관여되지 않을 수 있다. 따라서 학생들이 인지적인 갈등 상황에 부딪히고 이를 합리적으로 다룰 수 있는 과제가 주어져야 한다.

추론의 내용으로서 추론을 유도하는 과제의 특징을 생각해보면, 학생들에게 추측을 요구하고, 왜 그런지 탐구하고, 추론의 과정을 경험하고, 정당화하는 과제가 필요하다. 구체적으로 살펴보면 첫째, 학생들에게 추측을 요구하는 과제가 주어져야 한다. 본서에 제시된 다양한 추론은 학생들의 추측을 유발하는 데 활용될 수 있다. 규칙과 결과로부터 사례를 추측하는 가추, 결과와 사례로부터 규칙을 추측하는 귀납, 규칙과 사례로부터 결과를 추측하는 연역, 어떤 대상이 가진 성질로부터 유사한 대상의 성질에 대한 추측을 하는 유추, 시각적으로 표현하고 상상함으로써 새로운 발견을 유도하는 시각적 추론 등 여러 유형의 추론이 추측을 요구하는 과제에서 활용될 수 있다. 이때 추측하는 과제는 정교할 필요가 없고(Mason & Johnston-Wilder, 2006/2015, p.66), 학생들의 추측은 정확하고 옳은 것일 필요는 없다. 확신이 없더라도 생각나는 대로 말하게 함으로써 이후의 추론을 유도해야 한다. 예를 들어 이명화·김선희(2017)는 선택형 문제를 수정하여 학생들이 여러 가지 추측을 할 수 있도록 하는 [그림 VIII-1]의 개방형 과제를 제시하였는데, 개방형 과제를 통해서 학생들은 선택형 문항을 해결할 때보다 더 다양한 추론을 경험할 수 있었다.

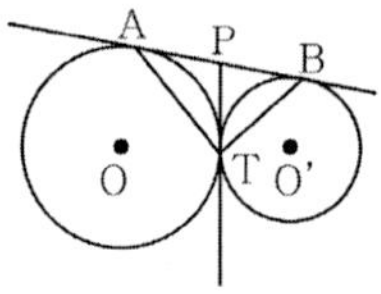

<선택형>
위 그림과 같이 직선 AB가 점 T에서 서로 외접하는 두 원 O, O'의 공통인 접선일 때, 다음 중 옳지 않은 것은?

① $\overline{PA}=\overline{PB}$ ② $\overline{PT}=\frac{1}{2}\overline{AB}$ ③ $\angle PAT=\angle PTA$
④ $\angle ATB=90^\circ$ ⑤ $\angle PBT=60^\circ$

<개방형>
위 그림과 같이 직선 AB가 점 T에서 서로 외접하는 두 원 O, O′의 공통인 접선이다. 이 조건으로 찾을 수 있는 성질을 모두 찾아라.

[그림 VIII-1] 추측을 요구하는 과제 예시 (이명화·김선희, 2017, p.159)

둘째, 수학적 절차와 전개 과정이 왜 그런지를 학생들이 탐구하게 함으로써 추론을 유도하게 하는 과제이다. 학생들은 수학 학습을 통해 배운 내용의 의미를 깊이 이해해야 하며, 이를 위해 '왜?' 라는 질문을 자주하고 그에 답하려는 노력을 해야 한다. 이러한 과정에서 분석, 조직, 종합 등의 사고 활동이 발생하며, 여러 과정에서 추론이 관여하게 된다. 이때의 과제는 학생들에게 왜 그런지를 탐구하게 하는 것이므로, 학생 스스로 이해할 수 있는 쉬운 내용을 탐구하게 해야 한다. [그림 Ⅷ-2]는 $(a+b)(\frac{9}{a}+\frac{1}{b})$의 최솟값을 구하는 절차를 두 학생이 제시한 것인데 두 학생의 결과가 서로 다르게 나왔다. 이 과제에서는 두 학생의 추론을 분석하면서 누구의 설명이 틀렸는지, 자신의 생각은 무엇인지 되돌아보게 하고 최솟값을 구하기에 적절한 방법이 무엇인지 나름대로 정리하게 하고 있다. 대수적인 절차에 의해 최솟값을 구하려 하지만 각각의 전개 과정에서 '왜'라는 질문에 답하려 함으로써 어떤 부분에서 오류가 있었는지 찾고 생각해볼 수 있는 기회를 제공한다. 이때 학생들은 수학적 사실을 추측하고 분명한 근거를 가지고 설명하려 하며, 절대부등식을 증명하는 절차를 논리적으로 수행하고, 자신 또는 타인의 추론 과정이 옳은지 비판적으로 평가하고 반성하는 추론 경험을 할 수 있다.

3. 다음은 상훈이와 서영이가 $a>0$, $b>0$일 때, $(a+b)\left(\frac{9}{a}+\frac{1}{b}\right)$의 최솟값을 구하는 풀이 과정이다. 누구의 풀이가 틀렸는지 찾아보고 틀린 이유를 설명하시오.

상훈이의 풀이	서영이의 풀이
$a+b \ge 2\sqrt{ab}$, $\frac{9}{a}+\frac{1}{b} \ge 2\sqrt{\frac{9}{ab}}$ 이므로 $(a+b)\left(\frac{9}{a}+\frac{1}{b}\right) \ge 2\sqrt{ab} \times 2\sqrt{\frac{9}{ab}}$ $=12$ 따라서 최솟값은 12이다.	$(a+b)\left(\frac{9}{a}+\frac{1}{b}\right)=9+\frac{a}{b}+\frac{9b}{a}+1$ $\ge 10+2\sqrt{\frac{a}{b}\times\frac{9b}{a}}$ $=10+6=16$ 따라서 최솟값은 16이다.
나의 설명	**친구의 설명과 그에 대한 나의 의견**
(　　　)의 풀이가 틀렸다고 생각한다. 이유는	(친구의 설명) (나의 의견)

종합하기: 좋은 방법을 선택하여 정리하기

[그림 Ⅷ-2] 수학적 절차와 수행의 근거를 찾는 과제
(교육부·대전시교육청, 2016, p.198)

셋째, 추론을 유도하기 위해 추론의 절차와 전개 과정을 수행하는 과제가 이용될 수 있다. 수학의 개념, 원리, 법칙을 도출하는 과정과 수학적 절차를 논리적으로 수행하는 것은 그 자체로 수학적 추론을 경험하는 것일 수 있다. 예를 들어, 인수분해를 하고 방정식을 푸는 과제를 수행하면서 학생들은 타당한 법칙과 원리를 따르는 연역적 추론을 해야 하고, 드러나지 않게 수학적 추론을 수행하게 된다. 본서의 Ⅱ~VII장까지 논의된 추론 유형들을 각각 경험하게 하거나 그 자체가 학습 목표가 되는 과제를 수행하면서 각각의 추론 과정을 수행해 보는 과제가 의미 있게 활용될 수 있다. [그림 Ⅷ-3]은 대우를 이용한 증명법을 적용하여 명제를 증명하도록 한 것이다. 이때 세부 과제로 명제의 내용이 무엇인지, 무엇을 증명해야 하는지, 대우를 이용한 증명이 필요한지, 증명해야 할 것을 식으로 어떻게 표현할 것인지, 증명 과정에 오류가 없는지를 세부 과제로 제시하여, 대우를 이용한 증명을 과정을 수행하되 각각의 단계를 반성적으로 고찰할 수 있는 기회도 제공하였다.

1. [함께 해결하기] 제시된 단계를 고려하여 다음 명제가 참임을 대우를 이용하여 증명하시오.
'자연수 n에 대하여 n^2이 홀수이면 n도 홀수이다.'

명제 이해하기 구체적인 수를 대입하여 명제의 참을 확인하고, 증명 방법을 생각해보자.	
1단계 : 증명 계획하기 증명해야 할 것은 무엇인지 생각해보자.	(대우명제):
2단계 : 계획 수립 및 실행하기 대우가 참임을 증명하기 위해 증명해야 할 것을 식으로 정리해보자.	
3단계 : 성찰하기 명제가 참임을 증명하였는지 되돌아보자.	

[그림 Ⅷ-3] 추론의 절차와 전개 과정을 수행하는 과제 예시
(교육부·대전시교육청, 2016, p.189)

넷째, 과제는 학생 자신의 주장을 정당화하게 해야 한다. 정당화 또한 왜 그런지 탐구하는 것이지만, 앞서와 다른 점은 자신의 주장을 뒷받침할 수 있는 근거를 제시하는 것이다. 물론 자신의 주장은 교과서의 내용이나 기존의 수학적 사실과 동일한 것일 수 있다. 하지만 그것이 옳음을 확신하고 나름의 전략을 펼쳐 주장을 뒷받침한다면, 학생들은 적절한 내용을 조직하는 방법으로서 추론을 사용하고 추론의 규칙을 제시하면서 정당화를 해 나갈 수 있을 것이다. [그림 Ⅷ-4]는 넓이가 최대가 되도록 가로, 세로의 길이를 구하고 그 것을 정당화하기 위해 이차함수의 그래프를 해석하도록 하는 과제로, 두 변수 사이의 관계를 식으로 나타낸 후 그래프로 그린 이유를 생각해 보게 하며, 그래프를 해석함으로써 실생활 상황에서 가로, 세로의 길이를 결정하게 된 이유를 설명하도록 하고 있다.

정우네 삼촌은 대관령의 작은 마을에서 소를 방목해서 키우는 농장을 운영하고 있다. 정우는 소에게 물을 먹이기 쉽도록 호숫가에 방목장을 만들고 울타리를 설치하는 일을 돕기로 하였다.
정우와 삼촌은 직사각형 방목장을 만들기로 계획하였고, 그림과 같이 직사각형의 세 변에 울타리를 설치하기로 하였다.

2. 방목장의 세로의 길이와 넓이의 관계를 나타내는 식을 만들고 그래프를 그리시오.
3. 방목장의 넓이가 최대인 가로, 세로의 길이를 구하고 그 이유를 설명하시오.

[그림 Ⅷ-4] 주장을 정당화하는 과제 (교육부·대전시교육청, 2016, pp.86-87)

다섯째, 추론을 유도하는 과제는 학생들의 추론 과정과 결과를 점검하고 수정하게 해야 한다. 이를 위해 학생들은 추론을 수행하면서 다른 사람의 생각을 들어볼 필요가 있다. 다른 사람과의 상호작용 속에서 학생들은 다양한 추론과 다양한 관점을 경험할 수 있고 서로의 추론을 비교하는 과정에서 새로운 추론이 유도될 수 있다. 즉 다른 사람의 생각을 분석하면서 학생들은 자신의 추론을 사용하여 판단을 내리고 평가하고, 서로 상치되는 의견을 어떻게 조율할지 모색할 수 있다. 귀 기울여 듣고 분석하고 평가하는 것은 추론이 작용할 수 있는 기본적인 활동이다. 따라서 추론의 내용과 별개로 추론을 유도하는 과제에 다른 사람의 생각을 알아볼 수 있는 것을 포함시키는 것이 바람직하다. [그림 Ⅷ-3]에서와 같이 증명을 한 후에도 증명 과정을 되돌아보는 성찰 과정을 갖게 함으로써, 추론 과정을 점검할 수 있게 하는 것도 한 방법이다.

마지막으로 추론을 유도하는 과제는 학생들이 추론 과정을 전체적으로 요약 정리하여 설명할 수 있도록 해야 한다. 추론을 통해 무엇인가를 추측하고 발견하고 정당화하는 것 못지않게 추론에 대한 점검과 반성은 수학 학습에 필요한 활동이다. “추론 과정이 옳은지 비판적으로 평가하고 반성하도록 한다.”(교육부, 2015, p.39)는 2015 개정 수학과 교육과정의 권고도 이러한 사실의 중요성을 뒷받침하고 있다. 학생들이 자신의 추론을 정리하고 종합할 수 있도록 설명할 수 있는 기회를 제공하도록 과제를 설계할 필요가 있다. 이를 위해서는 수학 수업에서 이루어진 활동을 전반적으로 돌아볼 수 있도록 수학 일기나 배움기록장을 통해 그날 수업에서 추론한 내용이나 과정을 정리하도록 할 수 있을 것이다.

2.2 추론을 유도하는 발문

학생들의 추론을 유도하는 수업을 진행하고자 한다면, 교사는 교사 중심의 설명과 논의에서 벗어나 학생들이 참여하는 수업을 진행해야 한다. 전통적인 의사소통 패턴인 교사가 질문하고 학생이 대답하고 교사가 평가하는 패턴(Initiate-Response-Evaluate)에서 벗어나, 교사의 보여주기 식의 설명보다는 학생에게 책임이 부여되는 분위기에서 상호작용을 강조하는 수업이어야 한다. 이런 수업에서 활용할 수 있는 전략을 몇 가지 소개해 본다.

첫째, 교사가 의도한 수업 계획과 학습 내용에 대한 추론을 하게 할 때 학생들이 바로 참여하지 못할 수 있다. 학생들이 어디서부터 무엇을 해야 하는지 잘 알지 못한다면, 다음과 같은 발문이 도움이 될 수 있다.

- 몇 가지 예를 테스트해서 적용해 보아라.
- 지금 하려는 것이 무엇인가? 필요한 것은 무엇인가?
- 만약 선생님이 옆에 있다면 무슨 질문을 할 것 같은가? 자신에게 직접 해보아라.

둘째, 학생들 간의 상호작용을 강조하는 수업 속에서 추론을 유도할 수 있다. 복잡한 지식과 기술은 사회적 상호작용을 통해 획득될 수 있다(Vygotsky, 1978/1994). 추론을 어떻게 하고 있는지 교사가 파악할 수 있는 방법은 학생이 자신의 생각을 말하거나 글로 쓰게 하는 것이다. 학생들이 자신의 의견을 말하게 하고, 학생의 발표에 대해 내용과 형식 측면에서 다른 학생과 교사의 평가가 이루어지는 상호작용이 원활할 때, 학생들은 추론에 참여하고 반성할 수 있는 기회가 될 수 있다. 이때 다음과 같은 발문이 도움이 될 수 있다.

- 자신의 의견을 말하여라. 주제에서 벗어나지만 않는다면 옳지 않은 내용도 괜찮다.
- 다시 한 번 명확하게 말해 보아라. 생각을 정리할 수 있는 시간을 주겠다.
- 다른 사람의 의견을 들었다면 그에 대해 자신의 의견을 말하여라. 동조하는 내용이나, 질문 또는 비판을 할 수 있다. 이때 상대

방의 기분을 상하게 하지 마라.

- 다른 사람의 말을 자신의 말이나 글로 바꾸어 표현해 보아라. 제대로 이해했는지 확인할 수 있을 것이다.
- 다른 사람과 상호작용하는 것처럼 자신에게 질문하고 대답해 보아라. 자신의 생각을 객관적으로 바라보게 될 것이다.

셋째, 학생의 추론이 잘못된 방향으로 흘러가거나 오답이 형성될 때는 다음과 같은 교사의 발문이 도움이 될 수 있다.

- 오류가 있는 부분을 찾아보아라. 어떻게 수정하면 좋을까?
- 오류가 수정되었는지 확인하여라. 다른 사람들도 동의하는가?
- 수학에서는 이러한(……) 내용을 모범적인 추론으로 본다. 모범적인 추론에 비추어볼 때 너의 추론은 어떠한가?

넷째, 수학 수업에서 전반적으로 추론을 촉진시킬 수 있는 발문은 중요하다. 일반적으로 다음의 발문이 유용할 것이다.

- 왜 그렇게 하였는가?
- 어떻게 알게 되었는가?
- 왜 그렇다고 생각하는가?
- 절차의 진행에 있어 오류가 없는가?

위와 같이 학생들의 추론을 가시적으로 만들고 명확하게 하도록 하며 구성원 모두 활동에 참여하도록 하고 주의를 기울일 필요가 있는 핵심이 무엇인지 고려하는 교사의 발문이 학생의 추론을 유도하는 데 중요하다.

2.3 추론을 강조하는 수학 수업 환경 조성

학생들이 마음껏 추론하는 수학 학습이 교실 수업에서 이루어지기 위해서는 교사가 적절한 수업 환경을 조성할 필요가 있다. 이 절에서는 추론이 이루어지는 수업 환경에 대해 논하고자 한다.

첫째, 학생들의 추론이 강조되는 수업에서는 자연스럽게 상호작용이 강조되고 이에 따라 논증하고 비판하는 분위기가 형성되어야 한다. 이를 위해서는 학생들이 자신의 의견을 편안하게 설명할 수 있고, 비판을 두려워하지 않으며, 이러한 상호작용이 생산적이며 학습에 도움이 된다는 것을 알아야 한다. 이러한 분위기를 조성하는 것은 교사의 몫이다.

둘째, 학생들이 추론을 하고 교정하고 표현할 수 있는 시간을 넉넉히 주어야 한다. 깊이 생각할 내용이 있는데 그럴 시간을 확보하지 못한 채 학습 진도를 맞추는 것에 급급하거나 다른 활동으로 전환되는 상황에서는 학생들이 나름의 추론을 해나가지 못한다.

셋째, 학습의 책임이 학생에게 주어져야 한다. 학생이 추론을 하고 그것을 바탕으로 의미 있는 학습이 이루어지기 위해서는 학생의 적극적은 참여가 필요하며, 이에 더하여 학생이 수업의 일부를 주도하고 때로는 학습 과제를 선택할 수 있는 권한을 가질 필요도 있다. 학생이 학습에 대한 책임감을 갖지 않는 수업 환경에서는 학생들의 추론을 강조하기 어렵다.

넷째, 추론을 유도하기 위한 상호작용이 일어나기 위해서는 학생들이 짝이나 소집단, 학급 전체의 토론에 참여할 수 있어야 하며, 이를 위한 물리적 환경도 필요하다. 자리 배치를 어떻게 하느냐에 따라 학생 간에, 학생과 교사 간의 상호작용은 영향을 받을 수 있고, 물리적 환경에 따라 수업이 촉진되거나 방해를 받을 수도 있으므로, 물리적 환경 조성도 추론을 강조하는 수업의 한 요소가 될 수 있다.

2.4 추론을 강조한 수학 수업 설계 및 적용

여기서는 수학적 추론 교육의 두 가지 방향에 따라 수업 설계와 적용의 사례를 살펴본다. 첫 번째 교육 방향은 추론 자체를 교육하는 것인데, 이에 따라 귀납의 일반화, 증명 자체를 가르치는 수업 예시를 살펴볼 것이다. 둘째는 추론 활동이 문제 해결의 도구로 포함되는 수업을 살펴볼 것이다.

2.4.1 수학적 추론이 교수·학습 목표로 설정된 수업

수학적 추론이 교수·학습 목표로 설정된 경우에는 수학적 추론의 개념이나 수행 방식 등을 학생이 먼저 이해해야 한다. 앞서 1절에서 밝힌 바와 같이 수학적 추론 교육은 학생들로 하여금 추론의 방법적 지식을 갖추도록 하는 것도 포함해야 한다. 즉, 학생들이 어떤 유형의 추론 방식을 적용하여 학습하거나 문제를 해결해야 할지 판단할 수 있도록 하기 위해서는 추론 자체가 교수·학습의 목표가 되는 수업을 설계하고 운영할 필요가 있다.

추론 자체를 가르치는 교수·학습모델을 [그림 Ⅷ-5]와 같이 제안할 수 있다. 일반화 또는 증명이 교수·학습의 목표로 설정되어 있고, 학생들의 학습 활동도 수학적 추론에 초점을 맞춘 수업을 설계한 것을 모델로 제시한 것이다. 오른쪽의 원기둥이 쌓여있는 모양은 아래에서 위로 진행되는 수업의 절차를 뜻하며, 왼쪽의 말풍선은 일반화나 증명의 경우 해당되는 구체적인 활동을 제시하였다. 이 모델은 연역, 귀납, 가추, 유추 등의 추론 능력을 신장하기 위한 수업을 설계할 때에도 활용될 수 있다.

이 절에서는 III장에서 소개한 일반화를 중심으로 한 수열의 합 공식 도출 사례와 증명을 다루는 수업을 어떻게 계획하고 운영할 수 있을 것인지 살펴본다.

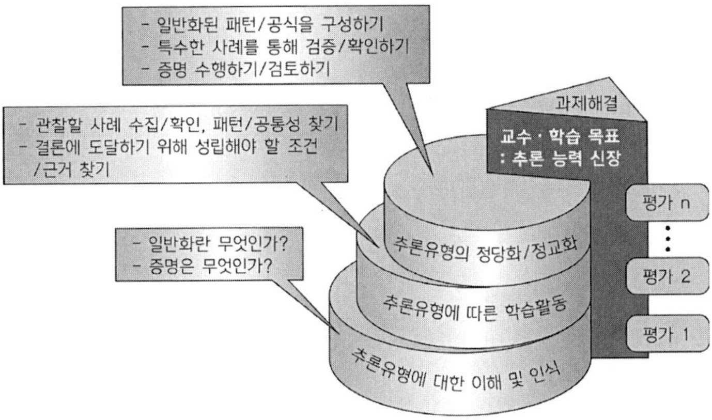

[그림 Ⅷ-5] 추론을 교수·학습 목표로 설정한 수업 모델

2.4.1.1 일반화를 중심으로 한 수열의 합공식 도출 사례

수학 학습이나 문제 해결 활동을 통하여 자연스럽게 일반화를 도출하는 경우도 있지만, 일반화된 규칙을 발견하는 것 자체가 교수·학습 목표가 될 수도 있다. III장에서 제시한 사례는 주제탐구 프로젝트에 참여한 고등학교 3학년 자연계열의 학생들이 탐구한 주제로서, $\sum_{k=1}^{n} k^m$(단, m은 자연수)를 나타낼 수 있는 합 공식을 찾는 것이다. 이들은 이미 알고 있는 세 개의 합 공식

$$\sum_{k=1}^{n} k = \frac{n(n+1)}{2}, \quad \sum_{k=1}^{n} k^2 = \frac{n(n+1)(2n+1)}{6},$$
$$\sum_{k=1}^{n} k^3 = \left(\frac{n(n+1)}{2}\right)^2$$

으로부터 $\sum_{k=1}^{n} k^m$(단, m은 자연수)의 공식을 도출해 내는 과제를 탐구하였다. 교사는 학생들에게 일반화의 개념과 방법을 안내하고 일반화의 과정에서 학생들이 수행해야 할 학습 활동과 해결 과제를 구체화해야 한다.

이 사례에서 교사는 <표 Ⅷ-1>과 같이 수업을 설계하였다.

〈표 Ⅷ-1〉 일반화를 교수·학습 목표로 한 수업 설계

연관교과목	수학 I (심화)
대상 학년(계열)	고등학교 3학년(자연계열)
학습 목표	일반화 과정을 통해 n제곱수의 합 공식을 발견한다.
교수·학습 형태	주제탐구 프로젝트
주요 내용	수열의 합 - 네제곱수의 합 공식 - n제곱수의 합 공식 도출

교수-학습 활동

<table>
<tr><th>일반화의 과정</th><th>학생 활동</th><th colspan="2">교사의 지도 및 안내</th></tr>
<tr><td rowspan="2">문제 이해</td><td>일반화를 통한 자연수의 n제곱수의 합 공식 도출하기</td><td>- 교수·학습 목표 확인
- 문제 설명</td><td rowspan="4">문제 해결 과정에 따른 과제 해결의 적절성 평가 병행</td></tr>
<tr><td>수학적 추론의 특징과 과정 이해</td><td>- 수학적 추론의 방법적 지식에 대한 교수 활동 : 귀납(일반화/특수화)과 수학적 귀납법의 정의와 추론 방법 안내
- 주요 발문 : 일반화란 무엇인가? 특수화, 수학적 귀납법은 어떤 경우에 적용할 수 있는가?
- 평가 : 일반화 및 기타 추론의 의미와 과정을 이해하고 있는가?</td></tr>
<tr><td>사례 수집 및 관찰</td><td>- 자연수의 합 공식부터 세제곱수의 합 공식까지 공식 도출 방법 탐색
- 공식의 표현 방식 관찰</td><td>다양한 사례에서 유목적적 관찰과 공통의 성질을 발견하기 위해 선수학습 자료 및 다양한 사례를 찾고 확인할 수 있도록 안내</td></tr>
<tr><td>추측과 패턴 발견</td><td>- 기존의 공식이 도출된 과정의 공통성 / 패턴 찾기
- 그림 자료를 통한 시각적/직관적 패턴 인식</td><td>공통된 패턴을 시각화하거나 대수적으로 표현하도록 안내</td></tr>
</table>

규칙 발견과 검증	- 발견한 패턴으로부터 일반화를 통한 과제 해결안 모색 및 검증 - 특수화를 통한 해결안 검증 및 확정(확정의 근거제시)	오류 검증, 추측의 정당화 과정에서의 수학적 표현 방식의 엄밀성, 정교성 지도	

교사는 학생들이 이미 배운 공식들에 어떤 패턴이 있는지를 관찰하고 발견된 패턴을 일반화하도록 수업을 계획하였다. 교사는 일반화의 각 과정에서 학생들이 어떤 일을 해야 하는지를 먼저 구상하고, 학생들이 탐구 활동을 직접 수행할 수 있도록 했다. 학생들이 추측하고, 왜 그런지 탐구하고, 추론의 과정을 수행해 나가는 주체적인 활동은 이미 알고 있는 지식과 사례의 관찰이 바탕이 되어야 한다.

패턴을 발견했다는 것은 직관적이든 시각적이든 어떤 규칙성에 대한 암시를 받았거나 잠정적으로 일반화된 규칙성을 발견했다는 것이고, 이를 수학적으로 검증하거나 확인하여 규칙을 도출해내는 것이 필요하다. 이 과정에서 교사는 다양한 발문이나 안내를 통해 학생들이 스스로 탐구하고 추측하도록 하였으며 추측에 대한 이유를 설명하고 확인하도록 지도했다. 또한 교사는 학생들의 추론 과정이 진행될 수 있도록 적정한 발문과 안내를 하는 것뿐만 아니라 학생들을 관찰하고 평가하는 역할도 함께 수행했다.

학생들은 수열의 합 공식을 도출하는 과정을 시각적, 직관적으로 보여주는 다양한 그림 자료를 관찰하였고 이로부터 공통된 패턴이 무엇인지를 찾고자 하였다. 자연수, 자연수의 제곱수, 자연수의 세제곱수의 합을 나타내는 공식으로부터 자연수의 네제곱수의 합을 나타내는 공식을 유도하고 이를 바탕으로 자연수의 n제곱수의 합을 나타내는 공식까지 일반화하는 것이 목표이기 때문에, 수집한 사례를 관찰하여 어떤 패턴이 적용되었는지를 추측하고 확인하는 과정을 바탕으로 '자연수의 네제곱수의 합 공식 도출'로 확장하였고, 다시 '자연수의 n제곱수의 합 공식으로 확장'의 과정을 전개해 나가면서 일반화에 도달하였다.

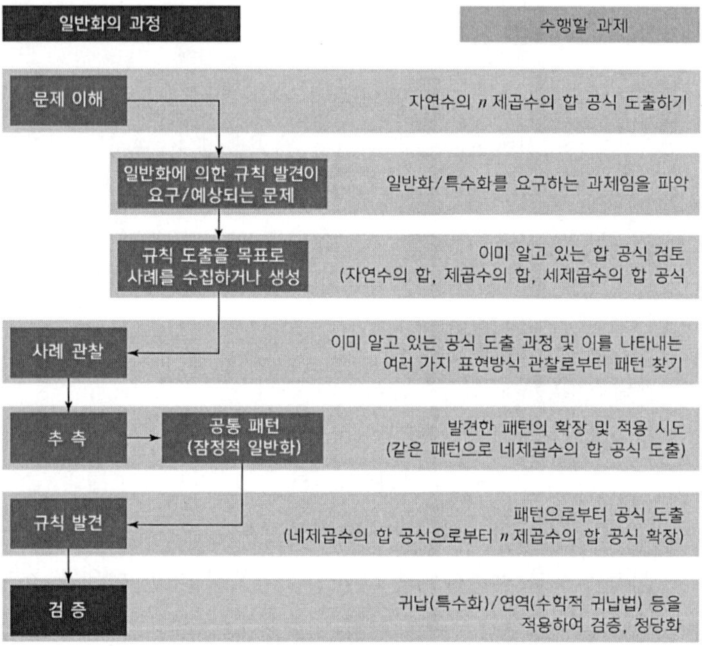

[그림 Ⅷ-6] 일반화의 과정에 따른 수열의 합 공식 수행 과제

위 수업 설계에 따라 수업을 실시했을 때, 학생들은 일반화에 대한 방법적 지식을 학습하였으며 교과서와 참고문헌 등에서 여러 가지 수열의 합 공식 도출과정을 검토하였다. 그리고 그림으로 제시된 합 공식 도출 과정의 관찰을 바탕으로, 자연수의 합, 거듭제곱수의 합, 세제곱수의 합, 네제곱수의 합, n제곱수의 합으로 계열화하여 관찰할 자료, 패턴을 발견하여 일차적으로 해결해야 할 과제, 확장과 검증을 통해 일반화할 과제로 구분하였다.

이 수업에서 학생들이 경험한 일반화의 과정은 [그림 Ⅷ-6]과 같다. III장의 [그림 III-7]에서 제시한 일반화의 과정을 기반으로 하여 학생들이 실제로 수행한 과정을 구체적으로 함께 제시한 것이다.

2.4.1.2 증명의 교수·학습

우리나라 학교 교육에서 증명이나 연역적 정당화에 대한 내용은 최근 교육과정에서 약화되어 왔다. 학생이 형식적 증명을 하도록 하는 방식에서 연역적 증명을 이해하고 설명하는 방식으로 변화한 것이다. 그러나 주어진 가정으로부터 논리적인 사유를 통해 결론에 도달하고 이를 정당화하는 능력은 여전히 중요한 요소이기 때문에, 증명 과정을 이해하기 위해서는 연역이 밑받침되어야한다.

이 절에서 소개하는 사례는 <기하와 벡터> 과목에서 다루는 공간도형의 증명이다. 연역이 핵심적으로 사용되는 증명 수업에서 어떤 수학적 추론의 과정을 설계하고 적용할 수 있는지 살펴보기로 한다. [그림 Ⅷ-7]은 공간도형 단원에서 다루는 증명으로, 학생들은 이 증명을 이해하거나 수행하는 것에 대해 많은 어려움을 토로하는 문제이다. 교과서에서는 ㉮, ㉯와 같은 증명의 핵심 아이디어와 보조 도식을 따로 표시하여 증명의 배경 일부를 제시하고 증명 과정의 아이디어를 시각화하여 보여주고 있다. 그러나 제시된 증명과 보조 정보만으로는 증명의 아이디어를 어떻게 생성했는지 발견하기가 쉽지 않으며 증명을 완성하는 과정의 시행착오 등이 전혀 나타나 있지 않아 학생들로 하여금 명제를 증명하는 것에 대한 부담을 갖게 할 수 있다.

증명에서 증명의 아이디어를 찾을 때는 분석법이 적용될 수 있다. 우정호(2000)는 학교수학에서 증명을 다룰 때에는 역사발생적 원리에 의한 발견이나 분석과 같은 준비 과정의 필요하다고 하였다. 논리와 연역적 증명은 지식의 발견이 이루어진 후에 그 결과가 참인지를 결정할 때에 필요한 것으로 학생이 이미 알고 있는 것을 체계적으로 전달하는 데에는 유용하지만, 증명 이전의 분석과 발견의 과정을 제 대로 보여주기 어려우며 학생의 이해는 지식이 만들어지는 과정에서 분석하고 발견하는 과정을 통해 신장될 수 있기 때문이다. 이에 따라 수업 설계는 증명할 문제(명제) 이해-분석-증명 수행(이해)이라는 단계를 설정하였다. 그리고 단계별로 교사와 학생이 어떤 활동을 주로 하게 될 것인지를 <표 Ⅷ-2>와 같이 계획하였다.

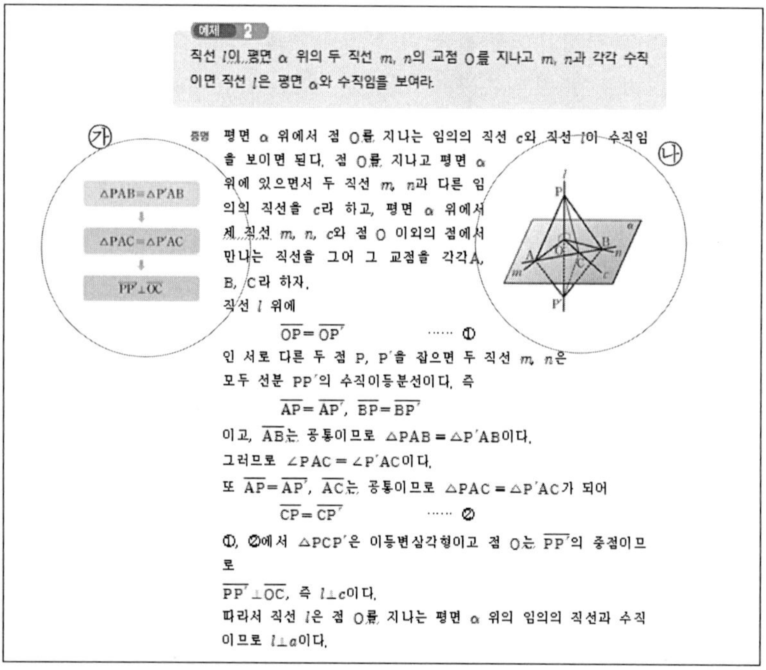

예제 2

직선 l이 평면 α 위의 두 직선 m, n의 교점 O를 지나고 m, n과 각각 수직이면 직선 l은 평면 α와 수직임을 보여라.

증명 평면 α 위에서 점 O를 지나는 임의의 직선 c와 직선 l이 수직임을 보이면 된다. 점 O를 지나고 평면 α 위에 있으면서 두 직선 m, n과 다른 임의의 직선을 c라 하고, 평면 α 위에서 세 직선 m, n, c와 점 O 이외의 점에서 만나는 직선을 그어 그 교점을 각각 A, B, C라 하자.

직선 l 위에

$\overline{OP} = \overline{OP'}$ …… ①

인 서로 다른 두 점 P, P'을 잡으면 두 직선 m, n은 모두 선분 PP'의 수직이등분선이다. 즉

$\overline{AP} = \overline{AP'}$, $\overline{BP} = \overline{BP'}$

이고, $\overline{AB}$는 공통이므로 $\triangle PAB \equiv \triangle P'AB$이다.

그러므로 $\angle PAC = \angle P'AC$이다.

또 $\overline{AP} = \overline{AP'}$, $\overline{AC}$는 공통이므로 $\triangle PAC \equiv \triangle P'AC$가 되어

$\overline{CP} = \overline{CP'}$ …… ②

①, ②에서 $\triangle PCP'$은 이등변삼각형이고 점 O는 $\overline{PP'}$의 중점이므로

$\overline{PP'} \perp \overline{OC}$, 즉 $l \perp c$이다.

따라서 직선 l은 점 O를 지나는 평면 α 위의 임의의 직선과 수직이므로 $l \perp \alpha$이다.

[그림 Ⅷ-7] 〈기하와 벡터〉 공간도형 단원의 연역적 증명
(류희찬 외, 2014, p.135)

증명 수업은 증명할 명제의 가정과 결론을 구분하는 것부터 시작하도록 계획하였다. 증명을 다룰 때에는 명제에서 가정과 결론을 찾고, 어떤 전제로부터 부분적 결론에 도달하게 되는지를 찾거나, 해당 결

론에 도달할 수 있는 전제가 무엇이 되겠는가를 거꾸로 짚어보도록 함으로써 분석할 수 있는 경험과 기회를 제공하도록 하는 것이 필요하다. 따라서 교사는 학생들로 하여금 증명할 명제가 무엇인지를 파악한 후에, 가정과 결론을 살펴 결론에 도달하려면 그 직전 단계에 어떤 조건이 필요할 것인지, 필요충분조건이나 충분조건이 될 수 있는 것은 무엇인지 등을 먼저 분석하도록 안내해야 한다. 이를 위해 교사는 학생들에게 분석하는 방법을 안내해야 한다. 증명을 하기 위해 어떤 아이디어가 필요하고 어떤 순서로 추론하게 되는지를 먼저 기록하게 한 후에 그것을 정리하여 증명을 이해하거나 시도할 수 있도록 하는 과정이 필요하다.

〈표 VIII-2〉 연역적 증명을 다루는 수업 설계

교과목	기하와 벡터
대상 학년 (계열)	고등학교 3학년(자연계열)
수업 단원 및 주요 내용	공간도형 - 직선과 평면의 위치관계 - 직선과 평면의 수직관계 증명

교수-학습 활동 계획

수업 과정	학생	교사	
문제 이해	증명할 명제 이해하기. : 직선과 평면의 위치관계 (수직) 증명하기	목표 확인 : 연역적 증명을 이해(수행)하는 능력 신장	문제 해결 과정에 따른 과제 해결의 적절성 평가 병행
	분석이란 무엇인가? 분석은 어떻게 해야 하는가?	- 수학적 추론의 방법적 지식에 대한 교수 활동 : 분석법 안내 - 어려운 용어나 방법론적 접근보다는 도달하고자 하는 결론으로부터 직전 단계의 전제조건이 무엇인지를 생각해 보도록 안내	

수업 과정	학생	교사	
분석	결론에 도달하기 위한 직전 단계의 성립조건은 무엇인지 거슬러 올라가면서 생각의 순서를 정리하기	- 목표 설정 : 전제조건, 가정과 결론의 이해, 결론에 도달하기 위한 가정 찾기	문제 해결 과정에 따른 과제 해결의 적절성 평가 병행
	생각의 순서를 따라 명제의 가정에 도달하게 되면 오류가 없는지 확인한 후에 가정→결론의 체계를 갖추어 증명 시도	- 분석된 내용(생각의 순서)으로부터 증명의 순서를 이끌어내도록 안내	
증명 수행/이해	증명을 수행하거나 (교과서에) 제시된 증명의 이해	- 증명이 완성되는 데에 필요한 아이디어, 보조 도식, 논리를 전개하는 순서 및 방법 등에 대한 안내 및 검토	

이 사례에서는 학생들에게 [그림 Ⅷ-8]과 같은 증명 노트를 제공하였다.

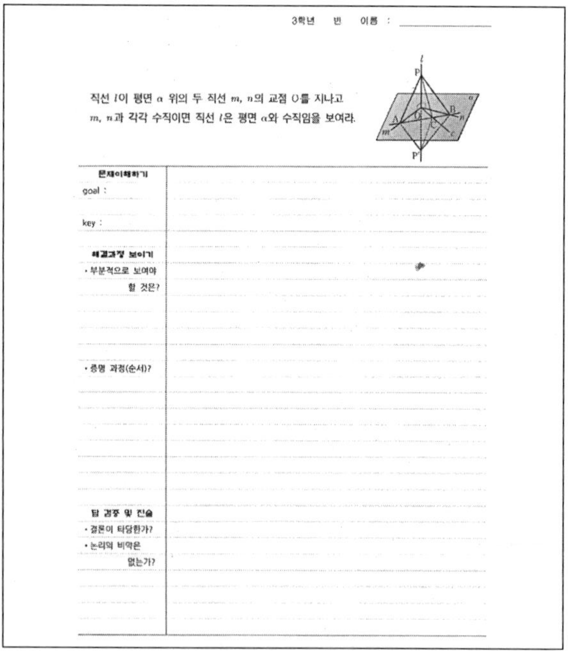
3학년 반 이름 :

직선 l이 평면 α 위의 두 직선 m, n의 교점 O를 지나고 m, n과 각각 수직이면 직선 l은 평면 α와 수직임을 보여라.

문제이해하기
goal :
key :

해결과정 보이기
· 부분적으로 보여야 할 것은?
· 증명 과정(순서)?

답 검증 및 진술
· 결론이 타당한가?
· 논리의 비약은 없는가?

[그림 Ⅷ-8] 학생들에게 제시한 증명노트 예시

교과서에서 다루는 문제를 가지고 학생이 스스로 생각을 정리하고 아이디어를 찾고 자신의 문제 해결 과정을 모니터링할 수 있도록 구성하였으며 교과서 증명에서 사용한 보조 도식은 문제에 포함하여 제시하였다. 학생들이 노트를 활용하여 자신의 아이디어를 생성하고 정리하여 증명을 시도한 후에는 그 결과를 함께 살펴보고 검토할 수 있도록 하였고 교사의 모범 답안을 제시하였다.

[그림 Ⅷ-9]는 문제이해 단계에서 노트를 활용한 예시로, 제시된 문제로부터 무엇을 증명해야 하는지 확인하고 이를 증명에 필요한 수식이나 용어를 사용하여 재진술하는 과정을 보여주는 것이다.

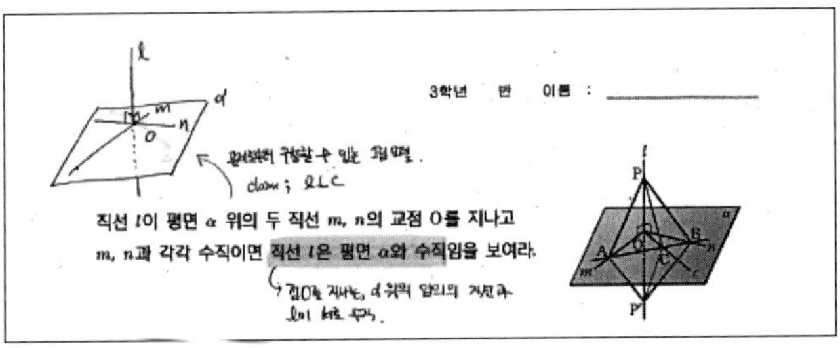

[그림 Ⅷ–9] 증명노트를 활용하여 문제 이해하기

문제 이해 과정에서 학생들은 명제에서 가정과 결론을 찾고 이를 증명하기 위해 어떻게 진술하는 것이 합당한지를 고려하여 자신들이 증명할 수 있는 명제로 재진술하게 된다. 문제 이해 후에 명제를 분석하는 과정이 필요한데, [그림 Ⅷ-10]과 같이 노트의 좌측 모니터링 칸과 우측의 증명 서술 칸을 적절히 활용하여 생각을 정리하고 전개할 수 있도록 하였다. 이때 엄밀한 용어나 방법론을 제시하기보다는 '무엇을 알고 있는가?', '무엇을 보여야 하는가?', '(부분적으로) 보일 수 있는 것은 무엇인가?' 등의 발문을 활용하여 명제를 분석하고, ①, ②, ③, …의 번호를 사용하여 생각의 순서를 정리해 보도록 하였다.

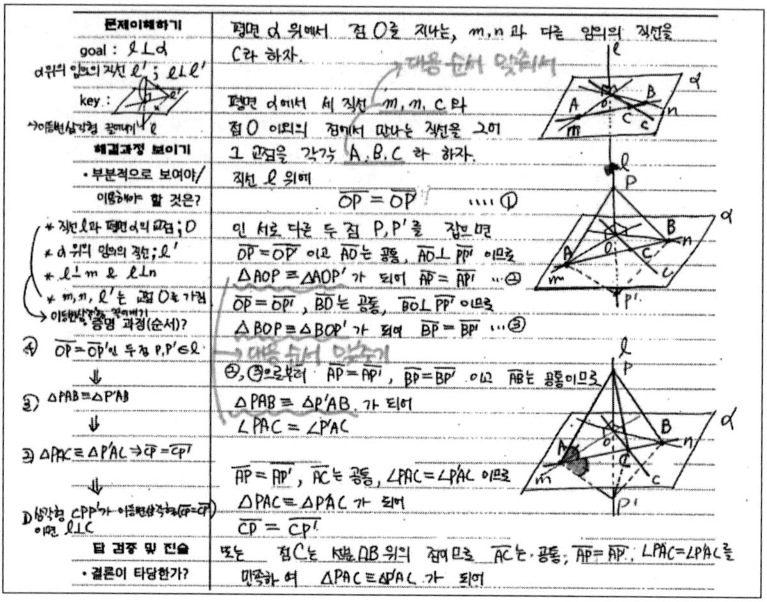

[그림 Ⅷ-10] 증명과정의 모니터링 및 아이디어 정리(좌측)를 활용한 증명 전개(우측)

이 생각의 순서는 추후에 증명을 완성하였을 때 논리 전개 및 서술의 순서와 비교할 수 있는데, 본 사례에서 제시한 문제와 같이 생각의 순서(①→②→③→④)와 증명 전개의 순서(④⇒③⇒②⇒①)가 역순이 될 수도 있고 문제에 따라 순서가 일치하거나 일부가 전치될 수도 있음을 확인할 수 있었다. 이를 통해 학생들로 하여금 증명을 수행하는 과정이 증명을 서술하는 과정과 항상 일치하는 것이 아니며 그 사이의 시행착오나 다양한 전략 활용이 가능함을 인식할 수 있었다.

학생들은 증명을 시도하는 과정에서 시행착오를 거치기 마련이다. 가능한 한 모든 아이디어를 기록하기 때문에 교과서에 제시된 완성된 증명보다 훨씬 많은 내용을 서술하게 된다. 증명에 필요한 아이디어나 조건을 찾고 정리한 후 증명을 이어가고 결론에 도달하게 되면 증명 과정을 다시 검토하여 중복 진술되었거나 필수 요소가 아닌 것을 찾아 증명을 정교화하는 과정이 필요하다. [그림 Ⅷ-11]에서 보는 바와 같이 결론에 도달한 후에는 전체 증명 과정을 다시 검토하게 된다.

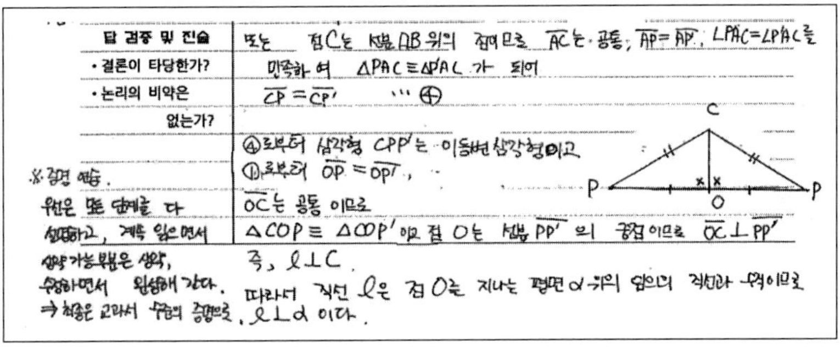

[그림 Ⅷ-11] 결론 도출 및 서술하기

연역적 증명을 다루는 수업에서 학생들에게 발생 과정의 탐색과 분석의 기회를 제공한 후에 교과서에 제시된 증명을 다루게 되면 교과서에서 제시하는 증명이 처음부터 연역적으로 완성된 형태의 증명이 나오는 것이 아니라 이렇게 많은 추론과 기술, 요약과 정리, 검토와 정교화의 과정을 거친다는 것을 직접 경험하고 인지하게 할 수 있을 것이다.

위의 사례는 교과서에서 제시된 증명의 이해를 위해 명제를 다시 분석하고 그 과정을 종합하여 연역적 증명을 이끌어내는 수업을 보여준 다. 증명을 다루는 수업에서 학생들은 모범답안으로 제시된 증명 자체를 이해하는 것 자체가 어렵게 느끼는 경우가 많기 때문에, 평가에서 좋은 점수를 받기 위해 아예 제시된 증명을 외우려고 하는 경우도 종종 발생한다.

교과서에서 제시되는 증명 문제가 학생들의 증명을 이해하는 능력을 신장하기 위한 것이라고는 하지만 최종적인 결과로서 정련되어진 증명은 그 명제에 대한 이해와 분석과정을 함께 보여주지 않는다면 학생들의 이해를 이끌어내기가 쉽지 않다. 학생들에게는 비형식적이거나 직관적인 아이디어 수준의 문제 해결 시도나 아이디어 양성의 과정이 허용되고 권장되어야 한다. 또한 이를 통해 연역적 증명에 대해서도 어떤 수학적 개념을 결론 도출의 근거와 도구로 활용할 것인지, 또는 어떤 개념을 도출할 수 있을 것인지를 충분히 고민하고 시도해 볼 수 있음을 인식시킬 필요가 있다. 이에 <표 Ⅷ-2>에서 설계한 수업의 운영에서 교과서에서 제시하는 증명의 이해와 학생 스스로 증명의 아이디어를 생성하고 증명을 구성해 봄으로써 교과서에서 제시된 완성된 형태의 증명을 해석하고 이해하도록 하는 또 다른 사례를 제시한다.

오른쪽 그림과 같이 한 평면 α에 수직인 두 평면 β, γ 교선을 l이라 할 때, $l \perp \alpha$임을 보여라.

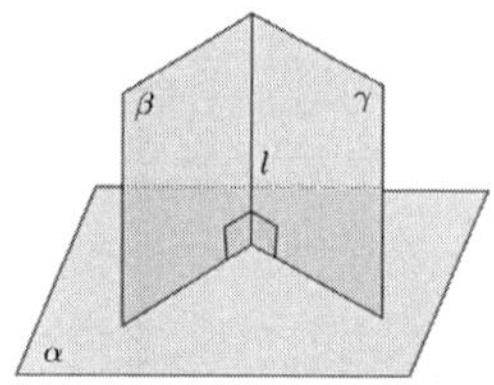

[그림 Ⅷ-12] 〈기하와 벡터〉 공간도형 단원의 연역적 증명 문제 (류희찬 외, 2014, p.139)

[그림 Ⅷ-12]의 문제는 서로 수직인 평면들 사이의 관계를 규명하는 것이다. 이 명제의 증명에 대한 모범답안은 [그림 Ⅷ-13]과 같이 제시되는데, 이 증명이 학생들에게는 쉽게 이해되지 않는다는 어려움이 있다. 문제에서 제시된 시각적 정보를 조작하거나 변형하는 과정이 잘 드러나지 않으며 명제를 증명하기 위해 분석하고 이해하는 과정이 생략되어 있을 뿐만 아니라 수식이나 사고실험의 과정을 제시하지 않아 학생들이 문장을 읽으면서 수학적 개념이나 도형(공간)의 위치관계를 추론해 내기가 쉽지 않기 때문이다.

두 평면 α, β와 두 평면 α, γ의 교선을 각각 m, n이라 하고 두 직선 m, n의 교점을 O라 하자.
평면 α에서 점 O를 지나며 직선 m에 수직인 직선을 a, 평면 β에서 점 O를 지나며 직선 m에 수직인 직선을 b라 하면 $\alpha \perp \beta$이므로 $b \perp a$이다. 따라서 직선 b는 평면 α 위의 평행하지 않은 두 직선 a, m과 수직이므로 $b \perp \alpha$이다. 마찬가지 방법으로 평면 γ에서 점 O를 지나며 직선 n에 수직인 직선을 c라 하면 $c \perp \alpha$이다. 이때 점 O를 지나는 평면 α의 수선은 유일하므로 두 직선 b, c는 일치한다. 또 점 O는 교선 위의 점이므로 세 직선 b, c, l은 일치한다.
따라서 직선 l은 평면 α와 수직이다.

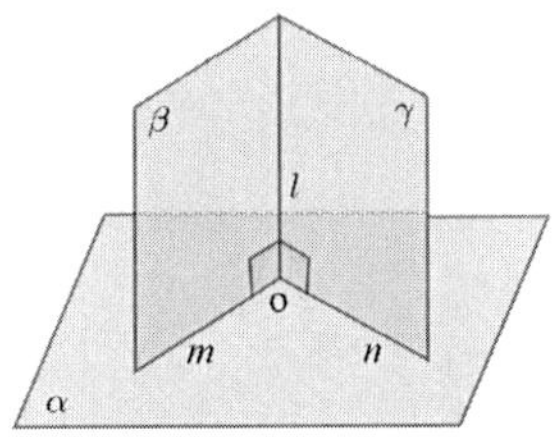

[그림 Ⅷ-13] 〈기하와 벡터〉 공간도형 단원의 연역적 증명 문제의 교과서 예시 답안 (류희찬 외, 2014, p.152)

이런 경우에는 VII장에서 제시한 바와 같이 학생들이 주어진 시각적 장치(그림)을 조작하고 상상하는 등의 사고활동을 통해 시각적 추론을 적용하여 증명을 시도할 필요가 있다. 문제를 이해하고 분석하며 주어진 그림으로부터 수학적 개념을 도출해 내기 위한 다양한 사고 활동이 동반되어야 한다. 이 문제 역시 교과서에서 제시된 증명이 어떻게 완성된 것인지를 이해하기 위해 주어진 명제의 조건을 분석하고 그로부터 활용할 수 있는 수학적 개념이 무엇인지를 찾아내어 결론을 도출하는 증명의 재구성 과정이 필요한 문제이다.

학생들은 증명 시작 단계에서부터 직선 l과 평면 α의 교점 O를 가정하고 그로부터 직선들의 수직관계를 이용하여 직선과 평면의 수직관계를 도출해 내는 것부터 어려움을 겪을 수 있다. 따라서 문제에서 주어진 조건의 의미와 증명하고자 하는 것이 무엇인지를 수학적으로 다시 진술해보고, 이를 통해 증명의 아이디어와 수학적 개념을 탐색해야 한다. 그 과정은 다음의 [그림 Ⅷ-14]와 같이 제안할 수 있다.

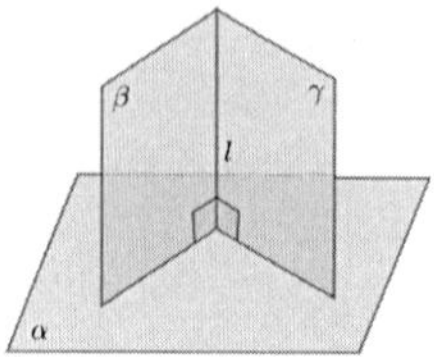

문제에서 주어진 조건 확인하기 : $\alpha \perp \beta$ $\alpha \perp \gamma$

문제 조건의 분석 : 서로 수직인 두 평면 사이의 이면각의 크기는 90°

문제 분석 : $\alpha \perp l$ 임을 보이려면 평면과 직선의 수직조건을 보여야 한다.

평면과 직선의 수직 : 평면 α 위의 임의의 두 직선 k_1, k_2에 대하여 $l \perp k_1$, $l \perp k_2$ 이면 $\alpha \perp l$

⬇

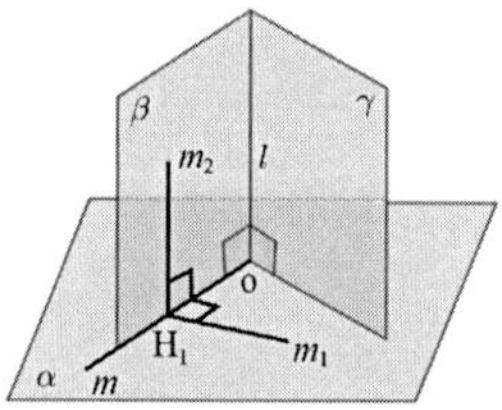

두 평면 α, β의 교선을 m 이라 하면 두 평면이 수직이므로 교선 m 위의 한 점 H_1을 지나고 서로 수직인 두 직선 m_1, m_2를 각각 α, β 위에 하나씩 잡을 수 있다. 즉, $m_1 \perp m_2$, $m_1 \perp m$ 이고, 두 직선 m, m_2는 한 평면 β 위에 있는 두 직선이므로 $m_1 \perp \beta$ l은 β 위의 한 직선이고 $m_1 \perp \beta$이므로 $m_1 \perp l$ 같은 방법으로 두 평면 α, γ의 교선을 n이라 하여 $n_1 \perp l$ 임을 보인다.

⬇

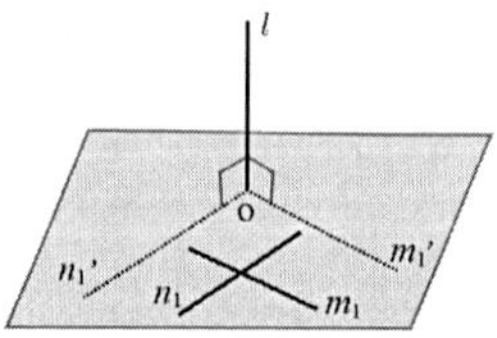

m_1, n_1은 모두 평면 α 위의 직선이고, $m_1 \perp l$, $n_1 \perp l$을 만족시키므로 $\alpha \perp l$

(이 때, 직선 l과 평면 α의 교점을 O라 하고 m_1, n_1를 평행이동하여 점 O를 지나도록 한 직선을 각각 $m_1{}'$, $n_1{}'$라 하면 교과서에서 제시한 증명과 같이 정리하여 완성할 수 있다.)

[그림 Ⅶ-14] 완성 이전의 증명 과정을 분석하고 재구성하는 데에 적용된 시각적 추론

[그림 Ⅷ-14]에서는 학생들이 완성된 증명의 이면에서 어떤 분석과 아이디어가 필요한지를 다시 탐색하고 증명을 재구성하는 과정을 제시하고 있다. 이와 같은 분석과 재구성의 과정을 통해 예시 답안에서

가정하는 점, 선, 면의 필요 여부를 판단해 보기도 하고, 답안과 다른 방식의 증명을 하더라도 그 근거가 명확하고 타당한 수학적 개념이나 방법을 사용하였다면 옳은 증명이 될 수 있음을 인식하게 할 수 있다.

2.4.2 추론을 문제 해결 도구로 활용하는 수업

수학적 추론이 교수·학습의 목표가 아닌 수업에서도 수학적 추론이 활용될 수 있으며 그 과정에서 학생의 문제 해결 능력뿐만 아니라 수학적 추론 능력의 동반 신장이 가능하다. 이에, 여러 가지 문제 해결 상황에서 추론을 활용하는 수업을 설계하고 적용한 사례를 제시해 본다.

학교 현장에서 수행평가와 논·서술형 평가의 비율을 일정 비율 이상 확보하도록 규정한 것은 학생들의 학습에 대한 다양한 방식의 평가에 대한 요구를 수용한 것이라고 볼 수 있다. 논·서술형 평가 문항의 비율 확보는 학생의 수학적 의사소통 능력을 기반으로 한 다양한 추론 능력과 문제 해결 능력을 평가할 것을 요구하는 것이다. 그러나 주어진 문제에 대한 즉답, 정답을 찾아내는 것에 익숙해진 학생들에게 의사소통 능력을 기반으로 하여 자신의 문제 해결 과정을 논리적으로 풀어내고 해설하게 하는 것은 짧은 시간에 이루어지는 것이 아니다. 여기서는 문제 해결 과정을 서술 또는 해설하게 하는 수업 사례를 통해 이 과정에서 수학적 추론이 어떻게 활용될 수 있는지를 제시한다.

[그림 VIII-15]는 문제 해결 과정을 중심으로 각 단계에 적용되는 추론을 나타낸 것이다. 앞서 [그림 VIII-5]가 추론을 교수·학습의 목표로 설정하여 문제 해결 과정을 운영한 것이라면, [그림 VIII-15]는 [그림 VIII-5]와 동일한 모델을 위에서 바라본 것이다. 이렇게 각도를 바꾸어 보면 문제 해결 과정에서 도구로 활용되는 추론의 유형이나 추론하기 활동 등을 살펴 그 역할을 더 쉽게 파악할 수 있다. 추론 a, 추론 b

… 등으로 표시한 것은 하나의 문제를 해결하는 과정에서 도구로 활용되는 추론이 유일하지 않으며 하나의 유형이 문제 해결 과정별로 달리 적용될 수도 있고 여러 유형이 활용될 수도 있음을 보여준다.

이 절에서는 고등학교 확률과 통계의 순열과 조합 단원을 학습한 후에 여러 가지 문제를 풀어보는 확인 학습 시간에 적용할 수 있는 수업과 논·서술형 문제 해결 학습에 활용할 수 있는 사례를 소개한다.

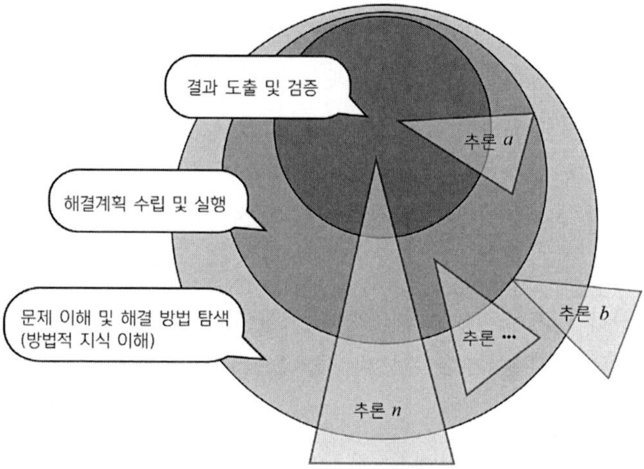

[그림 Ⅷ-15] 일반적인 문제 해결 과정에서 추론을 적용하는 수업 모델

2.4.2.1 순열과 조합 문제 해결

순열과 조합에서 추론의 적용은 다양한 문제를 해결하는 과정에서 찾아볼 수 있다. 추론이 문제 해결을 위해 도구적으로 사용되는 상황이므로 수업이나 문제 해결 과정의 일부에서 추론을 적용할 수 있다. 수업 중 추론이 적용되는 부분을 계획해 보면 <표 Ⅷ-3>과 같다.

<표 Ⅷ-3>은 차시 수업 전체가 아니라, 수업 중에 학생들이 해결하게 되는 문제 중에서 추론이 필요한 문제가 있을 때 교사가 어떤 사고 실험을 하여 교수·학습 과정을 계획할 수 있는지를 제시한 것이다. 학

생들은 문제를 해결하기 위해 문제를 탐색하고 이해하는 과정, 문제에 적합한 해결책을 모색하는 과정에서 유추 등을 적용할 수 있으며, 이때 교사는 학생들이 스스로 문제의 본질적 구조를 파악할 수 있도록 안내해야 한다.

〈표 Ⅷ-3〉 수학적 추론이 적용되는 문제 해결에서의 교수·학습 설계 예시

<table>
<tr><td>교과목</td><td colspan="3">확률과 통계</td></tr>
<tr><td>대상
학년(계열)</td><td colspan="3">고등학교 3학년(자연계열)</td></tr>
<tr><td>수업 단원
및
주요 내용</td><td colspan="3">순열과 조합
- 다양한 문제 해결을 통한 순열과 조합 이해
- 순열 문제 해결에 적용된 수학적 추론</td></tr>
<tr><td colspan="4">추론 적용 부분의 교수-학습 활동 계획</td></tr>
<tr><td>해결 과정</td><td>학생</td><td colspan="2">교사</td></tr>
<tr><td>문제 이해</td><td>해결할 문제 이해 : 구해야 할 것이 무엇인가?
다양한 전략 활용 : 비슷한 유형의 문제를 보거나 해결한 적이 있는가?
문제의 구조를 변형하거나 조건을 바꿀 수 있는가?</td><td>교수·학습 목표확인 : 제시된 문제에 어떤 개념을 적용해야 하는지를 찾아내도록 안내</td><td rowspan="3">문제
해결
과정에
따른
과제
해결의
적절성
평가
병행</td></tr>
<tr><td>해결계획
수립 및
실행</td><td>주어진 문제와 적용할 개념을 매칭해 보기 : 문제의 핵심 조건과 필수 요소가 무엇인지 찾고, 순열, 조합의 개념과 연결</td><td>- 유추에 의한 문제의 본질을 파악할 수 있도록 안내
- 주어진 문제에서 본질적 요소를 찾고 그들의 관계를 파악하여 순열, 조합의 개념을 찾아내도록 지도</td></tr>
<tr><td>결과
도출 및
검증</td><td>해를 찾고 오류가 없는지 검증하기</td><td>검증과 반성이 원활하게 이루어지도록 발문 :
- 유사한 문제에 확장 적용할 수 있는가?
- 순열/원순열/조합문제를 만든다면 어떤 유형의 문제를 만들 수 있겠는가?</td></tr>
</table>

문제 해결 과정에서 추론이 적용되는 경우에는 문제를 이해하고 분석하는 단계에서 다양한 유형의 추론이 적용될 수 있다. 즉, 해결 계획을 실행, 검증하는 과정에서는 확률의 계산과 이해가 핵심이 되지만 문제를 이해하고 분석하여 어떤 방식의 해법을 적용할 것인지를 결정하는 과정에서는 주어진 문제의 내용과 함의를 찾아내야만 한다. <표 Ⅷ-4>는 그 과정을 정리한 것이다.

〈표 Ⅷ-4〉 조합 문제 해결에서 추론 적용 예시 [문항 출처 : 2012학년도 대수능 6월 모의평가]

	문제 및 풀이 과정	추론
문제	 그림과 같이 서로 접하고 크기가 같은 원 3개와 **이 세 원의 중심을 꼭짓점으로 하는 정삼각형**이 있다. 원의 **내부 또는 정삼각형의 내부에 만들어지는 7개의 영역**에 서로 다른 7가지 색을 모두 사용하여 칠하려고 한다. 한 영역에 한 가지 색만을 칠할 때, 색칠한 결과로 나올 수 있는 경우의 수는? (단, 회전하여 일치하는 것은 같은 것으로 본다.) [4점] ① 1260 ② 1680 ③ 2520 ④ 3760 ⑤ 5040	**3개의 원의 중심을 배열-정삼각형, 삼각형에 의해 분할되는 원의 내부 또는 정삼각형의 내부를 각각 배열**  정삼각형의 배열은 회전하여 일치하는 경우가 발생하므로 삼각형과 원이 겹치는 부분을 배열하는 것은 원순열의 성질을 적용할 수 있다. (유추)
풀이 과정	가운데 부분에 칠할 색을 택하는 경우의 수는 7 원과 삼각형이 겹쳐진 세 곳에 칠할 색을 택하는 경우의 수는 ${}_6C_3 = \frac{6\times5\times4}{3\times2\times1} = 20$. 3가지 색을 칠하는 경우의 수는 $(3-1)! = 2$, 바깥 원을 칠하는 경우의 수는 $3! = 6$, 따라서 구하는 경우의 수는 $7\times20\times2\times6 = 1680$ 이다.	이 부분의 배열이 결정되면 정삼각형의 외부와 원이 겹치는 부분의 배열은 순열의 성질을 적용할 수 있다. (유추)

학생들은 문제 해결에서 어떤 개념을 적용하여 풀 수 있는지를 판단해야 한다. 학습한 단원의 내용에 대한 확인 학습임을 감안한다면 학생들은 순열, 원순열, 조합의 개념 중 한 가지를 적용할 수 있는 문

제라고 예상하게 될 것이다. 이때, 문제를 해결하기 위한 적절한 방법을 찾기 위해서는 문제의 구조를 파악하고 이것이 어떤 개념과 대응되는지를 판단해야 하며, 이 과정에서 유추가 적용될 수 있다. 주어진 문제 상황에서는 원의 형태로 사물을 배열하는 것이 아니지만, 본질은 주어진 문제 상황에서의 색 배열이 처음과 끝이 연결되어 있으며 회전해도 달라지지 않는 구조라는 것이다. 따라서 주어진 문제 상황의 핵심 요소로부터 원순열의 구조를 유추해 내야 한다.

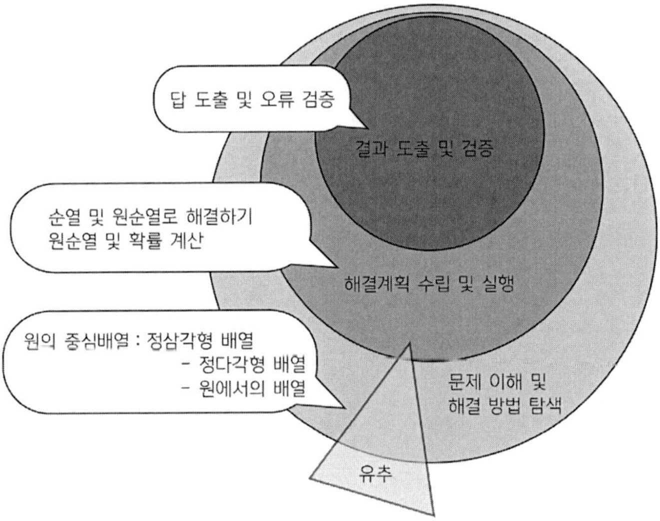

[그림 Ⅷ-16] 조합 문제 해결에서 추론을 적용한 수업 모델

[그림 Ⅷ-16]은 문제를 이해하고 분석하여 어떤 해결 방법을 적용해야 할 것인지를 탐색하는 과정에서 유추가 적용된 것을 보여주고 있다.

문제를 이해하고 해결 방법을 탐색하는 과정에서 유추가 집중적으로 적용되었다. 교사는 학생들이 문제를 이해하고 해석할 때, 반드시 이해하고 활용해야 할 단서가 무엇인지를 찾도록 안내해야 한다. 직접적으로 유추를 적용하여 문제를 이해하고 분석하라고 지시하거나 안내할 필요는 없으나, 문제 해결의 단서를 '이미 알고 있는 것은 무엇인가?', '비슷한 유형의 단서를 이용해 문제를 해결한 적이 있는가?', '비슷한 조건의 문제를 해결한 적이 있는가?' 등의 발문을 통해 학생들이 이미 알고 있는 지식과 비교하고 대응해 볼 수 있도록 유도할 필요가 있다.

2.4.2.2 논·서술형 문제 해결

연역적 증명 수행이나 개념 이해뿐만 아니라 이를 수학적으로 표현하고 의사소통하는 방법적 지식을 얻기 위한 교수·학습에서도 추론이 적용된다. 어떤 추론을 하고 주어진 조건으로부터 어떤 단서를 찾아내는지가 매우 중요하기 때문에, 학생들이 문제를 분석하고 이해하는 과정에 얻는 단서나 아이디어를 모두 기록하도록 안내하는 것이 필요하다. 이런 기록은 논리적인 추론을 통해 자신이 찾아낸 단서가 왜 타당한지 설명하는 데에 활용되며, 이를 근거로 문제 해결을 전개해 나가는 과정을 보여줄 수 있기 때문이다. 논·서술형 문제는 해결 과정과 결과뿐 아니라 왜 그러한 해결 과정이 적용되었는지에 대한 근거나 이유를 논리적으로 제시해야 한다. 따라서 논·서술형 문제를 통한 학생들의 논리적 서술 능력을 신장하기 위한 수업에서는 무엇을 생각했는지, 왜 그런 생각을 했는지, 그것이 타당한지를 기록하고 설명하도록 안내하고 지도해야 한다. <표 Ⅷ-5>는 논·서술형 문제 해결에 수학적 추론을 적용하도록 하는 수업을 설계한 것이다.

〈표 Ⅷ-5〉 논·서술형 문제 해결 수업 설계

교과목	확률과 통계
대상 학년(계열)	고등학교 3학년(자연계열)

<table>
<tr><td>수업 단원 및 주요 내용</td><td colspan="3">정적분
- 함수 및 그래프개형을 추론하고 해결과정 서술하기</td></tr>
<tr><td colspan="4">추론 적용 부분의 교수-학습 활동 계획</td></tr>
<tr><th>수업 과정</th><th>학생</th><th colspan="2">교사</th></tr>
<tr><td>문제 이해</td><td>해결할 문제 이해 : 주어진 조건이 의미하는 것이 무엇인가? 다양한 전략 활용 : 각 조건으로부터 어떤 정보를 얻을 수 있는가?

함수의 식, 그래프의 개형을 추론하기 위한 조건으로 변형할 수 있는가?</td><td>목표 확인 : 제시된 문제에 포함된 조건을 문제 해결의 단서로 활용하기 위해 해석하고 이해하기</td><td rowspan="3">문제 해결 과정에 따른 과제 해결의 적절성 평가 병행 문제 해결 과정에 따른 과제 해결의 적절성 평가 병행</td></tr>
<tr><td>해결계획 수립 및 실행</td><td>- 주어진 조건을 분석하여 함수의 식이나 그래프 개형을 찾아내기
- 찾아낸 식의 유형/그래프 개형의 타당성 검증(입증)
- 이로부터 적분할 수 있는 식을 도출하기

정적분 계산</td><td>주어진 조건을 더 세분화/통합해 보고 도출한 식을 검토하여 그것이 타당하다고 확인한 후에 적분할 수 있도록 안내</td></tr>
<tr><td>결과도출 및 검증</td><td>해를 찾고 오류가 없는지 검증하기</td><td>검증과 반성이 원활하게 이루어지도록 발문 : 주어진 조건을 옳게 분석하였는가? 도출한 식이 옳은가? 정적분의 계산이 옳게 되었는가?</td></tr>
</table>

[그림 Ⅷ-17]은 <표 Ⅷ-5>와 같이 학생들의 수학적 문제 해결 과정의 논·서술형 문제 해결을 위한 수업에서 수학적 추론을 적용할 뿐만 아니라 의사소통하는 데 적용할 수 있는 문제이다.

3학년 반 이름 :

실수 전체의 집합에서 미분가능한 함수 $f(x)$가 다음 조건을 만족시킨다.

(가) 모든 실수 x에 대하여 $1 \le f'(x) \le 3$이다.
(나) 모든 정수 n에 대하여 함수 $y=f(x)$의 그래프는 점 $(4n, 8n)$, 점 $(4n+1, 8n+2)$, 점 $(4n+2, 8n+5)$, 점 $(4n+3, 8n+7)$을 모두 지난다.
(다) 모든 정수 k에 대하여 닫힌 구간 $[2k, 2k+1]$에서 함수 $y=f(x)$의 그래프는 각각 이차함수의 그래프의 일부이다.

$\int_{3}^{6} f(x)dx = a$라 할 때, $6a$의 값을 구하시오. [4점]

[그림 Ⅷ-17] 논·서술형 문제의 답안작성 연습 문제 예시
(문항 출처 : 2015학년도 대수능 6월 모의평가)

교사는 학생들에게 소리 내어 생각하기를 권하고 추론 과정이나 문제 해결의 아이디어를 기록하고 정리해 보도록 하였다. 문제를 해결하는 과정에서 어떤 추론을 하고 또 어떤 해결 전략을 활용하였는지를 드러내고 이를 다시 논리적으로 전개하여 설명하거나 논증할 수 있는 능력을 신장시키고자 할 때, 학생들이 추론 과정을 되도록 모두 기록하고 정리하고 다듬어보게 함으로써 추론 능력의 신장을 꾀할 수 있기 때문이다.

문제 해결에서 문제에 주어진 조건을 분석하는 과정은 추론의 첫 단계이다. 학생들은 [그림 Ⅷ-18]과 같이 해당 문제를 어떻게 이해하고 분석하였는지를 모두 기록하였다. 각 조건이 의미하는 것을 정리하고 기록하면서 문제 해결의 단서를 찾아가는 것이다. 도함수의 치역으로부터 원함수의 접선의 기울기 값의 범위를 구하고, 함수가 지나는 점의 좌표를 구체화하는 것은 주어진 정적분 범위에서 활용가능한 점의 좌표를 선별할 수 있게 해 준다. 또한 부분적으로 주어진 함수의 유형이나 조건이 제시되지 않은 구간에서 함수의 유형을 역으로 추측할 수 있는 조건으로 활용할 수 있다.

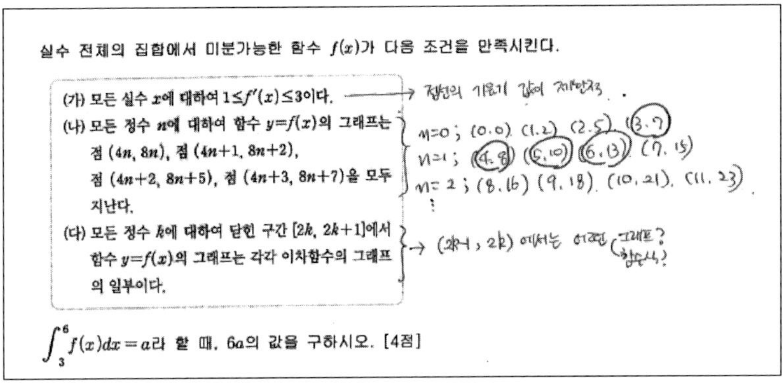

실수 전체의 집합에서 미분가능한 함수 $f(x)$가 다음 조건을 만족시킨다.

(가) 모든 실수 x에 대하여 $1 \le f'(x) \le 3$이다.
(나) 모든 정수 n에 대하여 함수 $y=f(x)$의 그래프는 점 $(4n, 8n)$, 점 $(4n+1, 8n+2)$, 점 $(4n+2, 8n+5)$, 점 $(4n+3, 8n+7)$을 모두 지난다.
(다) 모든 정수 k에 대하여 닫힌 구간 $[2k, 2k+1]$에서 함수 $y=f(x)$의 그래프는 각각 이차함수의 그래프의 일부이다.

$\int_3^6 f(x)dx = a$라 할 때, $6a$의 값을 구하시오. [4점]

[그림 Ⅷ-18] 문제에서 주어진 조건 해석하기– 추론의 첫 단계

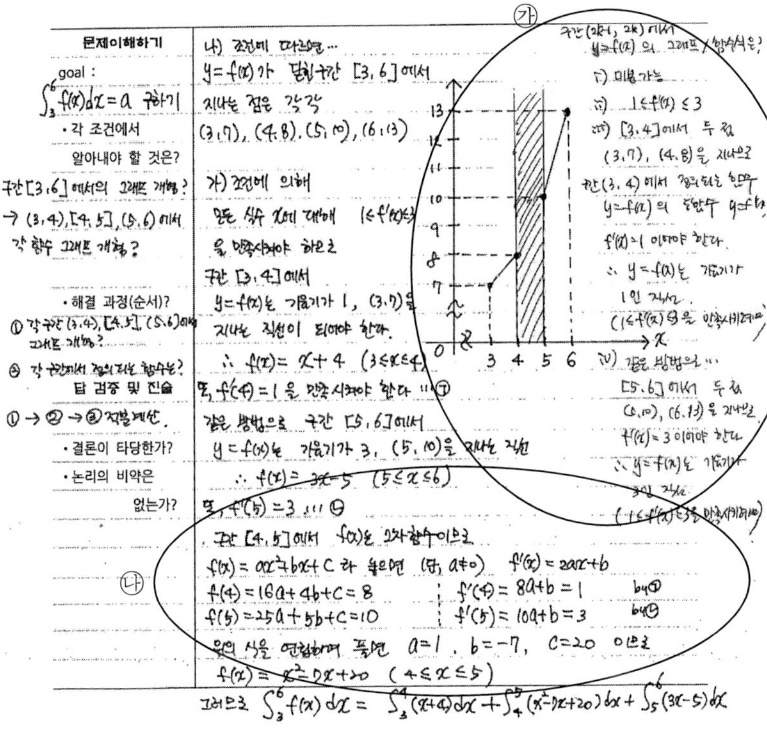

[그림 Ⅷ-19] 문제 해결 과정에 필요한 추론을 기록(㉮)하고 서술된 답안을 검토하기(㉯)

주어진 조건을 문제 해결에 직접 활용할 수 있는 단서로 해석한 후에는 [그림 Ⅷ-19]와 같이 문제 해결을 위한 직접적인 식이나 그래프 개형을 도출하기 위한 아이디어를 적고, 그것이 왜 그런지, 타당한 것인지를 검증할 수 있도록 하였다.

[그림 Ⅷ-19]의 ㉮는 학생들이 문제를 해결하는 과정에서 적분할 함수를 추측하는 아이디어와 방법, 그 타당성 등을 기록한 부분이다. 답안을 서술하기 전에 다양한 시도와 시행착오를 거치는 부분을 기록하도록 함으로써 자신의 추론을 모니터링하고 논리적인 답안을 전개할 수 있도록 한 것이다. 학생들은 이와 같은 기록을 하는 과정에서 적분할 함수를 구체화하며 그 함수가 옳게 도출된 것인지 타당성을 검증한다.

[그림 Ⅷ-19]의 ㉯는 문제를 해결하고 그 과정을 서술한 후 검토 및 반성의 단계에서 정리한 부분을 표시한 것이다. 이 사례에서는 학생들이 관습적으로 이차함수의 식의 유형을 $f(x)=ax^2+bx+c$ (단, $a\neq 0$)이라 놓은 것이 답을 구하는 데에 오류를 만들게 된다. 문제에 제시된 미지수 a와 이차함수 식 $f(x)=ax^2+bx+c$에서 사용한 계수를 같은 문자 a로 중복하여 사용한 것을 발견하고 검토할 수 있는지를 살펴보아야 한다. 선택형이나 단답형과 같은 객관형 문항에서 답을 구하는 경우에는 그 과정이 감춰지기 때문에 드러나지 않지만 논·서술형 문항에서는 해결 과정의 타당성, 표현의 정확성, 오류와 오기의 검증이 반드시 이루어져야 하므로 자신의 서술된 과정을 다시 한 번 검토하고 정교화시키는 과정이 필요하다.

이 절에서 제시한 문제에서 적용된 추론을 정리하면 [그림 Ⅷ-20]과 같다.

[그림 Ⅷ-19]의 문제 해결 과정에서 보여주는 바와 같이, 해결 계획을 수립하고 실행하는 단계는 물론이고 답안 작성의 전반적인 과정까

지 수학적 추론이 유용하게 적용되고 있다. 이 문제에서는 주어진 조건을 분석하여 문제 해결에 활용 가능한 단서로 해석하는 과정, 구간별 함수의 유형이나 그래프의 개형을 추측하고 그것의 타당성을 정당화하는 과정, 이로부터 함수식을 도출해 내는 과정에 수학적 추론이 적용되었다. 특히 적분할 함수를 구체화하는 과정에서 주어진 조건을 분석하여 함수식을 도출하는 데에 추론이 핵심적인 역할을 수행했다고 할 수 있다. 함수식을 추측하는 것에서 그치는 것이 아니라 어떻게 그러한 식을 추정하였으며 그것이 왜 타당한가를 설명하도록 했기 때문이다.

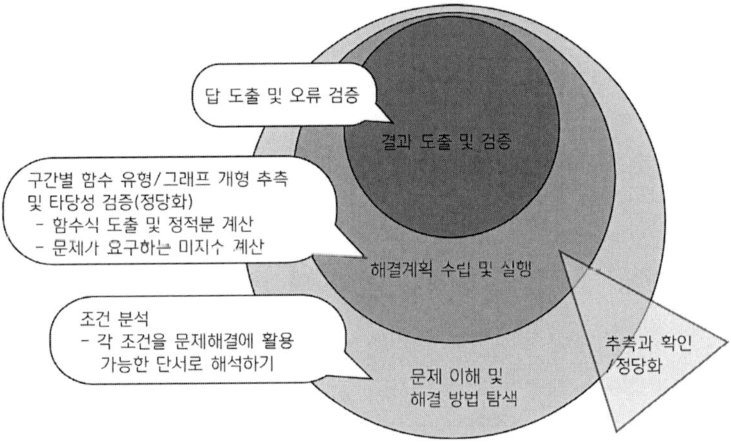

[그림 Ⅷ-20] 정적분 단원 논·서술형 문제에서 추론을 적용하는 수업 모델

지금까지 살펴본 바와 같이 학교수학에서의 추론은 두 가지 측면에서 활용될 수 있다. 수학적 추론이 단독으로 수업의 목표가 되기도 하고, 수업 목표달성을 위한 과정에서 도구적으로 활용되기도 한다. 전자의 경우는 학생이 추론에 대한 방법적 지식이나 목적 의식을 분명히 가지고 있어야 하며 후자의 경우에는 학습 과정에서 자연스럽게

추론을 적용하게 된다. 따라서 학교수학에서의 추론 교육은 학습자가 수학적 사고 능력으로서의 추론은 물론이고 추론의 방법적 지식까지도 익히고 활용할 수 있도록 이루어져야 할 것이다.

3 수학적 추론의 평가

이 절에서는 수학적 추론의 평가에서 무엇을 어떻게 평가할 것인가에 대해 논의해 보고자 한다. 먼저 수학적 추론을 평가할 때 지향해야 하는 방향을 언급하고자 학교수학에서 수학적 추론 평가의 목적과 원리를 살펴본다.

3.1 수학적 추론 평가의 목적

최근 학교교육에서 수학 평가는 학생들의 성취 정도를 파악하여 학생들 간에 서열을 매기고 선발을 하는 대신 학생들의 성취 정도를 파악하고 이를 학생들에게 피드백하여 수학 학습을 돕는 방향으로 나아가고 있다. 2015 개정 수학과 교육과정에서도 평가 원칙에 "수학과의 평가는 학생의 인지적 영역과 정의적 영역에 대한 유용한 정보를 수집·활용하여 학생의 수학 학습과 전인적 성장을 돕고 교사의 수업 방법을 개선하는 것을 목적으로 한다."와 "평가 결과는 학생, 학부모, 교사 등에게 환류 하여 학생의 수학 학습 개선을 도울 수 있게 한다."(교육부, 2015, pp.40-41)는 내용을 명시하여 학생의 학습을 돕는 평가로 평가 목적이 변화되었음을 나타내고 있다.

수학적 추론을 평가하는 목적 또한 학생들의 학습을 돕는 것이며, 교사와 학생이 학습을 돕기 위한 정보를 얻기 위해 수학적 추론을 평가해야 한다. 과정 중심 평가로서 평가가 이루어진다면 학생들의 추론을 면밀히 관찰하고 점검하여 학생에게 의미있는 피드백이 주어질 수 있어야 한다. 또한 교사가 학생들의 추론 내용과 과정을 살펴 수업을 개선하기 위해서도 활용되어야 한다.

3.2 수학적 추론 평가의 원리

평가의 목적에 따라 수학적 추론을 평가할 때 기본적인 원칙으로 작용할 수 있는 원리를 생각해보고자 한다. 즉 수학적 추론 교육의 목표를 달성하기 위해 기초가 되는 권고사항을 말하려는 것이다. 이를 살펴보면 다음과 같다.

첫째, 단순한 지식과 기능을 평가하는 것이 아니라 복잡한 인지 능력을 평가해야 한다. 수학 개념을 알고 적용할 수 있는가에서 수학적 추론이 활용될 수는 있지만 이는 수학적 추론보다 학생의 기억력을 평가하는 것이 될 수 있다. 따라서 답이 바로 나오는 문제보다는 여러 단계를 거치고 주어진 정보를 선별할 수 있는 평가도구를 활용하는 것이 적절하다. 그리고 연역에만 국한된 평가가 되지 않도록 열린 문제를 활용하여 다양한 추론 능력을 평가해야 한다(이명화·김선희, 2016).

둘째, 수학적 추론 자체만을 평가할 필요는 없다. 즉 수학적 추론을 평가할 때 다른 교과역량을 함께 평가하는 것이 가능하며 이것이 바람직하다. 예를 들어, 학생이 자신의 추론을 얼마나 이해하기 쉽고 설득력 있게 표현하는가에 대해 의사소통 능력이 함께 평가될 수 있다. 학생이 근거를 왜 어떻게 찾았으며 결론을 어떻게 도출했는지에 대해 추론의 전 과정을 보여주는 것이 평가에서 자연스럽고 적절하므로, 여러 역량을 함께 평가하는 것이 학습의 방향을 이끌고 의미 있는 피드백을 제공하기에 더 적합할 것이다.

셋째, 수학적 추론의 결과가 아닌 과정을 평가한다. 수학교육에서 학생들의 사고력을 강조하고 그 일환으로 추론을 평가한다면, 문제해결의 과정보다 결과가 중시되는 평가는 바람직하지 않을 수 있다. 오류가 있더라도 그것을 살펴볼 수 있고 수정할 수 있도록 추론 과정을 기록하게 하고 그 내용을 평가하는 것이 바람직하다.

넷째, 학생 개인뿐 아니라 모둠 속의 개인, 모둠 단위의 추론을 평가하는 것도 가능하다. 협력적 문제해결 상황에서 자신의 추론을 표현하고 그에 대해 모둠 내 다른 학생이 추론을 이어가는 속에서 학생들의 추론은 활발해질 수 있다. 이때 모둠 전체의 토론 속에 등장한 추론 과정과 결과를 평가할 수도 있고 모둠 내에서 학생 개인의 추론도 평가할 수 있다.

다섯째, 수학적 추론 평가의 목적을 살릴 수 있도록 평가 결과를 학생이나 학부모에게 적절하게 피드백할 수 있어야 한다. 추론의 평가 요소가 학생이나 학부모에게 이해되기에 적절하지 않을 수 있으므로, 교사는 이를 해설하여 제공할 필요가 있다. 또한 평가 결과를 학생의 추론 능력을 향상시키기 위한 교수·학습 방법에 적용할 수 있어야 한다. 이때 피드백은 양적인 점수 또는 질적인 코멘트 모두가 활용될 수 있다.

여섯째, 수학적 추론에 대한 평가 방법을 다양하게 한다. 학생들의 수학적 추론은 지필 평가의 서술형 문항뿐 아니라 논술 문항, 수업 상황에서 교사의 관찰, 문제 해결 과정에 대한 면담, 수업 중 발표 내용을 통한 구술 평가, 수행된 과정 속에 적용된 추론에 대한 프로젝트 평가 등 다양한 방법으로 평가될 수 있다. 다양한 평가 방법은 학생들의 능력을 다양한 측면에서 평가할 수 있는데, 수학적 추론 또한 다양한 평가 방법으로 평가할 때 학생들의 추론 능력에 대한 다양한 정보를 얻을 수 있다.

3.3 수학적 추론 평가 요소

이 절에서는 수학적 추론을 평가할 때 무엇을 평가해야 하는지 평가 요소를 살펴본다. 본서는 수학적 추론을 수학적 활동의 목적 하에서 체계적인 틀을 가지고 근거를 찾거나 결론을 도출하는 사고로 정의하였다. Ⅱ장에서 VII장까지 다양한 추론 유형을 살펴보았으나 각각의 유형을 평가하기보다 수학적 활동에 따라 평가 요소를 추출하고 그것이 어떤 유형에 해당하는지 확인하는 것이 수학교육적 의도를 살린 설명이 될 것으로 보고, 지금까지 논의된 바를 바탕으로 수학적 추론 평가 요소를 <표 Ⅷ-6>과 같이 정리하였다.

〈표 Ⅷ-6〉 수학적 추론 평가 요소

수학적 활동		평가 요소	추론 유형
추측하기	새로운 사실의 발견	(교사가 설명하지 않았거나 알려지지 않은) 새로운 사실을 추측했는가?	가추
		문제를 해결할 수 있는 아이디어를 찾았는가?	가추
		유사한 사례를 찾아 그에 빗대어 새로운 사실을 발견하였는가?	유추
		시각적 표현에서 수학적 관계를 포착했는가?	시각적 추론
	공통점·규칙성 발견	여러 사례의 공통점이나 규칙성을 찾았는가?	가추
		알고 있는 것으로부터 넓은 범위로 확장하려 했는가?	귀납
	특수화	문제의 특수한 경우를 생각했는가?	귀납
		어떤 집합의 성질이 그 원소에도 해당된다는 것을 알아냈는가?	귀납
	공간 탐구	2, 3차원의 공간에서 대칭, 회전 등을 상상하여 생각해냈는가?	시각적 추론

수학적 활동		평가 요소	추론 유형
왜 그런지 탐구하기	관찰·실험	목표에 적합한 관찰 대상을 선정하였는가?	연역
	시각화	주어진 정보와 그 관계를 그림으로 나타내었는가?	시각적 추론
	검증	문제의 답이나 방법이 가장 좋은지 돌아보았는가?	귀납
	개념 이해	이미 알고 있는 지식을 바탕으로 새로운 개념이나 관계의 이해를 보여주었는가?	연역/귀납/가추
	평가	알고 있는 지식에 비추어 참과 거짓을 판단하였는가?	연역
정당화하기	경험적 정당화	구체적인 예를 통해 결과가 왜 참인지 보였는가?	귀납
	반박	반례를 보였는가?	귀납/연역
	증명하기	증명 구조에 적합한 형식으로 추론하였는가?	연역
		전제로부터 결론에 이르는 절차가 논리적인 오류가 없는가?	연역

<표 Ⅷ-6>에서 근거를 찾는 것은 '왜 그런지 탐구하기', 결론을 도출하는 것은 '추측하기'와 '정당화하기'로 해석되었다. 이러한 수학적 활동은 더 구체적으로 살펴볼 수 있다. 추측하기는 새로운 사실의 발견, 공통점·규칙성의 발견, 특수화, 공간 탐구로, 왜 그런지 탐구하기는 관찰·실험, 시각화, 검증, 개념 이해, 평가로, 정당화하기는 경험적 정당화, 반박, 증명하기로 구체화할 수 있었다. 이러한 각각의 활동에 활용되는 수학적 추론의 평가 요소를 <표 Ⅷ-6>에 제시하였다. 각각의 평가 요소는 수학적 활동에 따라 지정된 것은 아니며 다른 수학적 활동에서도 활용될 수 있다. 예를 들어, 특수화는 추측하기의 활동에서 활용될 수 있지만 왜 그런지 탐구하는 활동에서도 쓰일 수 있다.

3.4 수학적 추론 평가 예시

이 절에서는 수학적 추론 평가의 예시를 제안해본다. 수학적 추론 자체만을 염두에 둔 지필 평가 문항에서부터, 수업과 연동되는 진행되는 과정 중심 평가에서 수학적 추론을 평가하는 방법을 살펴본다.

먼저, 수학적 추론의 평가 요소 하나만을 구체적으로 평가한다면 지필평가가 적합할 수 있다. 예를 들어, 추측하기 활동은 구체적으로 새로운 사실의 발견, 공통점·규칙성의 발견, 특수화, 공간 탐구 등의 활동을 말하는데, 이때 추측하기 활동의 추론을 직접적으로 평가하는 예시로 [그림 Ⅷ-21]을 볼 수 있다.

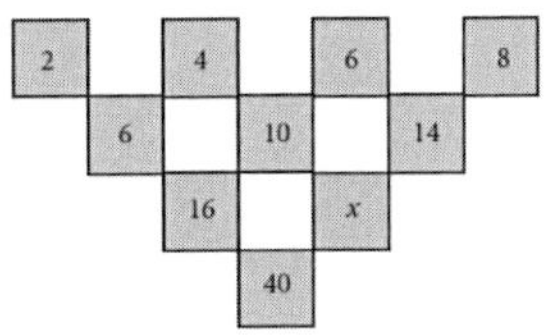

위의 규칙에 따라 x의 값을 구하시오.

답: ______________

평가 요소	여러 사례의 공통점이나 규칙성을 찾았는가?
평가 방법	지필평가 (단답형 문항)

[그림 Ⅷ-21] 수학적 추론의 평가 문항 예시 (김수진·박지현, 2013)

이 문항은 TIMSS 2007과 TIMSS 2011에서 8학년 학생들을 대상으로 출제된 것으로, 그림에 제시된 수의 규칙을 찾아 x의 값을 구하는 것이다. 윗줄의 이웃한 두 수를 더하여 아랫줄의 가운데 칸이 완성되는 규칙을 찾는다면 학생들은 x의 값으로 24를 쉽게 추론해낼 수 있다.

하지만 [그림 Ⅷ-21]과 같이 문제의 답을 찾기 위해 공통점·규칙성을 발견하는 것은 수학 학습에서 자연스러운 상황은 아니다. 따라서 좀 더 비구조화된 평가가 실시될 수 있을 것이다. 여기서는 이를 고등학교 1학년 수학 수업에서 다루는 '도형의 이동'을 주제로 살펴보려 한다. 수학 수업에서 학생들에게 과제가 주어지고 이 과제를 해결하는 모습의 관찰과 학생들의 활동 결과를 토대로 수학적 추론을 평가해 보고자 한다.

먼저 학생들에게 제시된 과제는 [그림 Ⅷ-22]와 같다.

1. 이차함수 $y=x^2$의 그래프를 기하 소프트웨어를 활용하여 그리고, 소프트웨어의 "이동"도구를 활용하여 이 그래프를 x축의 방향으로 1만큼, y축의 방향으로 2만큼 평행이동한 도형의 방정식을 찾으시오.

2. 평행이동한 도형의 그래프를 관찰하여, 다음의 문장을 완성하시오.

포물선 $y=x^2$ 위의 임의의 점 (p, q)는 포물선 (　　　　) 위의 점 (　　　　)으로 평행이동한다.

3. 기하 소프트웨어를 활용하여 $y=x^2$의 그래프를 x축의 방향과 y축의 방향으로 평행이동한 그래프를 여러 개 그려보고, 평행이동에 따라 도형의 방정식이 어떻게 정해지는지 말해 보시오.

4. 3에서 알아낸 결과가 옳은지 1과 2의 답으로 확인해 보시오.

5. 다음의 문장을 완성하시오.

도형 $f(x, y)=0$ 위의 임의의 점 (　　　　　　)는 도형 (　　　　　　) 위의 점 (p, q)으로 평행이동한다.

[그림 Ⅷ-22] 도형의 이동에 대한 활동 과제

위의 내용으로 수업을 진행할 때 학생들은 1~5에 해당하는 과제를 수행하면서 수학적 추론을 해야 한다. 이들 과제에는 <표 VIII-6>으로부터 추출할 수 있는 평가 요소가 <표 VIII-7>과 같이 의도되어 있다.

〈표 VIII-7〉 도형의 이동 과제에서 수학적 추론을 평가할 수 있는 요소

과제	평가 요소
2	목표에 적합한 관찰 대상을 선정하였는가? 이미 알고 있는 지식을 바탕으로 새로운 개념이나 관계의 이해를 보여주었는가?
3	새로운 사실을 추측했는가? 알고 있는 것으로부터 넓은 범위로 확장하려 했는가? 이미 알고 있는 지식을 바탕으로 새로운 개념이나 관계의 이해를 보여주었는가?
4	문제의 답이나 방법이 가장 좋은지 돌아보았는가? 알고 있는 지식에 비추어 참과 거짓을 판단하였는가?
5	이미 알고 있는 지식을 바탕으로 새로운 개념이나 관계의 이해를 보여주었는가?

위와 같은 평가 요소를 참고할 때 [그림 VIII-22]는 수학적 추론의 다양한 요소를 평가할 수 있는 과제이다. 그렇다면 이러한 평가 요소를 어떠한 방법으로 평가할 수 있는지 알아보자.

가장 단순하게는 학생이 각 과제별로 작성한 답안을 참조할 수 있다. <표 VIII-7>의 평가 요소가 나타났는지에 대해 예시 답안을 작성하고, 부분점수 체계를 만들어볼 수도 있을 것이다. 예를 들어, 3번 과제에 대한 채점 기준은 <표 VIII-8>과 같이 개발할 수 있다. 이것은 평가 요소별로 분석적 채점 방법으로 제작한 것이다.

<표 VIII-8>에서는 세 가지 평가 요소에 대해 학생들이 학습 과제에서 구체적으로 보여줄 수 있는 것을 채점 기준에 명시하였다. 각각에

대해 배점을 2점씩 하였지만 채점 기준의 내용을 시도했으나 그 결과를 제대로 나타내지 못한 학생들의 답안에는 1점을 부여할 수도 있을 것이다. 채점기준의 내용과 배점은 상황에 따라 교사가 융통성 있게 수정 가능하다.

〈표 Ⅷ-8〉 도형의 이동 과제 3의 채점 기준

평가 요소	채점 기준	배점
새로운 사실을 추측했는가?	x축 방향으로 a만큼 평행이동한 그래프일 때 방정식에 x 대신 $x-a$를 대입해야 함을 알아냄	2
	y축 방향으로 b만큼 평행이동한 그래프일 때 방정식에 y 대신 $y-b$를 대입해야 함을 알아냄	2
	위의 내용 외에 새롭고 옳은 사실을 알아냄	2
알고 있는 것으로부터 넓은 범위로 확장하려 했는가?	낱낱의 사례로 설명하지 않고 일반화하여 설명함	2
이미 알고 있는 지식을 바탕으로 새로운 개념이나 관계의 이해를 보여주었는가?	점의 이동과 비교하여 도형의 이동을 설명함	2

[그림 Ⅷ-22]의 활동에서 학생들의 수학적 추론을 다른 평가 방법으로도 평가할 수 있다. 예를 들어 관찰평가를 실시한다면, 평가 요소를 구체화하여 학생들의 행동이 나타났는지를 확인해볼 수 있을 것이다. 그리고 그 관찰 평가 결과를 기록하고 누적하여 학생들의 추론 능력에 대한 정보를 수집하고 성장을 참고해 볼 수 있을 것이다. <표 Ⅷ-9>는 [그림 Ⅷ-22]에서 4번 과제를 해결하는 동안 학생들이 보인 관찰 평가 결과를 기록한 것이다.

스스로 알아낸 사실의 검증과 평가를 하는 과제 4번의 '왜 그런지 탐구하기' 활동에서 학생들의 모습을 관찰해낸 것이다. '우수'와 '보통'에 대한 판단은 관찰 평가 이전에 교사가 미리 기준으로 설정해놓고 수업 중 관찰한 결과를 바탕으로 표기한다. 4번 과제의 경우 학생이 1번과 2번에서 옳은 답을 했을 때 옳은 판단을 할 수 있지만, 1번과 2번에서 잘못된 판단을 하였더라도 4번 과제를 수행하면서 1, 2번의 답안을 수정할 수 있다. 이러한 학생의 추론 활동을 교사가 관찰했다면, '문제의 답이 옳은지 살펴보았는가?'의 항목에 대해서는 학생이 4번 답과 1, 2번의 답이 일치하지 않는 사례를 관찰하였을 때 수정하는 활동을 보고 '우수'라고 기록할 수 있을 것이다. 그리고 1, 2번의 답이 어떠하든 학생이 그것을 바탕으로 4번의 답에 대한 참/거짓 판단을 잘 하고 있는 모습이 보였다면 '알고 있는 지식에 비추어 참/거짓을 판단 하였는가'에 대한 항목에 대해 '우수'라고 기록할 수 있을 것이다.

〈표 VIII-9〉 도형의 이동 과제 4에서 수학적 추론의 관찰 평가 기록

학생 이름	문제의 답이 옳은지 살펴보았는가?	알고 있는 지식에 비추어 참/거짓을 판단하였는가?
김○○	우수	우수
이○○	보통	우수
박○○	보통	보통

한편 [그림 VIII-22]의 사례로 추측하기와 왜 그런지 탐구하기 활동을 살펴보았는데, 학생의 활동을 '정당화하기'까지 확대할 수도 있다. 현재 교육과정 수준에서는 학생들에게 이 내용에 대한 연역적 정당화를 요구하지 않고 과제 4번이 경험적 정당화를 요구하는 것으로 해석할 수 있겠지만, [그림 VIII-23]의 교과서처럼 학생들이 연역적 정당화를 할 수 있는지 평가하고자 한다면 평가 과제를 [그림 VIII-24]와 같이 제안할 수 있을 것이다.

오른쪽 그림과 같이 도형 F 위의 점 $\mathrm{P}(x,\ y)$를 x축의 방향으로 a만큼, y축의 방향으로 b만큼 평행이동한 점을 $\mathrm{P}'(x',\ y')$이라고 하면

$$x' = x + a,\ y' = y + b$$

이므로

$$x = x' - a,\ y = y' - b$$

이다. 이것을 $f(x,\ y) = 0$에 대입하면

$$f(x' - a,\ y' - b) = 0$$

이다.

따라서 점 $\mathrm{P}'(x',\ y')$은 방정식

$$f(x - a,\ y - b) = 0$$

이 나타내는 도형 위의 점이므로 이 방정식이 도형 F'의 방정식이다.

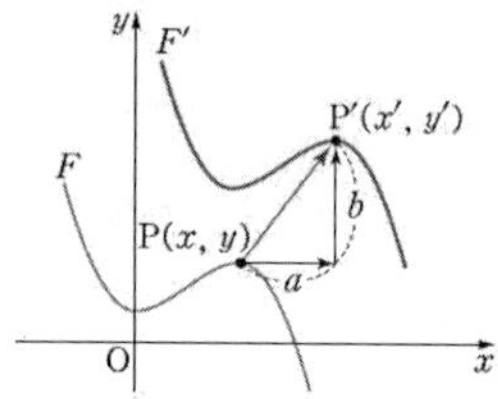

[그림 Ⅷ-23] 교과서에서 설명되는 도형의 이동 (황선욱 외, 2014, p.160)

방정식 $f(x,\ y) = 0$이 나타내는 도형 F를 x축의 방향으로 a만큼, y축의 방향으로 b만큼 평행이동한 도형 F'의 방정식을 구하고, 그 과정을 설명하시오.

[그림 Ⅷ-24] 도형의 이동에 대한 정당화하기 과제

정당화하기 과제는 지필 평가, 구술 평가로 가능할 것이다. 만약 이를 구술 평가로 시행했다면 채점 기준은 <표 Ⅷ-10>과 같이 작성 가능하다. 이번에는 총체적 채점 방법을 이용하여 채점 기준을 작성한 예시를 제시해본다.

〈표 Ⅷ-10〉 도형의 이동 정당화하기 과제의 구술 평가 채점 기준

평가 요소	채점 기준	배점
전제로부터 결론에 이르는 절차가 논리적인 오류가 없는가?	도형 위의 점을 평행이동한 것으로부터 방정식의 이동을 논리적으로 설명하고 비약이 없어 이해하기 쉽게 설명함	3
	대체로 설명은 옳으나 설명 없이 절차를 언급한 경우가 있음	2
	핵심적인 개념이 등장하고 결과가 옳지만 설명을 이해하기 어려움	1
	결과만 말함	0

3.5 수학적 추론 평가의 유의점

이 절에서는 수학적 추론 평가에서 무엇을 어떻게 평가할지에 대해 고찰해보았다. 평가는 이론이 아니라 실행이기 때문에 상황에 따라 융통성이 요구되지만, 앞서 언급한 평가의 목적, 원리를 지키는 것은 반드시 필요한 일이다. 수학적 추론의 평가가 평가의 목적에 부합하기 위해서는 수학 교실에서 [그림 Ⅷ-21]보다 [그림 Ⅷ-22]가 더 좋은 과제라 할 수 있다. 이에 따라 이 절에서는 수학적 추론 평가를 진행하는 교사들에게 몇 가지 유의점을 제안하려 한다.

첫째, 수학적 추론을 평가하려 한다면 평가 도구 즉, 평가 과제나 문항이 수학적 추론에 대한 것인지 분명히 해야 한다. 수학적 추론에 대한 정의, 의미, 평가 요소에 대한 깊이 있는 이해가 있을 때 평가 도구가 수학적 추론을 평가하기에 적절한지 판단하고 수정해나갈 수 있다.

둘째, <표 Ⅷ-6>의 수학적 추론의 평가 요소에서는 "문제의 답이나 방법이 가장 좋은지 돌아보았는가?"와 같은 것이 있으나 이것은 학생의 자발적인 활동으로 평가하는 것이 바람직하다. [그림 Ⅷ-22]의 4번과 같이 교사의 발문이나 과제에 의해 학생이 알아보도록 하기보다는, 학생 스스로 추론하는 태도를 갖고 접근하는 것이 바람직한 것이다. 본서에서는 평가 도구의 예시를 보여주고자 4번을 [그림 Ⅷ-22]에 포함시켰으나 수업 중 이루어지는 평가라면 학생의 자발적인 의지나 태도를 관찰하여 평가하는 것이 더 바람직했을 것이다.

셋째, 수학적 추론을 평가하려 할 때 학생들의 무응답은 아무런 정보를 제공해주지 못한다. 평가를 통해 학생들이 추론 활동에 머무르며 교사가 의도한 평가 요소를 보여주기 원한다면, 평가 과제의 수준이나 과제에 답할 내용이 학생들 수준에서 응답하기 편해야 한다. 즉 학생들의 수준을 고려한 평가 과제가 주어져야 한다.

4 요약

이 장에서는 앞서의 논의를 바탕으로 수학적 추론의 교육에 대해 논하였다. Ⅱ장에서 Ⅶ장까지 추론의 유형별로 특징과 과정, 학교수학에 적용된 예를 살펴보았지만, 수학적 추론 교육이 과연 어떠해야 하는지에 대한 내용을 Ⅷ장에서 종합적으로 다룬 것이다. 수학적 추론 교육의 방향, 수학적 추론의 교수·학습, 평가에 대한 내용을 논의하였다.

능동적인 지식의 구성자인 학생이 스스로 독립적 탐구의 기회를 놓치지 않도록 하는 것을 강조하는 관점에서 추론 교육이 실시되어야 한다는 기본 가정 하에, 수학적 추론 교육의 방향은 크게 두 가지로 설정하였다. 첫째는 수학적 추론 자체의 교육으로서 수학적 내용 지식 자체의 학습보다 수학을 학습하는 방법에 핵심을 둔 것이고, 두 번째는 추론을 통해 수학 지식의 이해, 문제해결 등의 교육이다. 이러한 방향에서 학생들이 도달해야 하는 교육 목표를 다음과 같이 설정하였다.

- 추론을 통해 학생들은 수학적 사실을 발견할 수 있어야 한다.
- 추론을 통해 학생들은 어떤 주장이나 진술의 내용이 왜 그러한지 근거를 찾고 설명할 수 있어야 한다.
- 추론을 통해 학생들은 합리적인 결론을 도출할 수 있어야 한다. 여기서 결론은 수학의 개념, 원리, 법칙이나 문제 해결이 해당된다.

이에 따라 수학 교수·학습 방법에서 추론을 유도하는 과제는 어떤 것인지, 교사가 어떤 발문을 하는 것이 좋을지, 수학 수업 환경은 어떻게 조성하면 좋을지 생각해 보았다. 또한 일반적인 교수·학습 방향과 더불어 수학적 추론 교수·학습의 구체적인 예시로, 일반화와 증명으로 수학적 추론 자체를 교육하는 수업 예시 2가지와 문제해결 도구로 추론을 활용하는 수업 예시 2가지를 제안하였다. 특히 수학적 추론 교육의 두 가지 방향에 따라 수업 모델도 함께 제시하였다.

수학적 추론의 평가는 평가의 목적, 평가의 원리, 평가 요소, 예시를 구체적인 내용으로 제시하였다. 수학적 추론을 평가하는 목적을 학생들의 학습을 돕는 것이며 교사가 학생들의 추론 내용과 과정을 살펴 수업을 개선하기 위해 활용되어야 한다는 것으로 보고, 이에 따라 평가의 원리와 요소를 제안하였다. 평가의 목적, 원리, 요소에 부합하는 구체적인 평가 예시를 수학적 추론 자체를 평가하는 지필 평가 문항부터 수업과 연동되어 진행되는 과정 중심 평가까지 수학적 추론을 평가하는 방법을 살펴보았다.

참고문헌

교육부(2015). 수학과 교육과정. 교육부고시 제 2015-74호 [별책 8].

교육부·대전시교육청(2016). 2015 개정 교육과정 교수·학습자료 고등학교 수학.

김수진·박지현(2013). TIMSS 2011 공개문항 분석 자료집 : 수학. 한국교육과정평가원 ORM 2013-48-1.

류희찬 외(2014). 고등학교 기하와 벡터. 서울 : 천재교과서.

우정호(2000). 수학 학습-지도 원리와 방법. 서울 : 서울대학교출판문화원.

이명화·김선희(2017). 개방형 문제와 선택형 문제 해결에 나타난 학생의 추론 비교. 학교수학 19(1), 153-170.

한국교육과정평가원(2011). 2012학년도 대학수학능력시험 6월 모의평가.

한국교육과정평가원(2014). 2015학년도 대학수학능력시험 6월 모의평가.

황선욱 외(2014). 고등학교 수학 I . 서울 : 좋은책신사고.

Mason, J., & Johnston-Wilder, S. (2015). 수학 과제의 설계와 활용. 권오남. 박정숙, 박지현, 오혜미, 이지연, 조형미, 오국환, 김은지, 조미혜, 김영기, 김유정 공역. 서울 : 경문사. (원서출판, 2006)

NCTM(2000). Principles and evaluation standards for school mathematics. Reston, VA : Author.

Schwarz, B., & Kaiser, G. (2009). Professional competence of future mathematics teachers on argumentation and proof and how to evaluate it (Vol. 2, pp. 190-195), in F. L. Lin, F. J. Hsieh, G. Hanna, & M. de villiers (Eds.), ICMI study 19 : Proof and proving in mathematics education. Taipei, Taiwan : The Department of Mathematics, National Taiwan Normal University.

Stylianides, G. J., & Stylianides, A. J. (2009). Ability to construct proofs and evaluate one's own constructions (Vol. 2, pp. 166-171), in F. L. Lin, F. J. Hsieh, G. Hanna, & M. de villiers (Eds.), ICMI study 19 : Proof and proving in mathematics education. Taipei, Taiwan : The Department of Mathematics, National Taiwan Normal University.

Tabach, M., Levenson, E., Barkai, R., Tsamir, P., Tirosh, D., & Dreyfus, T. (2009). Teachers' knowledge of students' correct and incorrect proof constructions

(Vol. 2, pp. 214-219), in F. L. Lin, F. J. Hsieh, G. Hanna, & M. de villiers (Eds.), ICMI study 19 : Proof and proving in mathematics education. Taipei, Taiwan : The Department of Mathematics, National Taiwan Normal University.

Vygotsky, L. S. (1994). 사회 속의 정신 : 고등 심리 과정의 발달. 조희숙, 황해익, 허정선, 김선옥 공역. 서울 : 양서원.(원서 출판, 1978)

찾아보기

수학적 추론

초판3쇄 2022년 9월 5일

지은이 이종희·김선희·김부미·김기연 / **펴낸이** 오판근
펴낸곳 (주) 교 우
주　소 서울시 동대문구 약령시로 8 교우빌딩 2층 (주)교우
전　화 02-925-2861 / **팩　스** 02-925-2860, **편집부** 02-925-2825
홈페이지&북스토어 www.kyowoo.co.kr / **이메일** kyowoo@kyowoo.co.kr

등　록 1994년 3월 24일 제1994-000013호

ISBN 979-11-251-0229-8 (93410)

Published by Kyowoo Co., Ltd. Printed in Korea

(주) 교우는 보다 혁신적이고 참신한 도서를 다양하게 기획하고 있습니다.
책으로 펴내고자 하는 아이디어나 원고는 메일로 보내주세요.
(주) 교우는 전과정을 책임지고 최선을 다하겠습니다.

값 23,000원

교우미디어는 (주) 교우의 Imprint 사입니다.
수학정원·과학정원은 (주) 교우의 새로운 브랜드명입니다.

잘못된 책은 구입하신 서점에서 교환해 드립니다.

이 저서는 2014년도 정부(교육부)의 재원으로 한국연구재단의 지원을 받아 수행된 연구임(NRF-2014S1A6A4A02025686).